桂北与徽派建筑配件图集

GUIBEI YU HUIPAI JIANZHU PEIJIAN TUJI

黄家城 孙保燕 等著

广西特色建筑中墙体和配件的开发与应用研究项目组

·桂林·

图书在版编目（CIP）数据

桂北与徽派建筑配件图集 / 黄家城，孙保燕等著.
桂林：广西师范大学出版社，2013.7
ISBN 978-7-5495-4040-2

Ⅰ. ①桂… Ⅱ. ①黄…②孙… Ⅲ. ①建筑艺术－细部设计－中国－图集 Ⅳ. ①TU-881.2

中国版本图书馆 CIP 数据核字（2013）第 156515 号

广西师范大学出版社出版发行
（广西桂林市中华路 22 号　邮政编码：541001
网址：http://www.bbtpress.com）
出版人：何林夏
全国新华书店经销
广西大华印刷有限公司印刷
（南宁市高新区科园大道 62 号　邮政编码：530007）
开本：889 mm × 1 194 mm　1/8
印张：26　　字数：10 千字　　图：202 幅
2013 年 7 月第 1 版　　2013 年 7 月第 1 次印刷
印数：0 001~3 000 册　　定价：120. 00 元

前 言

桂北建筑与徽派建筑文明博大精深，其建筑文化已被社会广为引用，从而造就了诸多美不胜收的建筑文明。桂林作为世界著名风景游览城市与历史文化名城，每年都有近2000万中外游客来此游览观光，游客在体验桂林山水风光的同时，也欣赏着桂林独特的桂北建筑、享受桂林天人合一的地域风情。

最近,国务院又确定桂林为国家旅游改革试验区，这就给桂林的建筑特色提出了更高的要求，也就是说，我们这些城市规划设计的理论工作者、建设工作者们，都要以更高的责任感，在保护自然山水风貌完整的前提下，使我们城市的每一件建筑物、构筑物在传承和创新的同时，能与自然风光完美融合，使之锦上添花而不喧宾夺主。借此思路，为了更好地规划、设计，建设好桂林，我们在充分发掘桂北建筑特色的同时，有机地融合借鉴了徽派建筑精髓以及全国一些地域的建筑元素，汲取优选、反复比较，利用先进的三维数字测量逆向技术，测绘整理出一些高雅、精美的建筑细部配件与时代建筑文化开发相适应的建筑配件。经广泛征求意见，编辑成册，供广大工程建设人员借鉴参考。

我们相信，此项研究成果一旦面世，将迅速为广西的城乡大众所接受、采用。在此项研究成果的支撑下，一个人文建设与自然山水相协调的文化魅力广西的目标定会实现，作为一个广西人的幸福感会不断增强。

桂 林 电 子 科 技 大 学
桂林市墙体材料改革办公室

2012年12月

图集编辑委员会

目 录

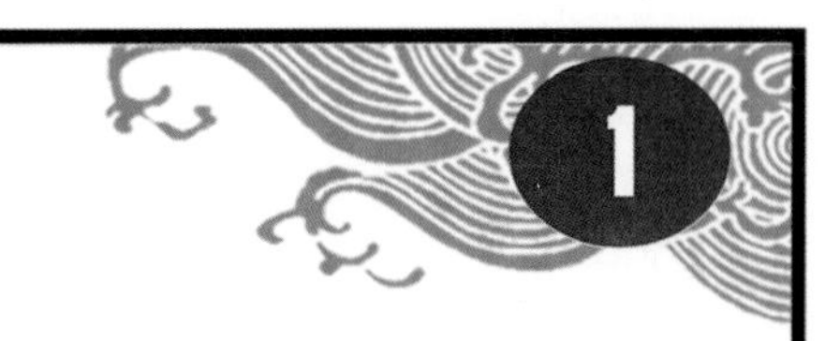

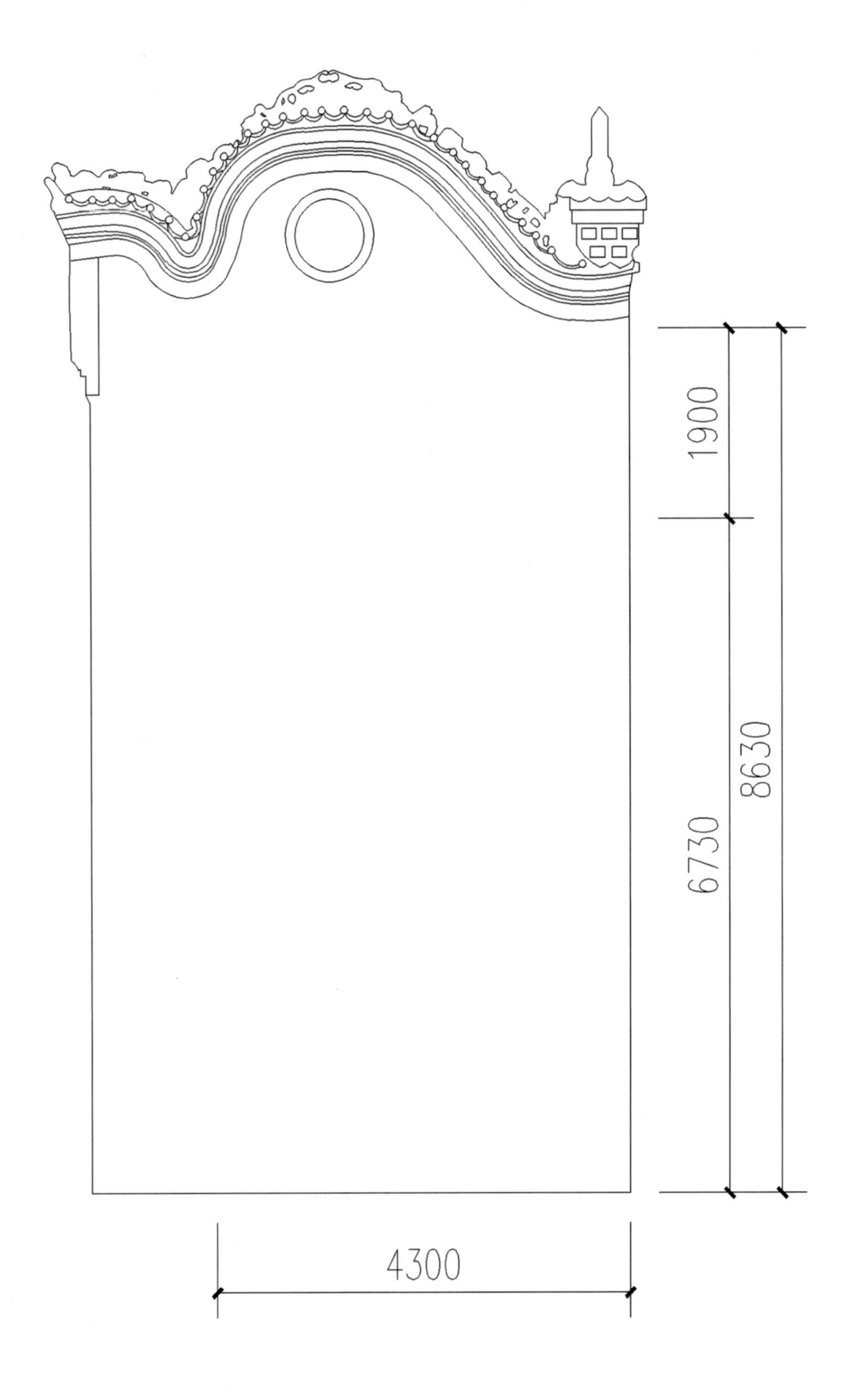

全州大西江精忠祠（古戏台）侧立面 1：100

全州大西江精忠祠（古戏台）

东经 111°00′ 北纬 26°14′

海拔 275米

大西江的精忠祠建于清朝同治元年（1862），占地1200平方米，当地百姓因不满朝纲混乱，奸臣当道，腐败横行而建。

古戏台是精忠祠的前半部分，与后面的岳飞纪念祠中间有一路相隔。2012年，其中的古戏台因隔壁电线短路起火殃及，一个保存完好的百年建筑毁于一旦。

全州大西江精忠祠（古戏台）	
立面图 现场图 地理坐标	
作 者	

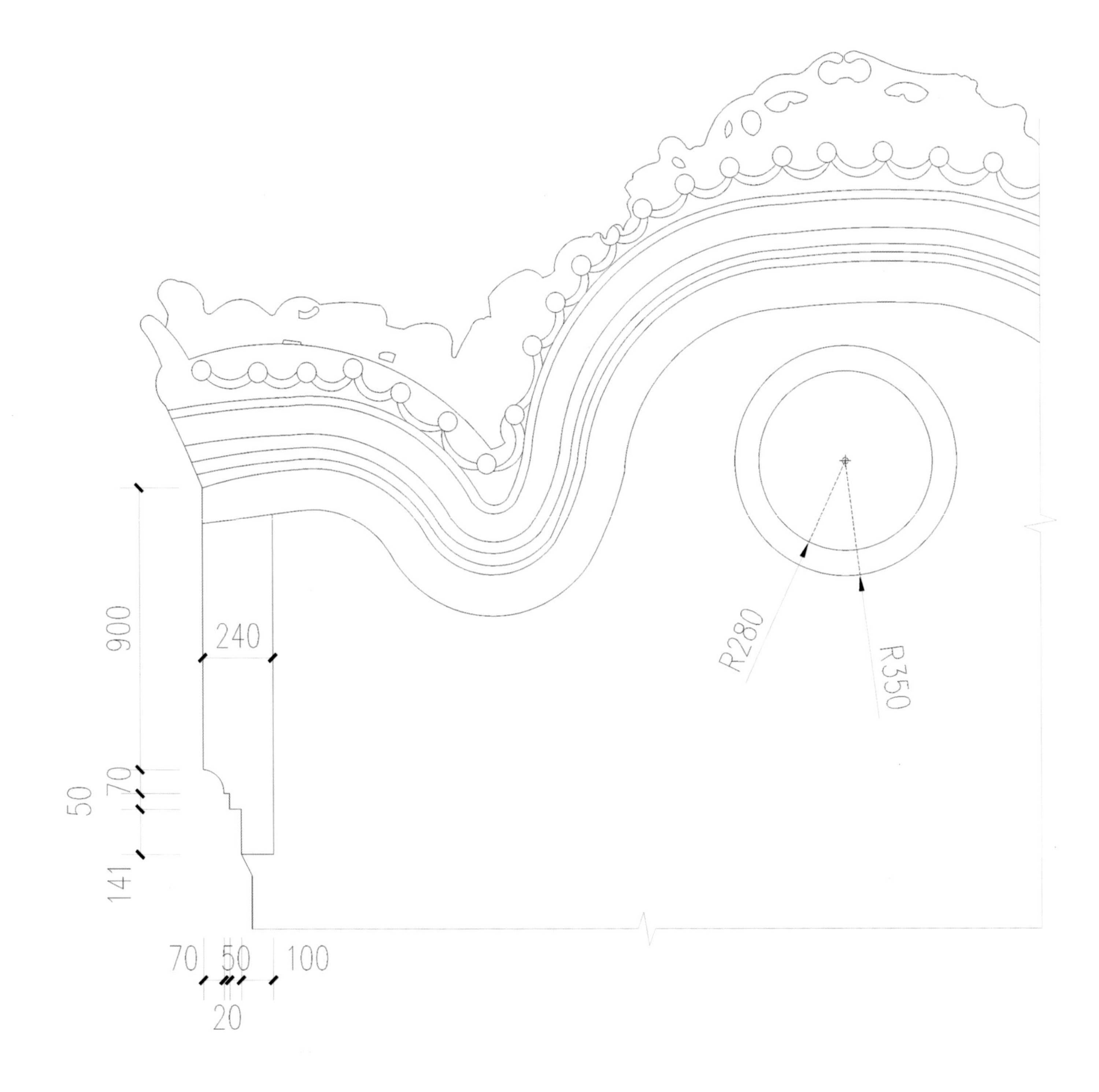

屋檐大样 ①

全州大西江精忠祠（古戏台）

东经 111°00′　北纬 26°14′
海拔 275米

全州大西江精忠祠（古戏台）	
大样图 现场图 地理坐标	
作 者	

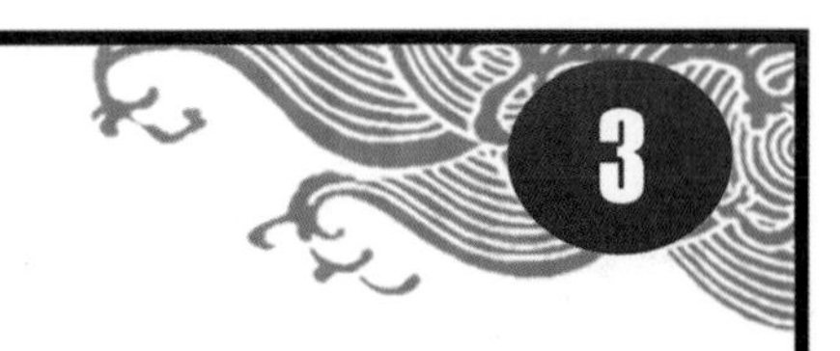

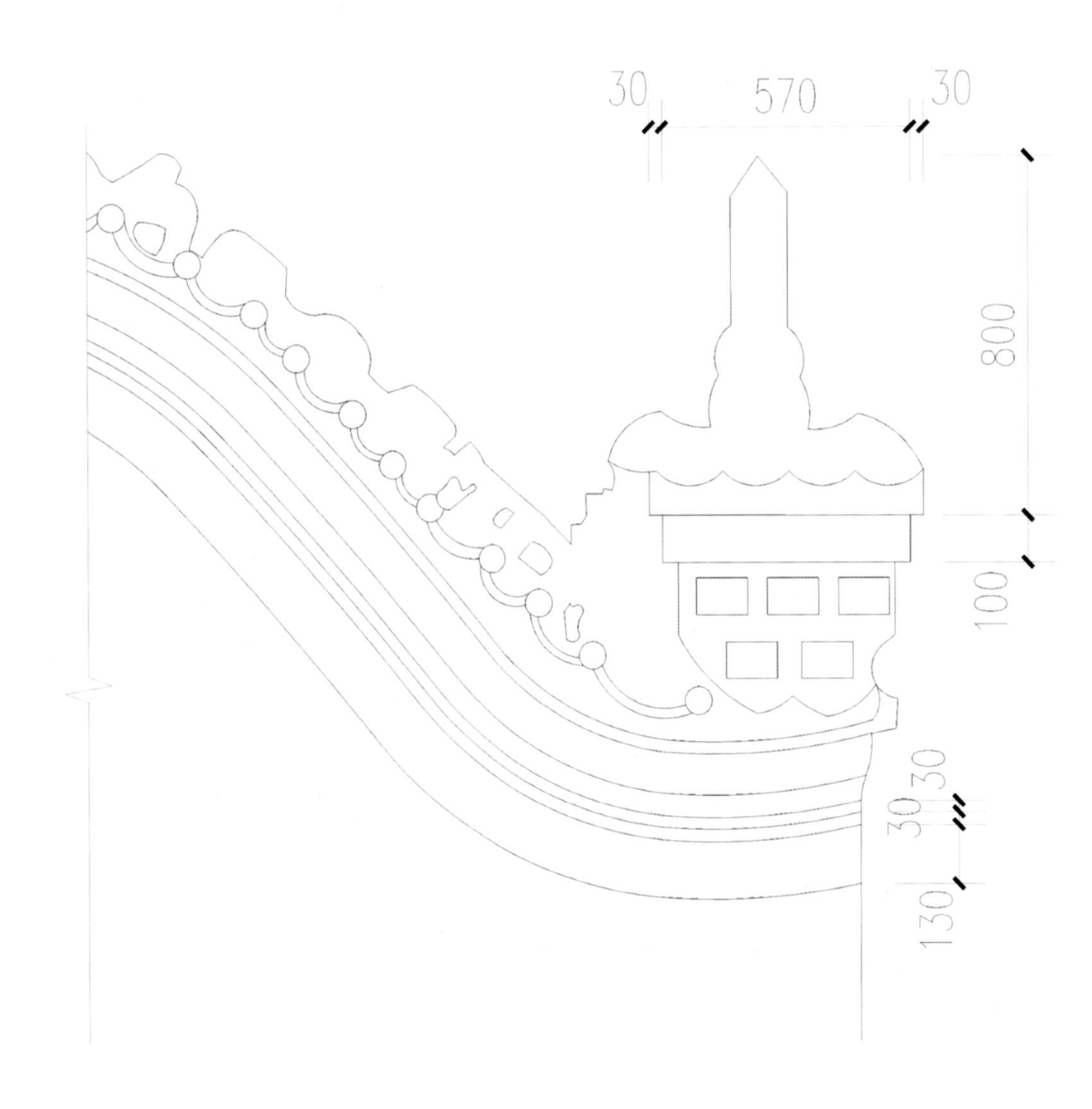

屋檐大样 ②

全州大西江精忠祠（古戏台）

东经 111°00′　北纬 26°14′
海拔 275米

全州大西江精忠祠（古戏台）	
大样图 现场图 地理坐标	
作 者	

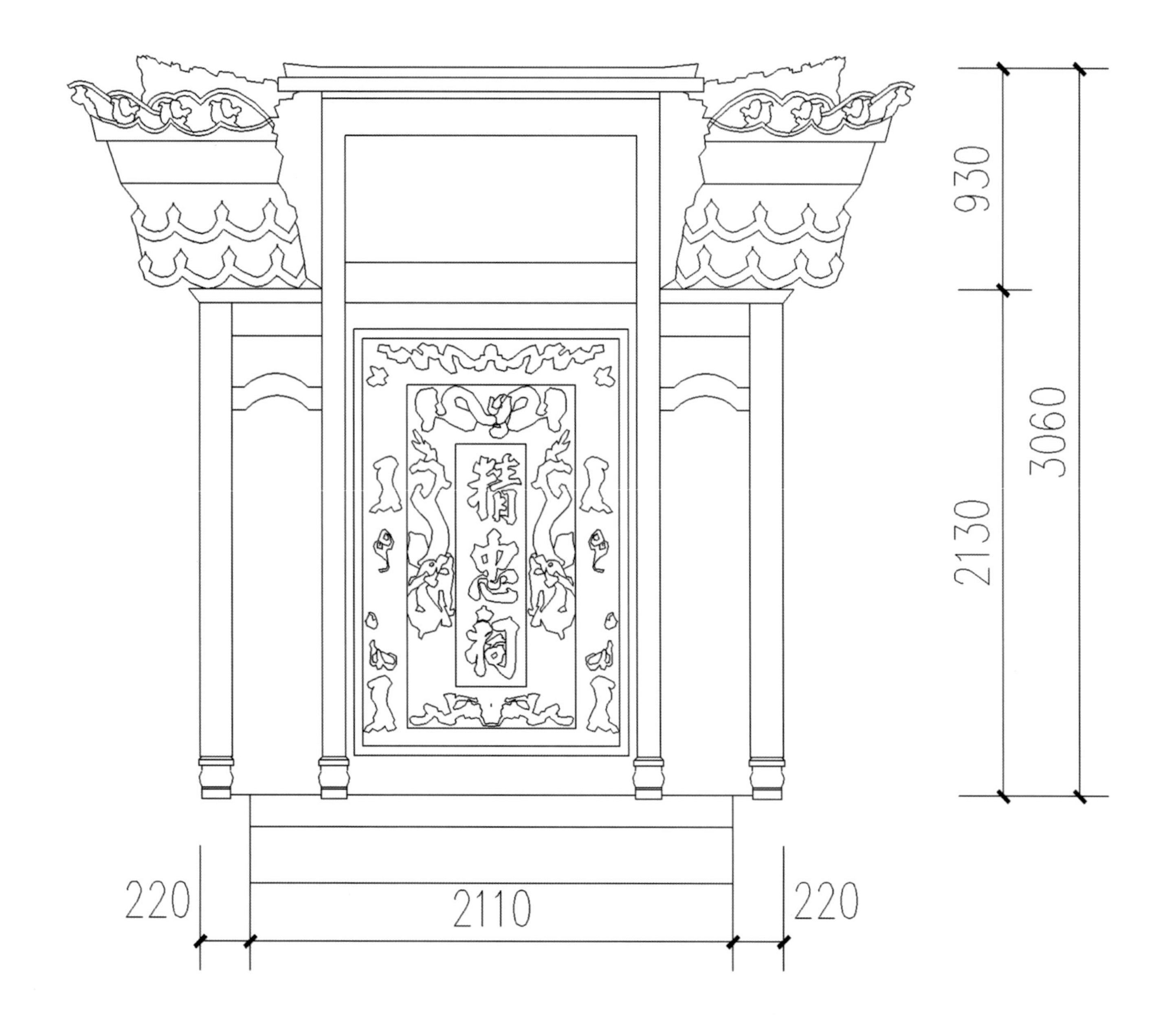

大西江精忠祠（古戏台）正面门头大样 1:50

全州大西江精忠祠（古戏台）

东经 111°00′　北纬 26°14′
海拔 275米

全州大西江精忠祠（古戏台）	
大样图 现场图 地理坐标	
作 者	

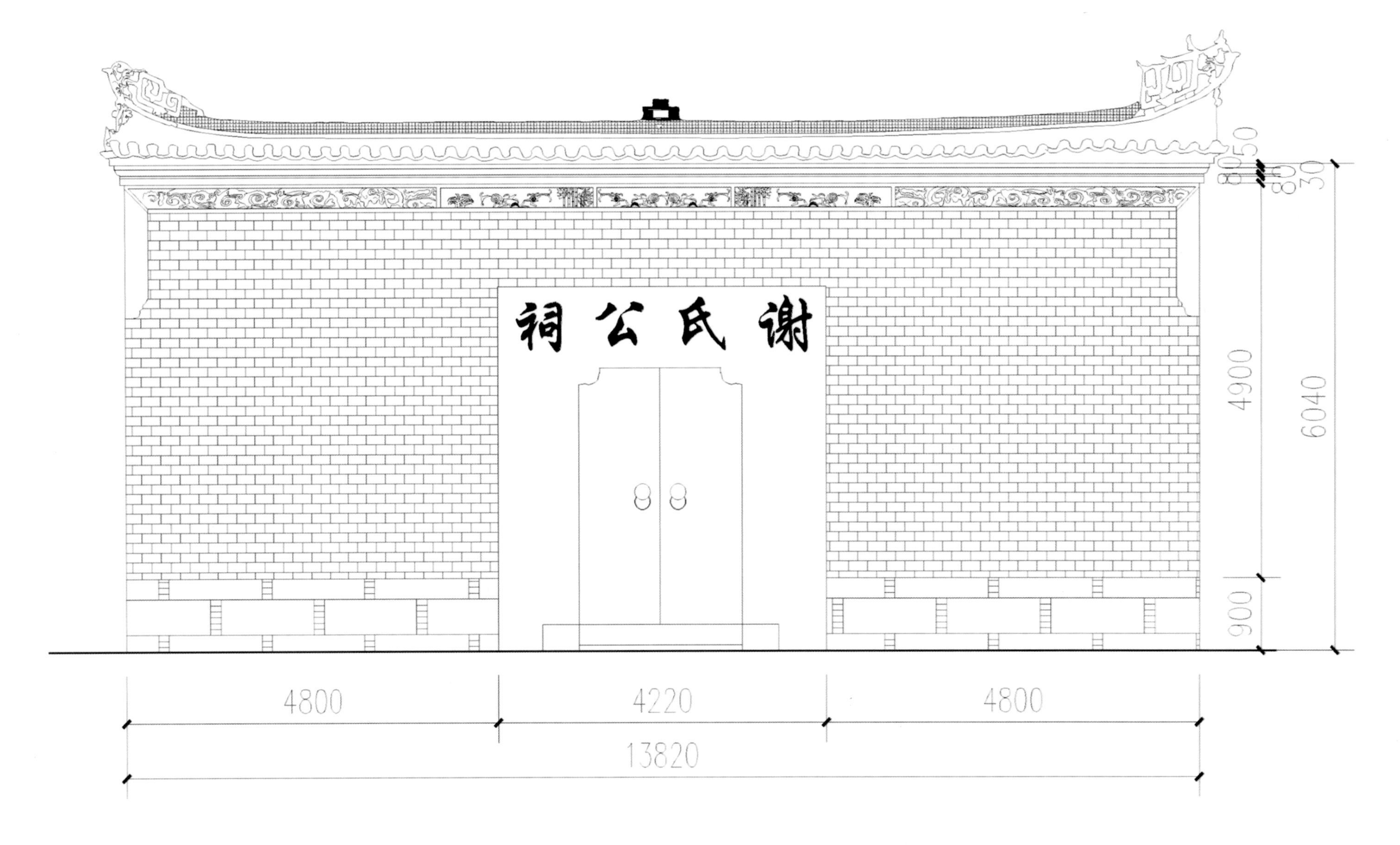

全州谢氏公祠正立面 1：100

全州石脚村谢氏公祠

东经 110°59′ 北纬 25°59′
海拔 168米

全州石脚村谢氏公祠	
立面图 现场图 地理坐标	
作 者	

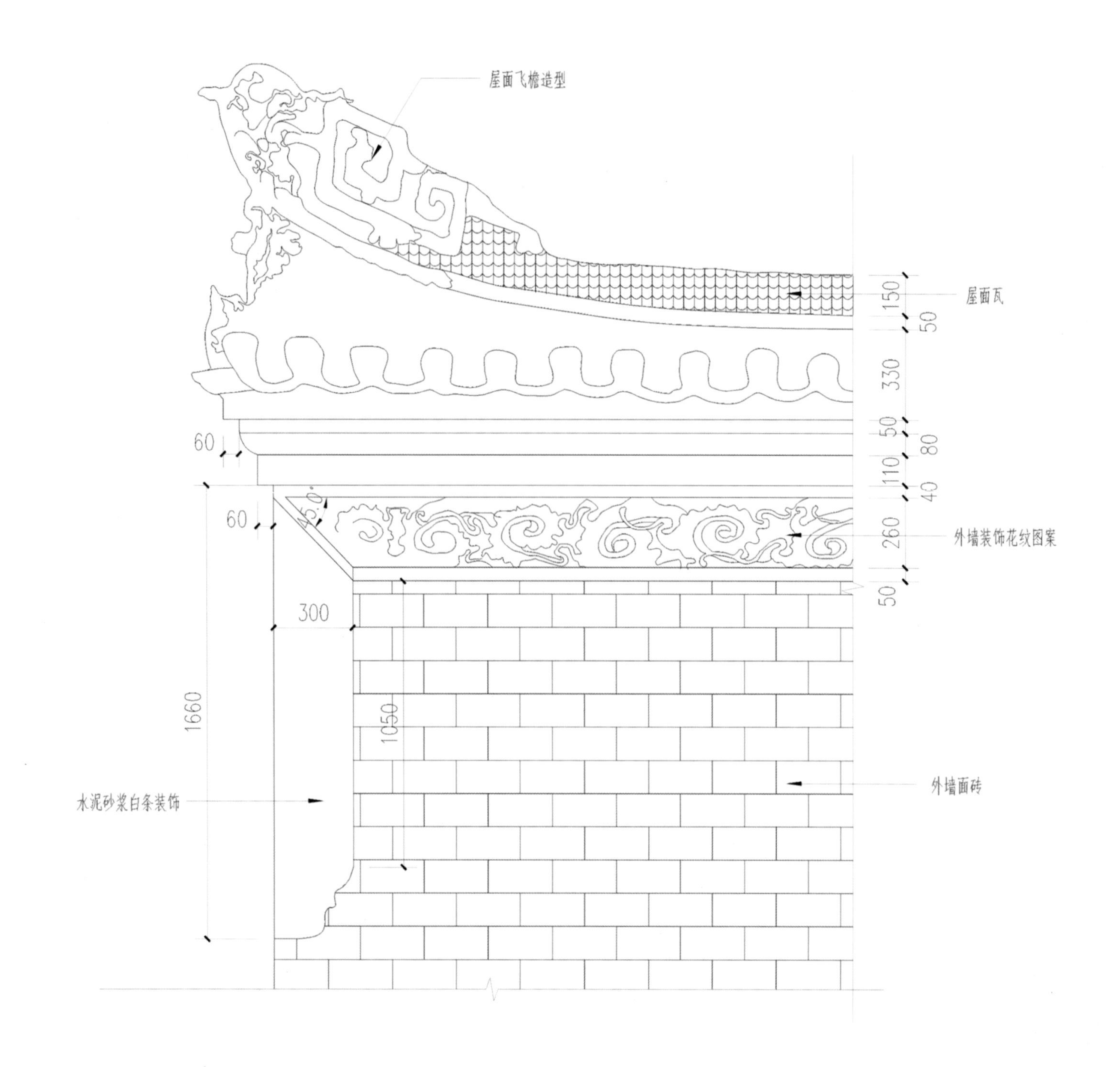

飞檐大样 ①

全州石脚村谢氏公祠

东经 110°59′　北纬 25°59′

海拔 168米

全州石脚村谢氏公祠	
大样图 现场图 地理坐标	
作 者	

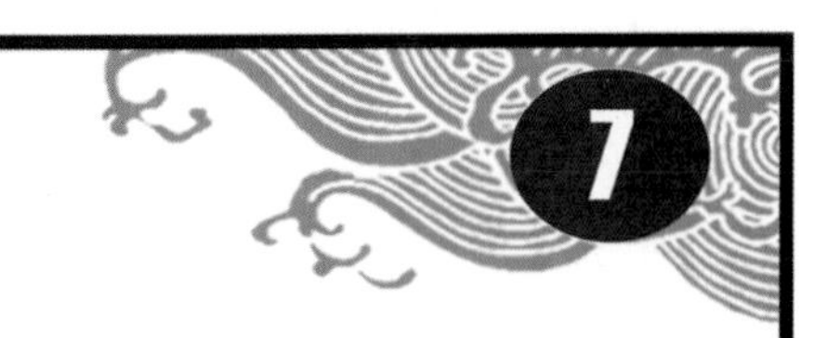

全州石脚村谢氏公祠

东经 110°59′　北纬 25°59′
海拔 168米

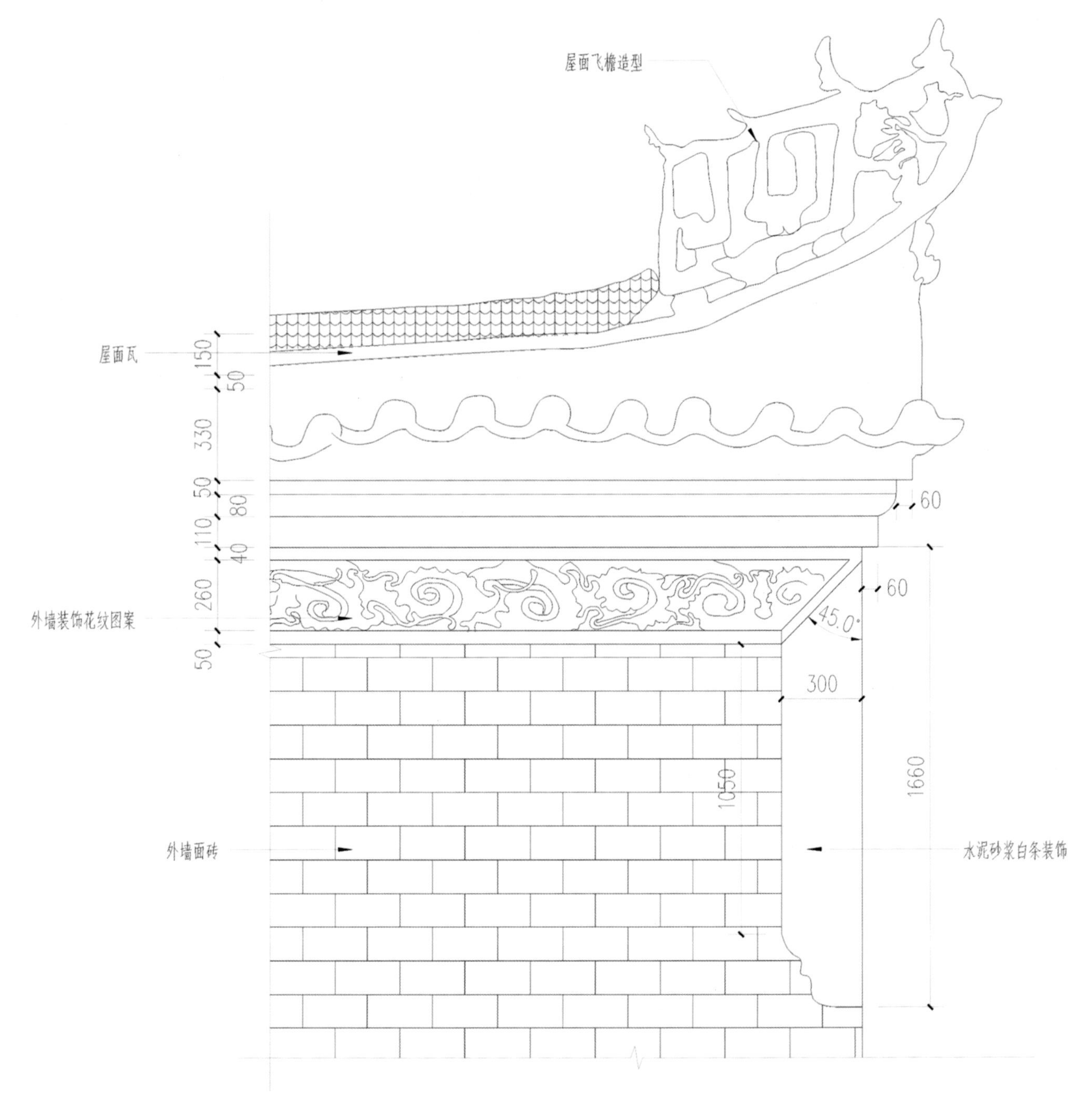

飞檐大样 ②

全州石脚村谢氏公祠	
大样图 现场图 地理坐标	
作 者	

灌阳文市月岭村古牌坊正立面 1：100

灌阳文市月岭村古牌坊

东经 110°12′　北纬 25°39′
海拔 211米

月岭是清末重臣唐景崧的故乡，村外的贞节牌坊，相传是为村中一位史姓妇女而立。牌坊通高10.05米，面长13.6米，建于清道光十九年（1839）。

灌阳文市月岭村古牌坊	
立面图 现场图 地理坐标	
作 者	

古牌坊顶部大样

灌阳文市月岭村古牌坊

东经 110°12′　北纬 25°39′

海拔 211米

牌坊为全石结构，四柱夹屏，石榫契合，十分精密，全以石灰岩构筑。整个立面近品字形。坊中心两柱鼎立双重檐，顶冠宝塔，两檐两端脊翘挺立鳌头。双檐以下均以斗拱构架，浮雕横梁枋柱。正面明间横额题刻“孝义可风”，背面明间横额题刻“艰贞足式”，额间铭刻唐门史氏节教懿事。顶层为双鱼涌塔，取“水漫金山”之典故，并含“鲤鱼跃龙门”之意。

灌阳文市月岭村古牌坊	
大样图 现场图 地理坐标	
作 者	

古牌坊侧面大样

灌阳文市月岭村古牌坊

东经 110°12′　北纬 25°39′
海拔 211米

月岭民居建筑排列井然有序，全村原为6个大院组成，院各为“翠德堂”、“宏远堂”、“继美堂”、“多美堂”、“文明堂”、“锡暇堂”。6个大院均用青色砖瓦建成，工匠们各施巧技，石刻、木雕、壁绘各呈异彩。每个大院均有水井、石磨、粮仓、鱼塘、花园等生活设施，村内通道全部用青石板铺就。

灌阳文市月岭村古牌坊	
大样图 现场图 地理坐标	
作 者	

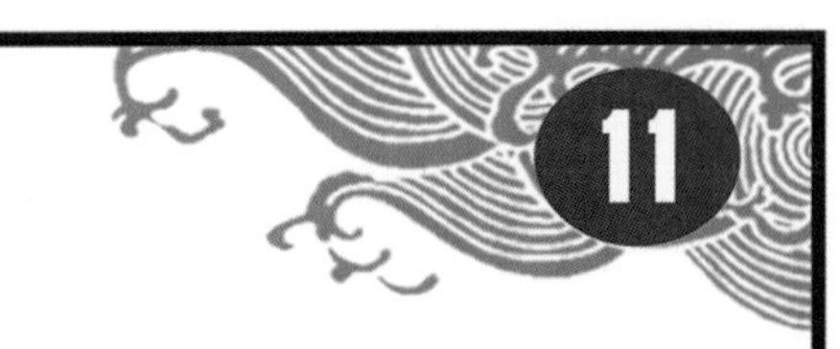

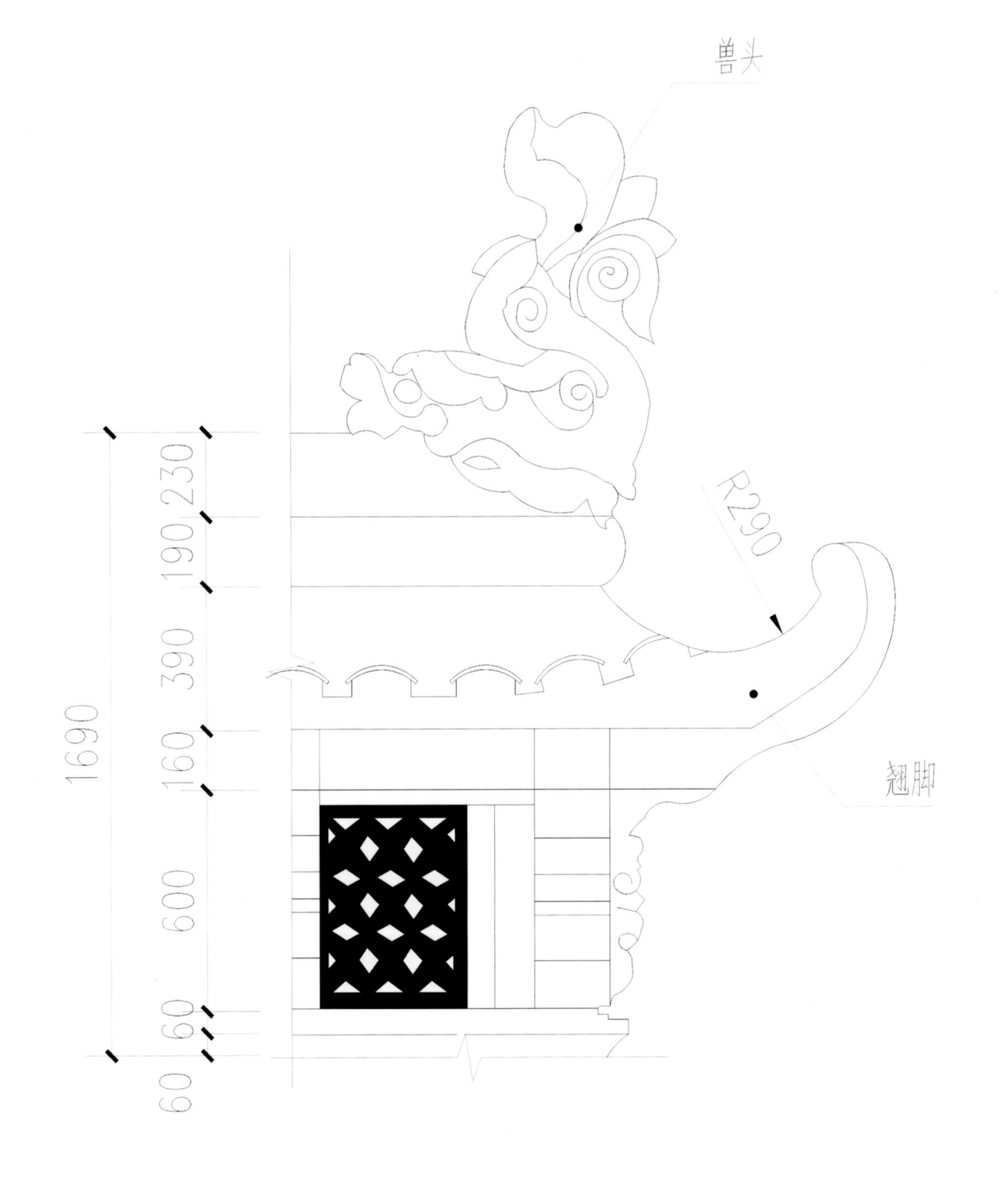

古牌坊檐口大样

灌阳文市月岭村古牌坊

东经 110°12′　北纬 25°39′

海拔 211米

灌阳文市月岭村古牌坊	
大样图 现场图 地理坐标	
作 者	

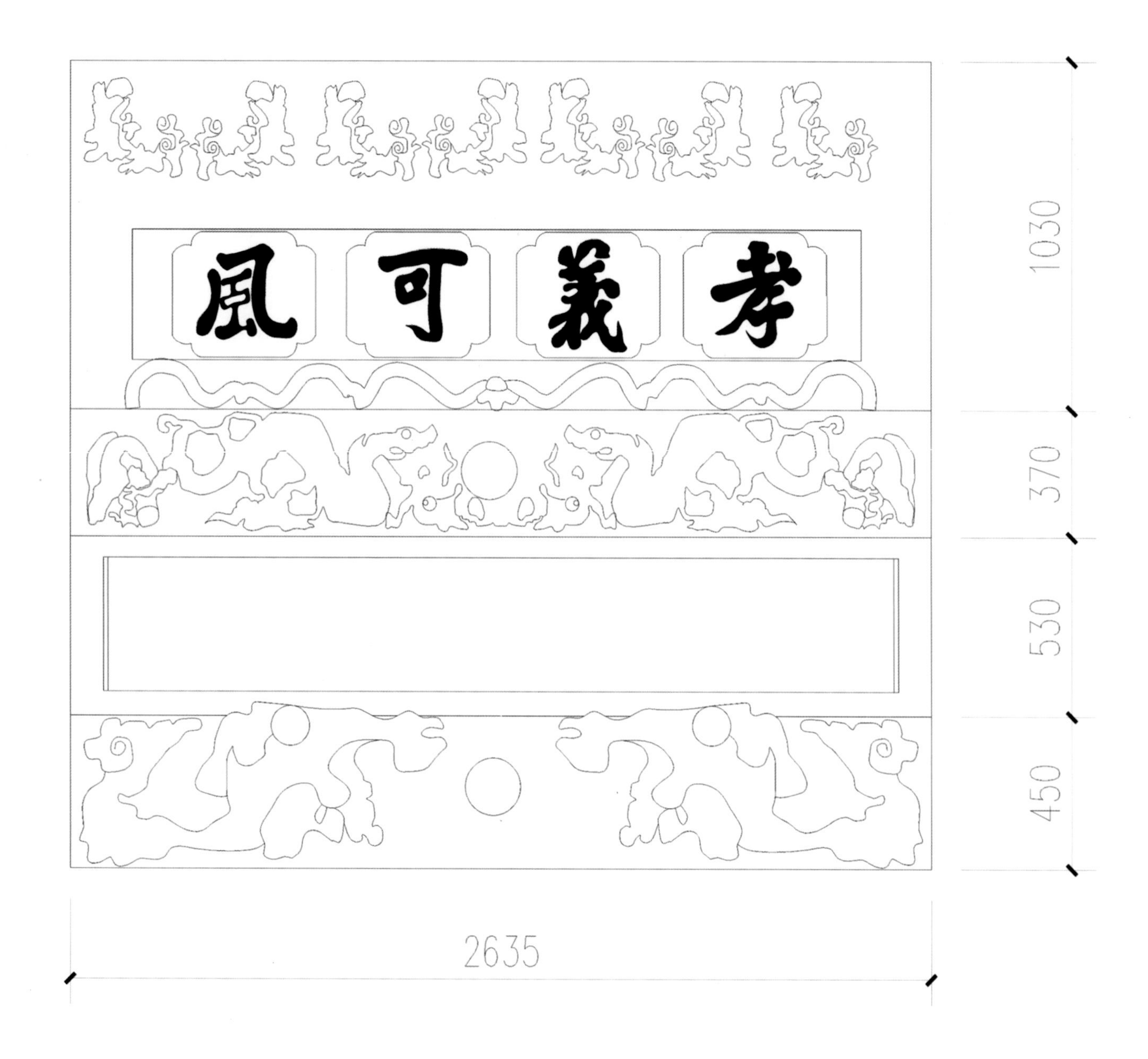

古牌坊中部大样

灌阳文市月岭村古牌坊

东经 110°12′ 北纬 25°39′
海拔 211米

牌坊为史氏而立，其夫早逝，笃守贞节，苦育养子，至双目失明。其养子唐景涛自幼孝事寡母，勤奋读书，终获功名中式进士，官任知县。地方长老绅士，感其节孝懿事奏报朝廷，旨准建此牌坊。时巡抚衙门为表彰其绩，拨银300两以资，由唐景涛建成。造型雄伟庄重，雕刻精湛。

灌阳文市月岭村古牌坊	
大样图 现场图 地理坐标	
作 者	

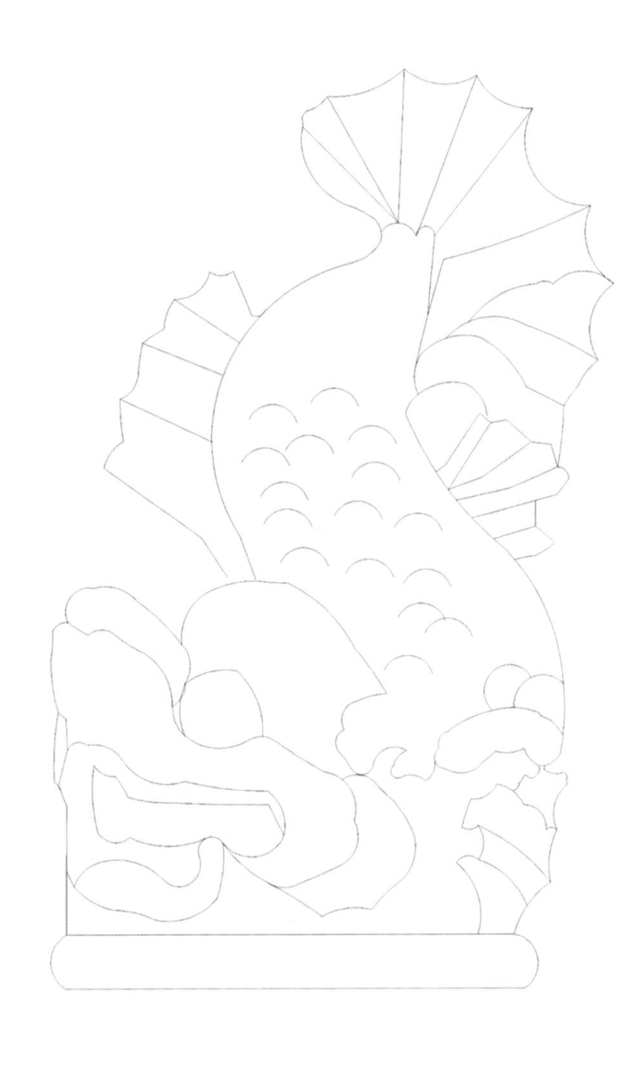

古牌坊顶部兽形大样 ①

古牌坊顶部兽形大样 ②

灌阳文市月岭村古牌坊

东经 110°12′　北纬 25°39′
海拔 211米

灌阳文市月岭村古牌坊	
大样图 现场图 地理坐标	
作 者	

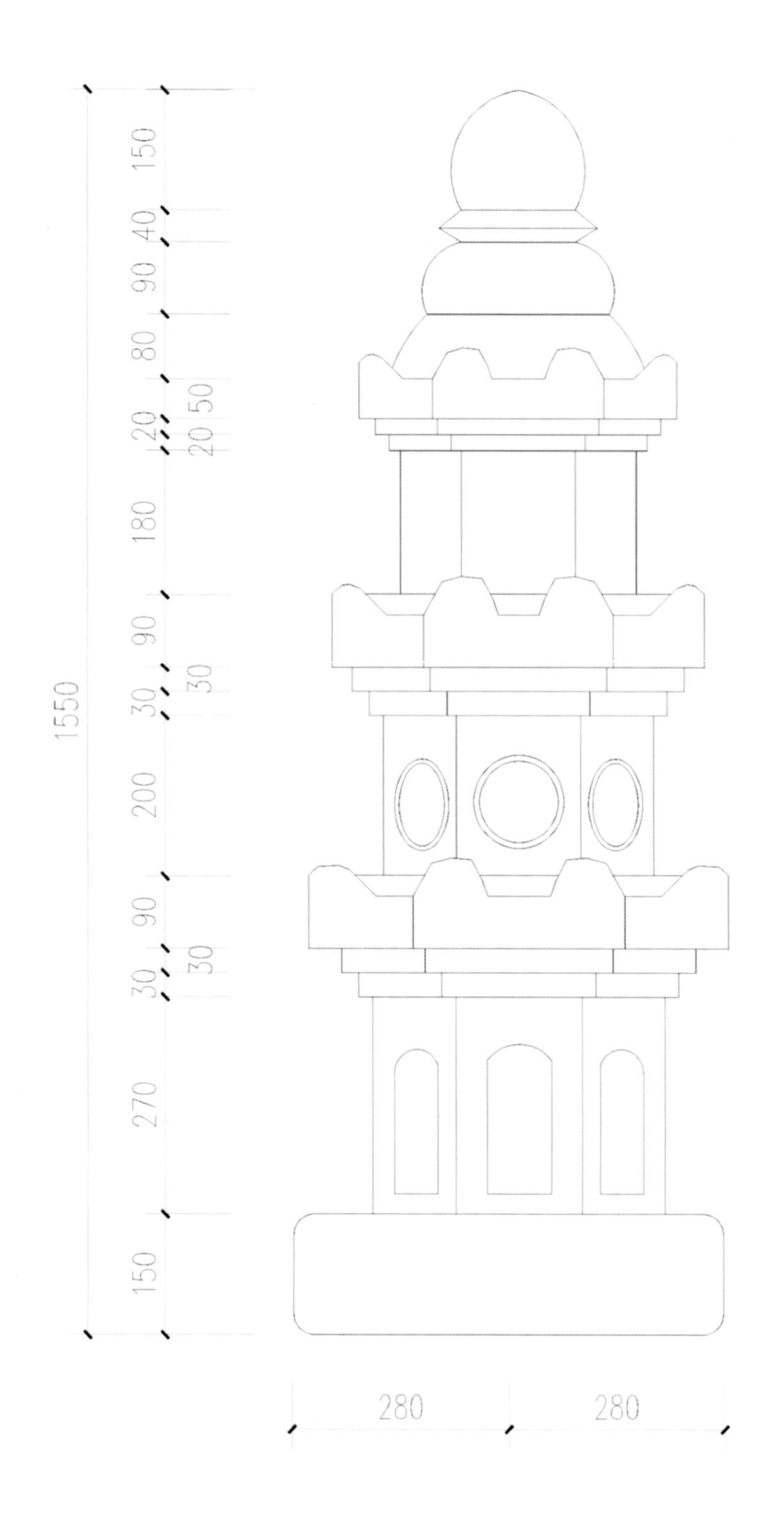

古牌坊顶塔大样 1：20

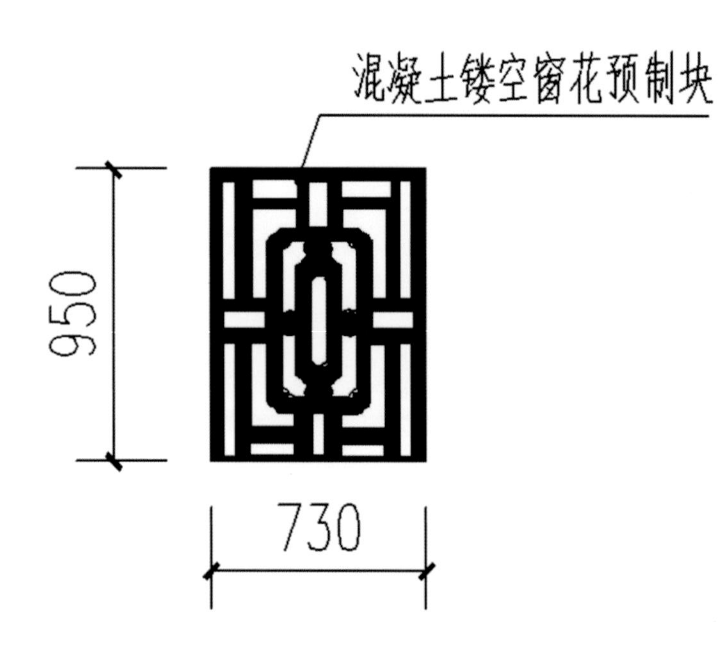

古牌坊花格窗大样 1：50

灌阳文市月岭村古牌坊

东经 110°12′ 北纬 25°39′
海拔 211米

灌阳文市月岭村古牌坊	
大样图 现场图 地理坐标	
作 者	

灌阳文市月岭村古牌坊

东经 110°12′　北纬 25°39′
海拔 211米

灌阳文市月岭村古牌坊	
大样图 现场图 地理坐标	
作 者	童仕军

灌阳文市月岭村民居

东经 110°12′　北纬 25°39′
海拔 211米

灌阳文市月岭村民居	
手绘图 现场图 地理坐标	
作 者	卫鹏

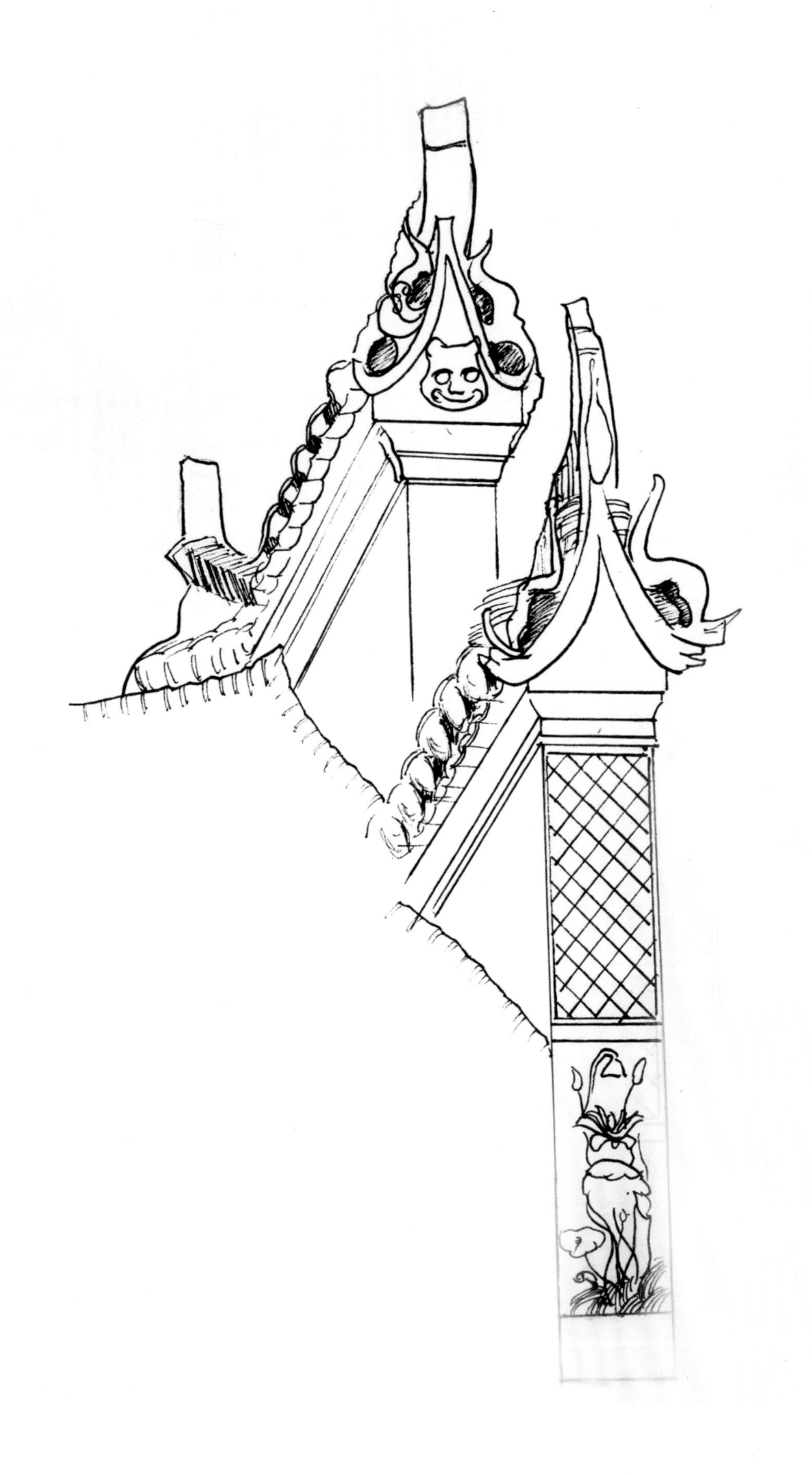

灌阳洞井杨家坪民居马头墙饰件

东经 110°50′　北纬 25°14′
海拔 374米

灌阳洞井杨家坪民居马头墙饰件	
手绘图 现场图 地理坐标	
作 者	童仕军

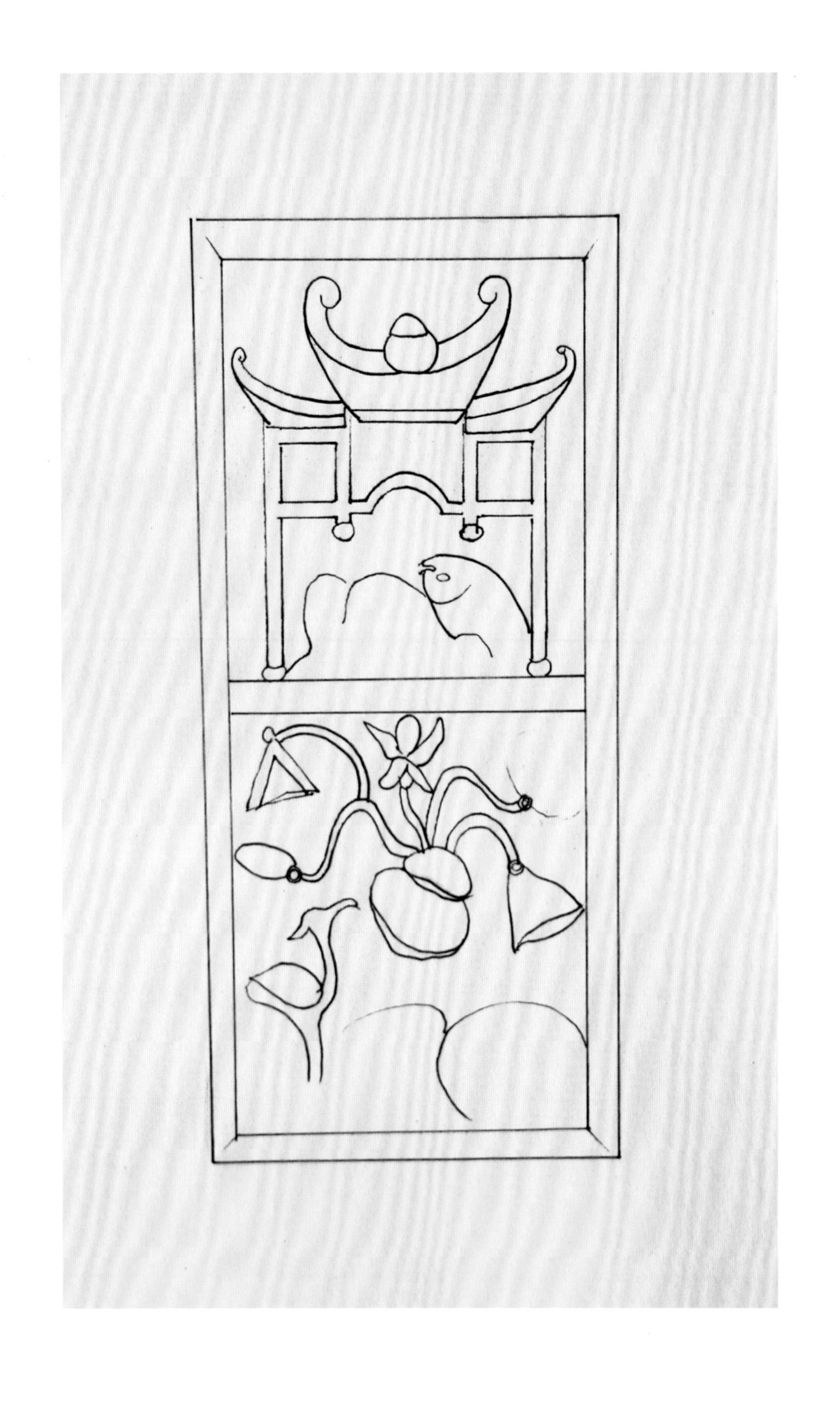

灌阳洞井民居间墙飞檐花饰

东经 110°50′　北纬 25°14′
海拔 374米

灌阳洞井民居间墙飞檐花饰	
手绘大样图 现场图 地理坐标	
作 者	童仕军

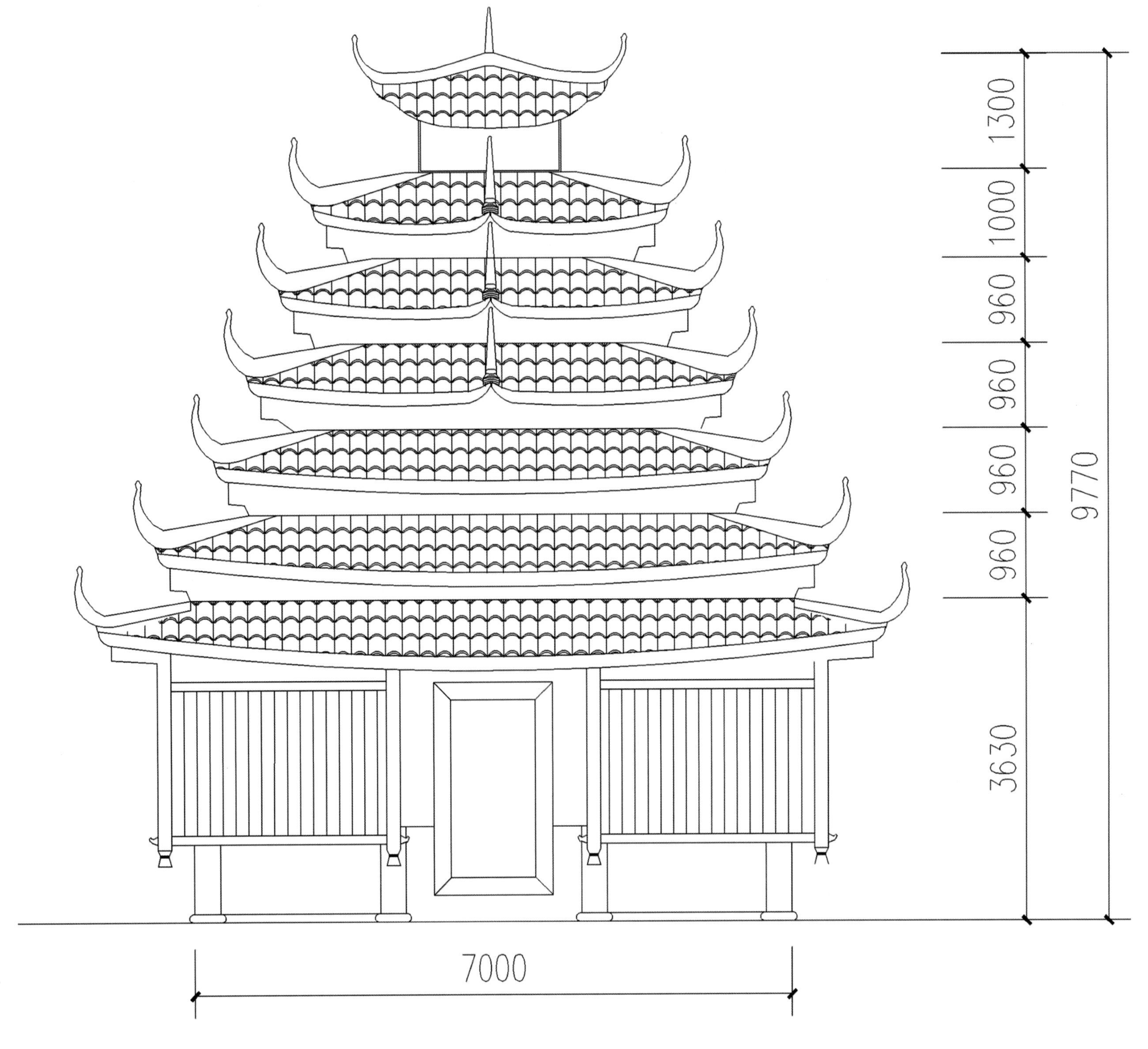

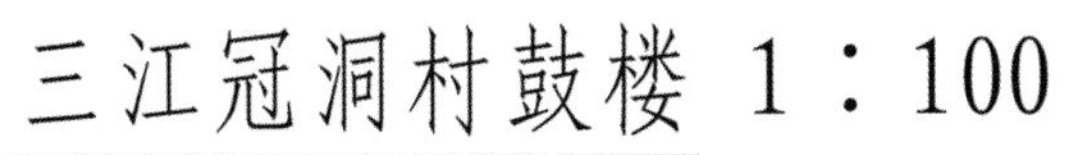
三江冠洞村鼓楼 1：100

三江冠洞村鼓楼

东经 109°39′　北纬 25°56′
海拔 225米

鼓楼是侗族村寨的标志和灵魂。它属木质结构，以榫穿合，整座建筑不用一枚铁钉，几层至几十层不等，以单数居多，呈四面、六面或八面形，一般高十多米，最高者达几十米。形似宝塔，巍峨壮观，飞阁重檐，结构严谨，做工精巧，装饰细致，色彩朴质。

三江冠洞村鼓楼	
立面图 现场图 地理坐标	
作 者	

三江冠洞村鼓楼戏台

东经 109°39′　北纬 25°56′
海拔 225米

三江冠洞村鼓楼戏台	
手绘图 现场图 地理坐标	
作 者	覃保翔

三江程阳河滩栏杆饰件

东经 109°38′　北纬 25°53′
海拔 186米

三江程阳河滩栏杆饰件	
手绘图 现场图 地理坐标	
作 者	卫鹏

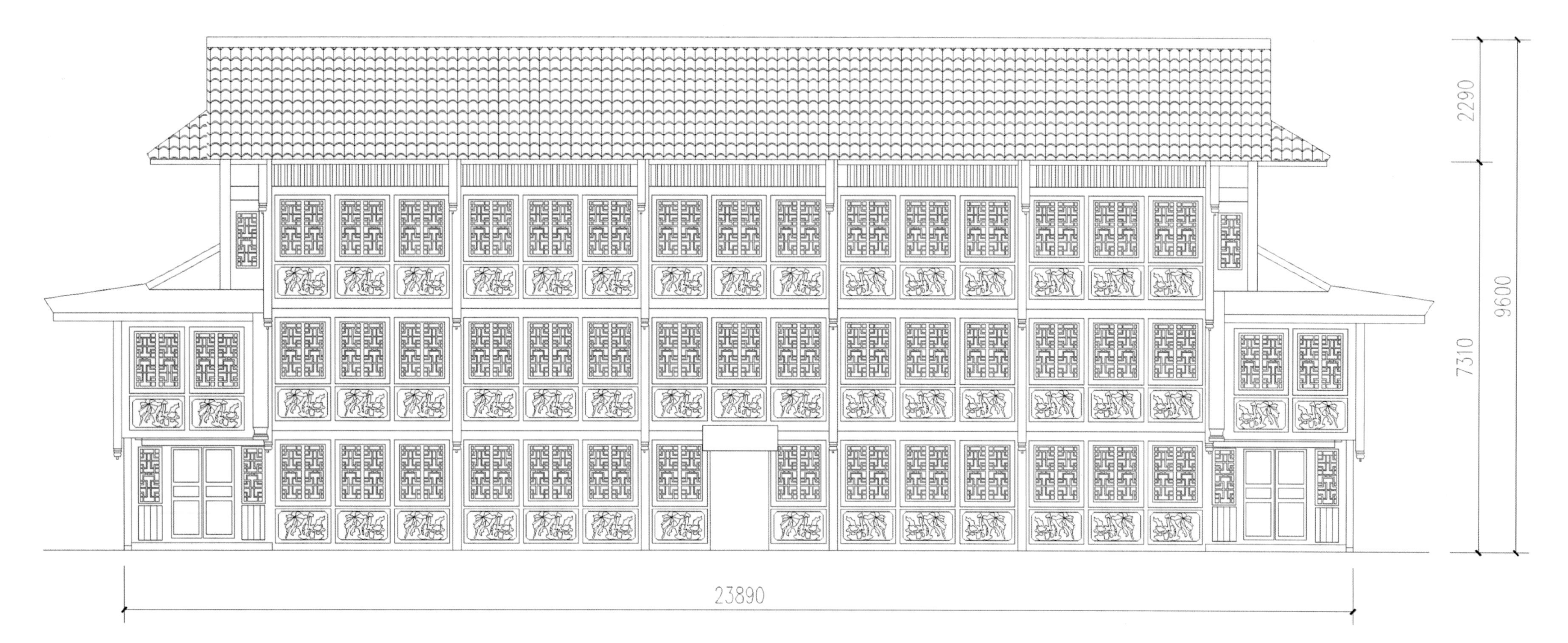

龙胜平安龙脊宾馆正立面 1：100

龙胜平安龙脊宾馆

东经 110°07′　北纬 25°45′

海拔 837米

这种穿斗式的建筑框架使建筑的体量一般固定为上下两层和顶层的一个隔层。灰色的板瓦屋顶多为歇山式或硬山式，可以通过屋顶的结构合理排水，遮挡日晒并保护木制外立面不受雨水侵蚀。建筑底层为架空围栏式结构，主要功能是饲养牲畜，堆放柴草、肥料、杂物，并作厕所。二层为厅堂、卧室、厨房等日常活动场所。顶层为充分利用空间，多设木制铺楼板，或隔栅，主要是储藏种子和杂物，并起到隔热的作用。

龙胜平安龙脊宾馆	
立面图 现场图 地理坐标	
作 者	

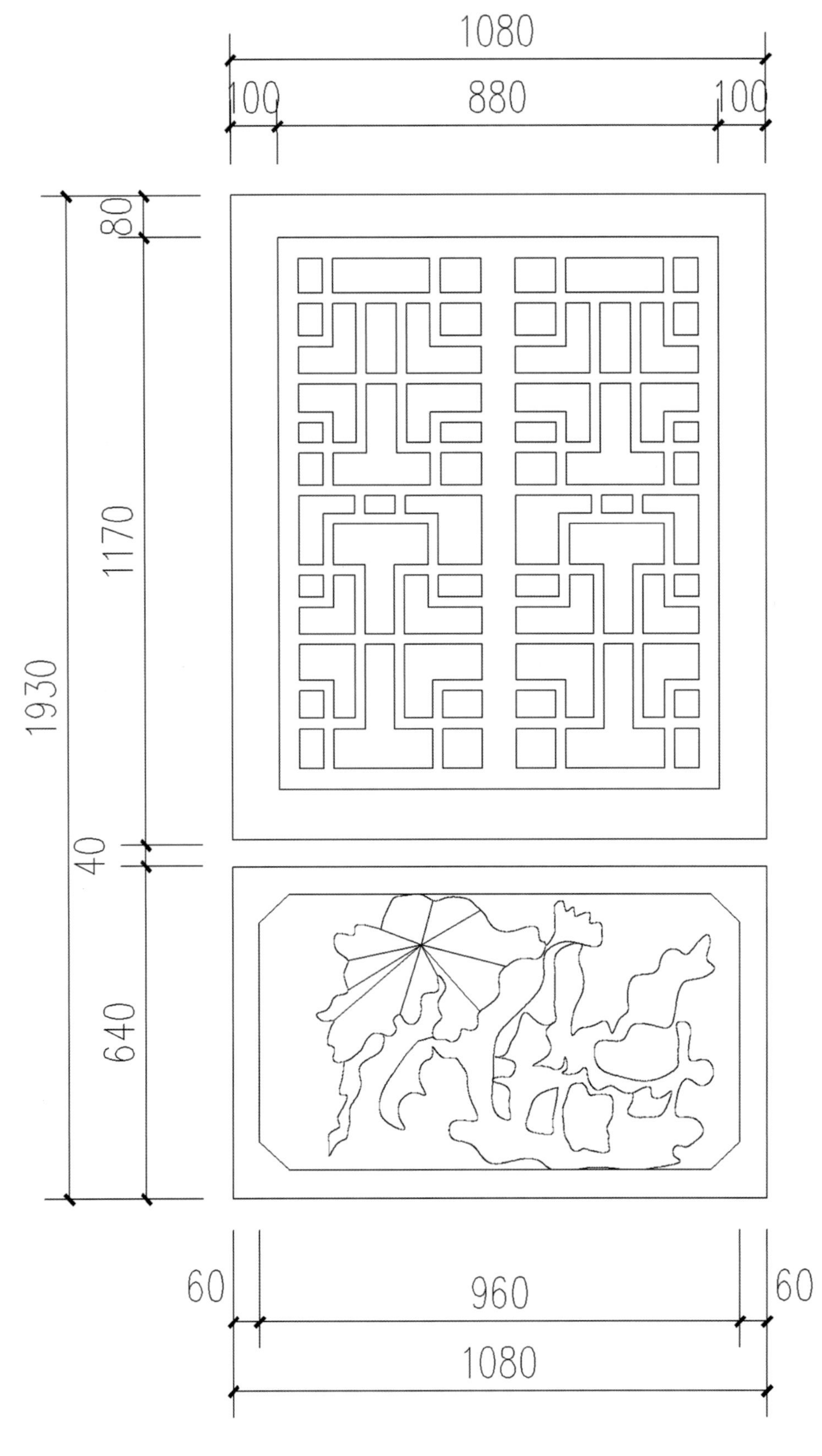

龙脊宾馆窗饰大样 1：20

龙胜平安龙脊宾馆

东经 110°07′　北纬 25°45′

海拔 837米

龙胜平安龙脊宾馆	
大样图 现场图 地理坐标	
作 者	

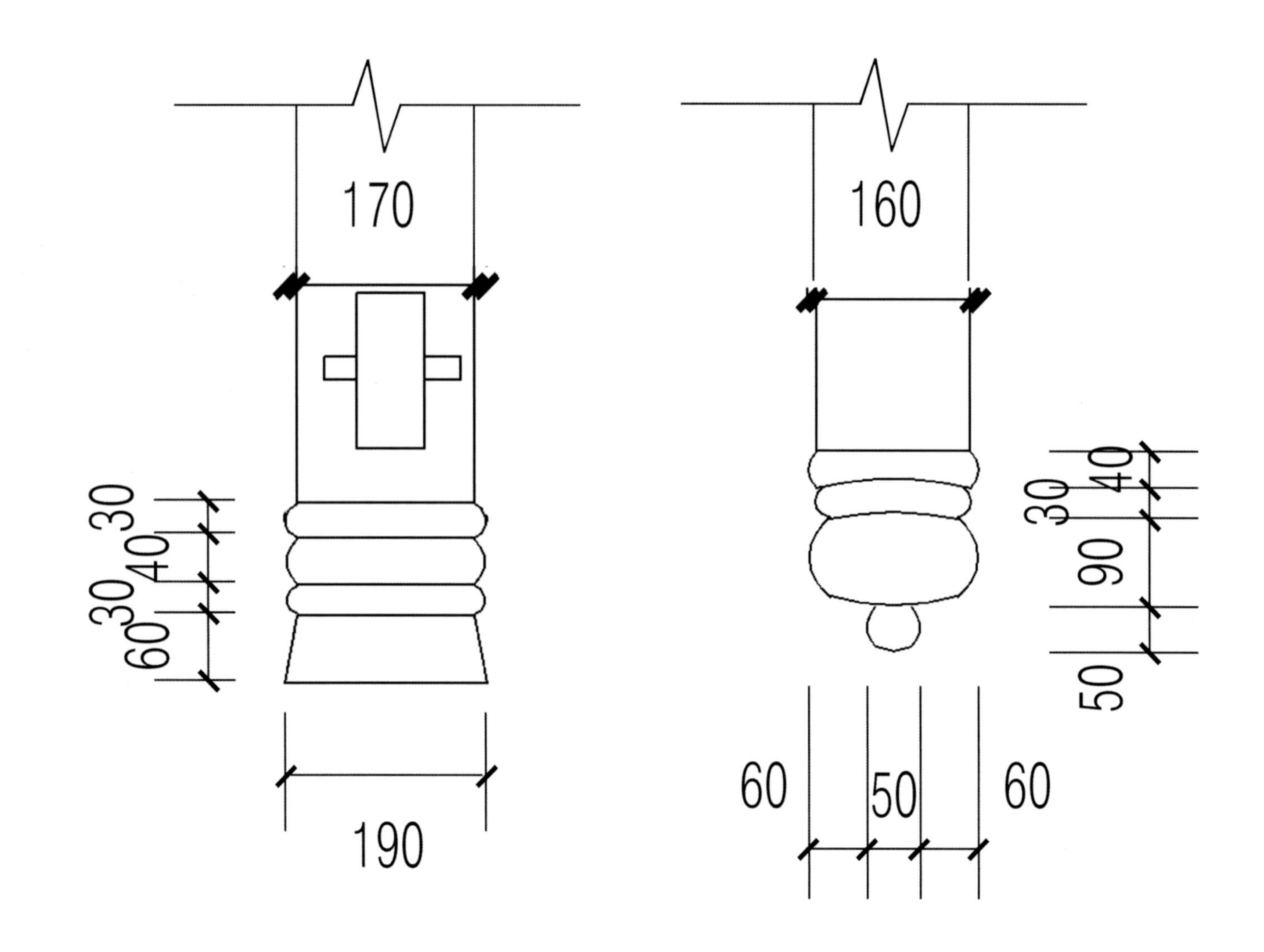

龙脊宾馆柱头大样 1：20

龙胜龙脊宾馆

东经 110°07′　北纬 25°45′
海拔 837米

龙胜平安龙脊宾馆	
大样图 现场图 地理坐标	
作 者	

龙脊民居正立面 1：100

龙胜平安龙脊民居

东经 110°07′　北纬 25°45′
海拔 846米

广西龙胜自古以来素有“万山环峙，五水分流”之说，在长期的生产生活中，当地居民通过不断地总结传统经验和因地制宜地开拓创新，逐渐形成了干栏式吊脚楼的民居建筑形式。

龙胜平安龙脊民居	
立面图 现场图 地理坐标	
作 者	

龙胜龙脊平安寨民居

东经 110°07′　北纬 25°45′
海拔 837米

龙胜龙脊平安寨民居	
手绘图 现场图 地理坐标	
作 者	卫鹏

龙胜龙脊民居

东经 110°07′　北纬 25°45′
海拔 837米

龙胜龙脊民居	
手绘图 现场图 地理坐标	
作 者	卫鹏

卫鹏写
二〇〇九·五·八画於龙脊

龙胜龙脊民居

东经 110°07′　北纬 25°45′
海拔 837米

龙胜龙脊民居	
手绘图 现场图 地理坐标	
作 者	卫鹏

龙胜龙脊民居

东经 110°07′　北纬 25°45′
海拔 837米

龙胜龙脊民居	
手绘图 现场图 地理坐标	
作 者	卫鹏

卫鹏
二00九年五月六日於龙脊

龙胜龙脊民居

东经 110°07′　北纬 25°45′
海拔 837米

龙胜龙脊民居	
手绘图 现场图 地理坐标	
作 者	卫鹏

龙胜龙脊民居

东经 110°07′　北纬 25°45′
海拔 837米

龙胜龙脊民居	
手绘图 现场图 地理坐标	
作 者	卫鹏

龙胜龙脊民居

东经 110°07′　北纬 25°45′
海拔 837米

龙胜龙脊民居	
手绘图 现场图 地理坐标	
作 者	卫鹏

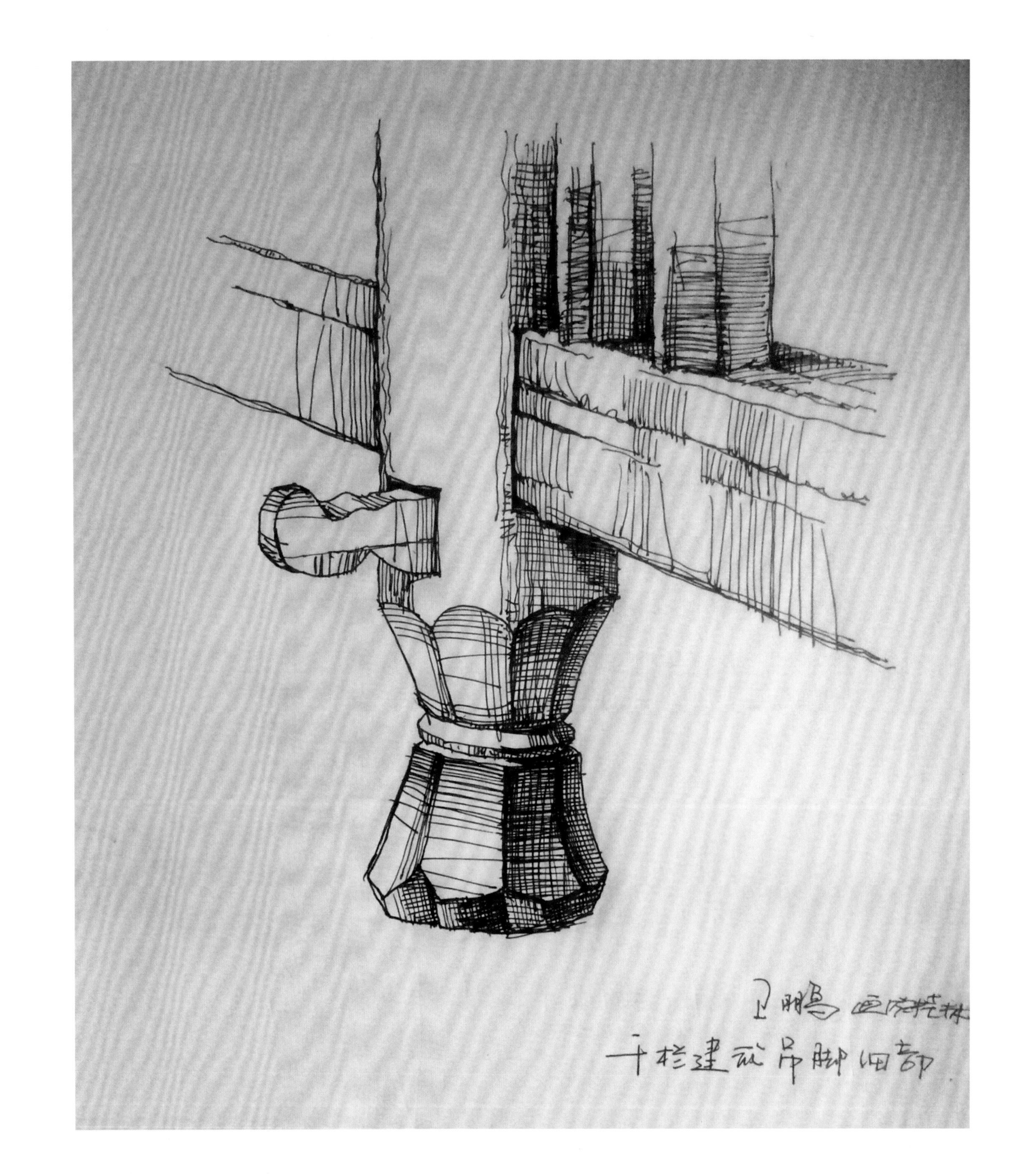

龙胜龙脊民居干栏建筑吊脚

东经 110°07′　北纬 25°45′
海拔 837米

龙胜龙脊民居干栏建筑吊脚	
手绘图 现场图 地理坐标	
作 者	卫鹏

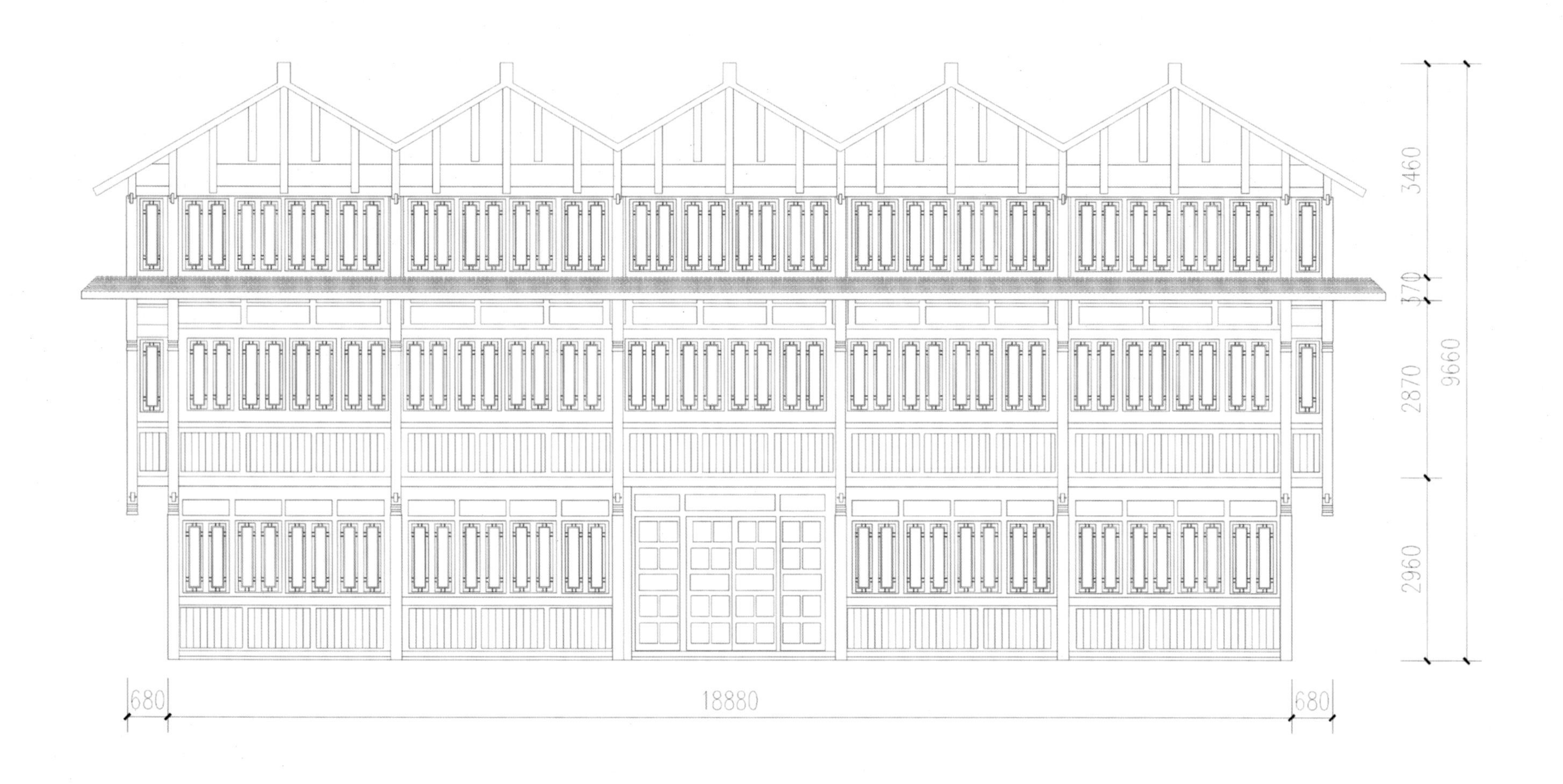

龙胜长发村民居正立面 1：100

龙胜长发村民居

东经 110°08′　北纬 25°45′
海拔 405米

龙胜吊脚楼多依山就势而建，是广西少数民族在特殊的自然条件下创造出的空间艺术。建筑依山就势、高低错落，呈虎坐形，以“左青龙，右白虎，前朱雀，后玄武”为最佳屋场，后来讲究朝向，或坐西向东，或坐东向西，属于干栏式建筑，但与一般所指干栏有所不同，干栏应该全部悬空。

龙胜长发村民居	
立面图 现场图 地理坐标	
作 者	

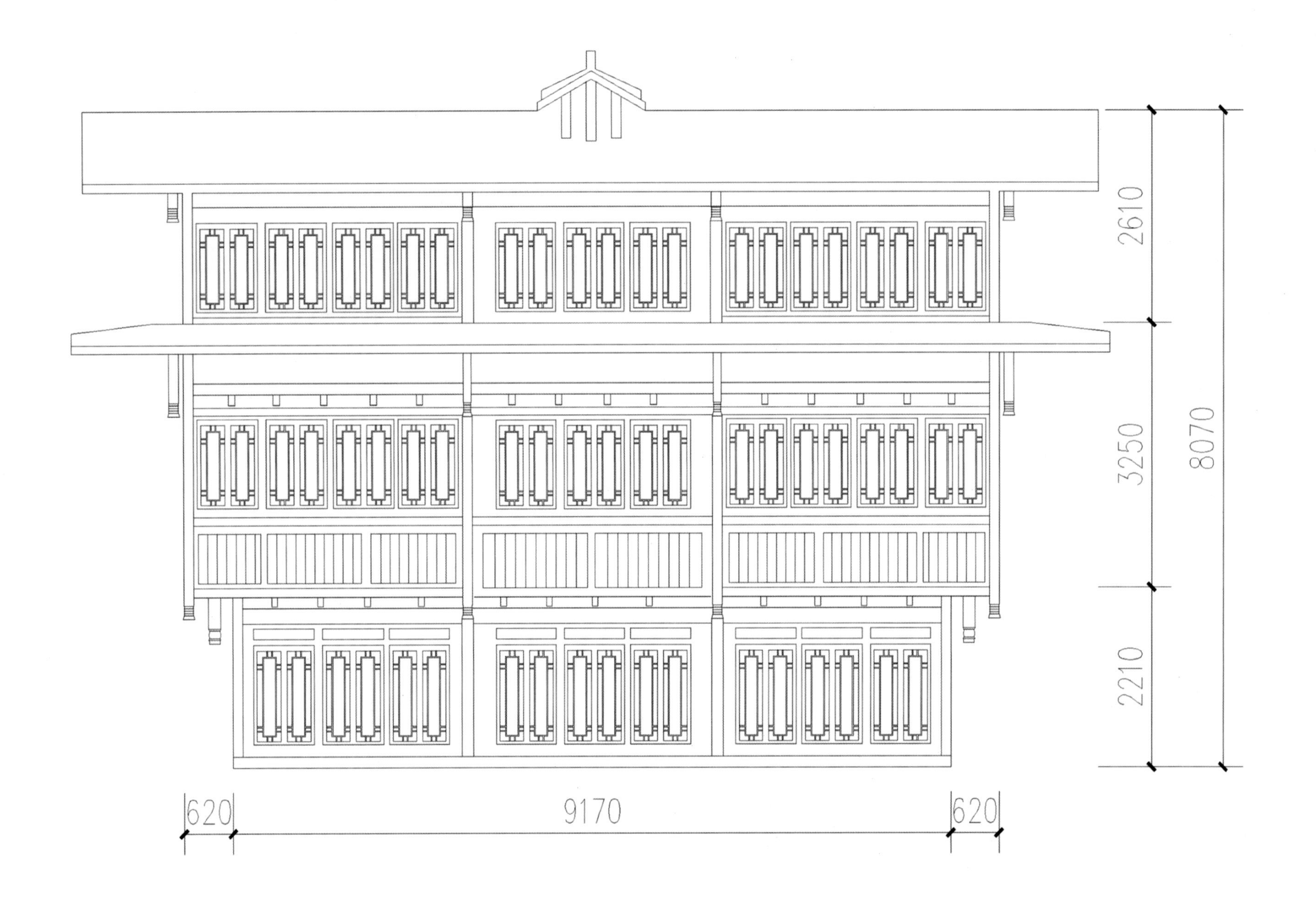

龙胜长发村民居

东经 110°08′　北纬 25°45′
海拔 405米

该村的建筑框架一般为上下两层和顶层一个隔层，灰色的板瓦屋顶多为歇山式或硬山式，可以合理排水、遮挡日晒并保护木制外墙。建筑底层为架空围栏式结构，主要功能是饲养牲畜，堆放柴草、肥料、杂物，并作厕所，同时有防止毒蛇等野兽侵袭的作用。二层为厅堂、卧室、厨房等日常活动场所。顶层为充分利用空间，多设木制铺板或隔栅，用于储藏种子和杂物，并且隔热。

龙胜长发村民居	
立面图 现场图 地理坐标	
作 者	

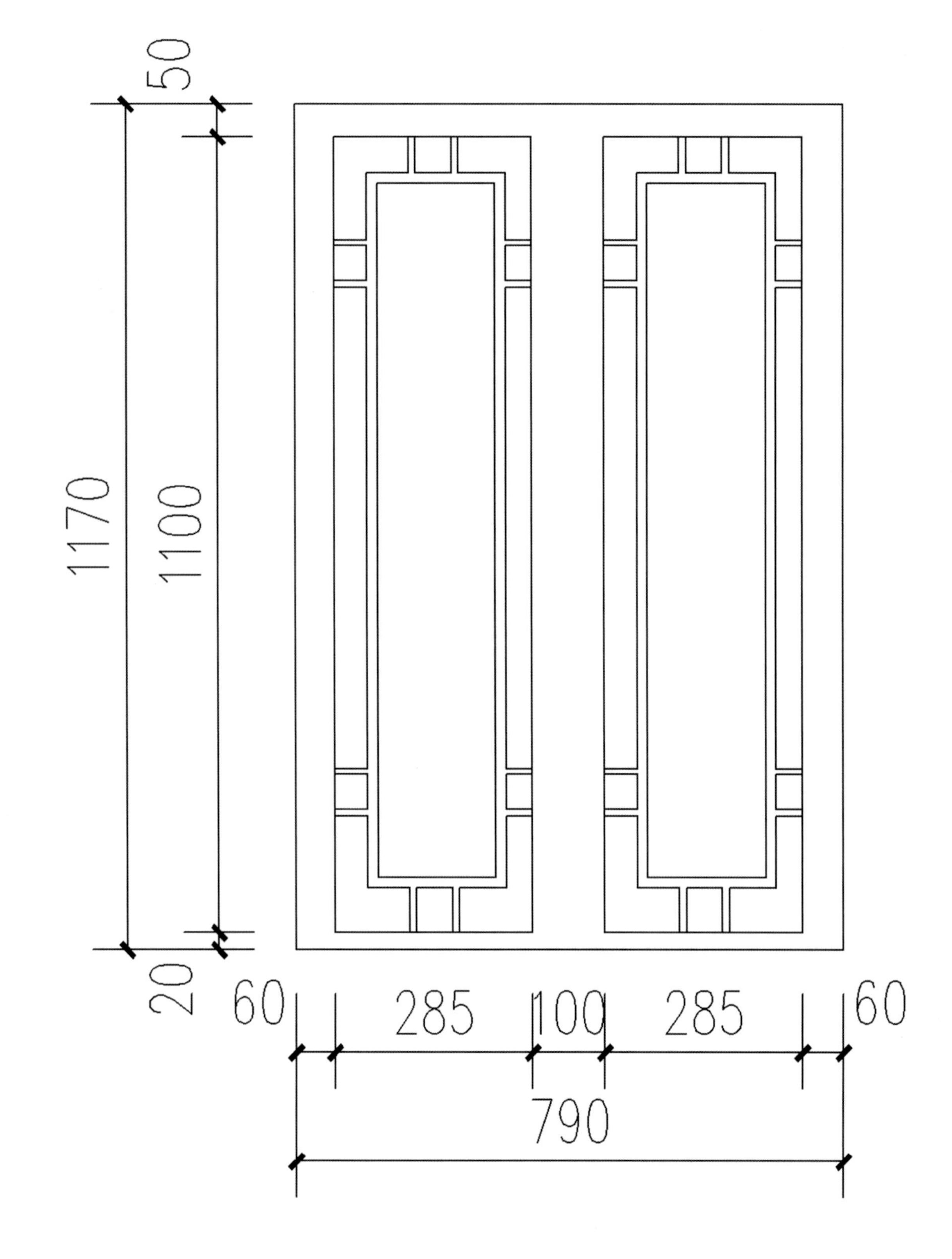

龙胜长发村民居窗花大样 1：20

龙胜长发村民居窗花

东经 110°08′　北纬 25°45′
海拔 405米

龙胜长发村民居窗花	
大样图 现场图 地理坐标	
作 者	

龙胜长发村民居窗花

龙胜长发村民居窗花

东经 110°08′　北纬 25°45′
海拔 405米

龙胜长发村民居窗花	
大样图 现场图 地理坐标	
作 者	

兴安水街万里桥

东经 110°40′　北纬 25°31′
海拔 278米

兴安水街万里桥	
手绘图 现场图 地理坐标	
作 者	卫鹏

卫鹏於二〇一〇年五月十八日画於
兴安万里桥边.

兴安水街民居（商铺）

东经 110°31′　北纬 25°24′
海拔 403米

水街民居位于灵渠水街两岸，鳞次栉比，绵延近1公里，均为青瓦白墙，木雕花门窗，具有典型的“小桥流水人家”之岭南风韵。

兴安水街民居（商铺）	
手绘图 现场图 地理坐标	
作 者	卫鹏

兴安水街古塔花饰纹样

兴安水街古塔花饰纹样

东经 110°40′　北纬 25°31′
海拔 278米

兴安水街古塔花饰纹样	
白描大样图 现场图 地理坐标	
作 者	覃保翔

兴安水街桥栏花饰

兴安水街桥栏花饰

东经 110°31′　北纬 25°24′
海拔 403米

兴安水街桥栏花饰	
白描大样图 现场图 地理坐标	
作 者	覃保翔

兴安水街屋檐窗花花饰

兴安水街屋檐窗花花饰

东经 110°31′　北纬 25°24′

海拔 403米

水街民居配件花饰多为秦代风格，构件丰富、复杂，工艺精湛。

兴安水街屋檐窗花花饰	
白描大样图 现场图 地理坐标	
作 者	覃保翔

兴安漠川陆村民居

东经 110°47′　北纬 25°29′
海拔 296米

兴安漠川陆村民居	
手绘图 现场图 地理坐标	
作 者	卫鹏

兴安漠川陆村民居

东经 110°47′　北纬 25°29′
海拔 296米

兴安漠川陆村民居	
手绘图 现场图 地理坐标	
作 者	卫鹏

兴安漠川陆村古民居门槛花饰

东经 110°47′ 北纬 25°29′
海拔 296米

兴安漠川陆村古民居门槛花饰	
手绘大样图 现场图 地理坐标	
作 者	童仕军

兴安漠川榜上村古民居门槛花饰

东经 110°48′　北纬 25°27′
海拔 329米

榜上村是清末明贾陈克昌前后用了20多年建成的，其工程浩大，共建豪宅30余座。另建两座高耸的炮楼前后护卫着这片深宅大院。整片建筑群规模宏大、结构合理、布局协调、古朴典雅。村中巷道古朴狭长，两边是高高的青砖封火墙，可防火防盗。建筑构成十分讲究，院中有院、门中有门，院院相通，户户相连。从建筑群的风格看属徽派建筑，层楼叠院、高脊飞檐、曲径回廊与粉墙、青瓦、马头墙、砖木石雕和谐地组合在一起。

兴安漠川榜上村古民居门槛花饰	
手绘大样图 现场图 地理坐标	
作 者	童仕军

兴安漠川榜上村古民居门槛花饰

东经 110°48′ 北纬 25°27′
海拔 329米

榜上古民居规模宏大、结构合理、布局协调、古朴典雅，尤其是装饰在门罩、窗楣、梁柱、窗扇上的砖、木、石雕，工艺十分精湛，人物和花、草、虫、鱼的雕像造型逼真，栩栩如生。

兴安漠川榜上村古民居门槛花饰	
手绘大样图 现场图 地理坐标	
作 者	童仕军

兴安崔家乡古民居门楼

东经 110°40′　北纬 25°31′
海拔 278米

兴安崔家乡古民居门楼	
手绘图 现场图 地理坐标	
作 者	童仕军

兴安崔家乡古民居门楣花饰

东经 110°40′　北纬 25°31′

海拔 278米

兴安崔家乡古民居门楣花饰	
白描大样图 现场图 地理坐标	
作 者	覃保翔

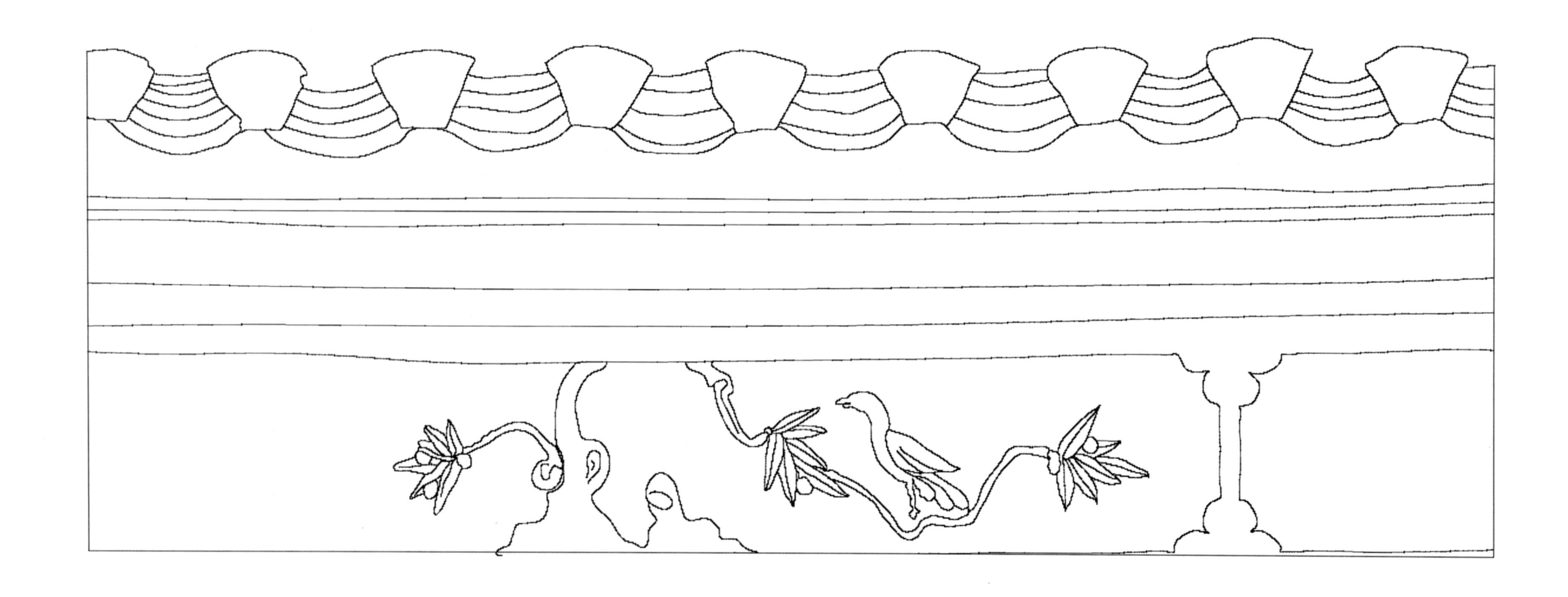

兴安崔家乡古民居墙楼花饰

东经 110°40′　北纬 25°31′
海拔 278米

兴安崔家乡古民居墙楼花饰	
白描大样图 现场图 地理坐标	
作 者	童仕军

兴安崔家乡宗祠柱头花饰

东经 110°40′ 北纬 25°31′

海拔 278米

兴安崔家乡宗祠柱头花饰	
手绘图 现场图 地理坐标	
作 者	童仕军

兴安崔家乡民居飞檐样式

东经 110°40′　北纬 25°31′
海拔 278米

兴安崔家乡民居飞檐样式	
手绘图 现场图 地理坐标	
作 者	童仕军

兴安崔家乡民居窗花

东经 110°40′　北纬 25°31′
海拔 278米

兴安崔家乡民居窗花	
白描大样图 现场图 地理坐标	
作 者	覃保翔

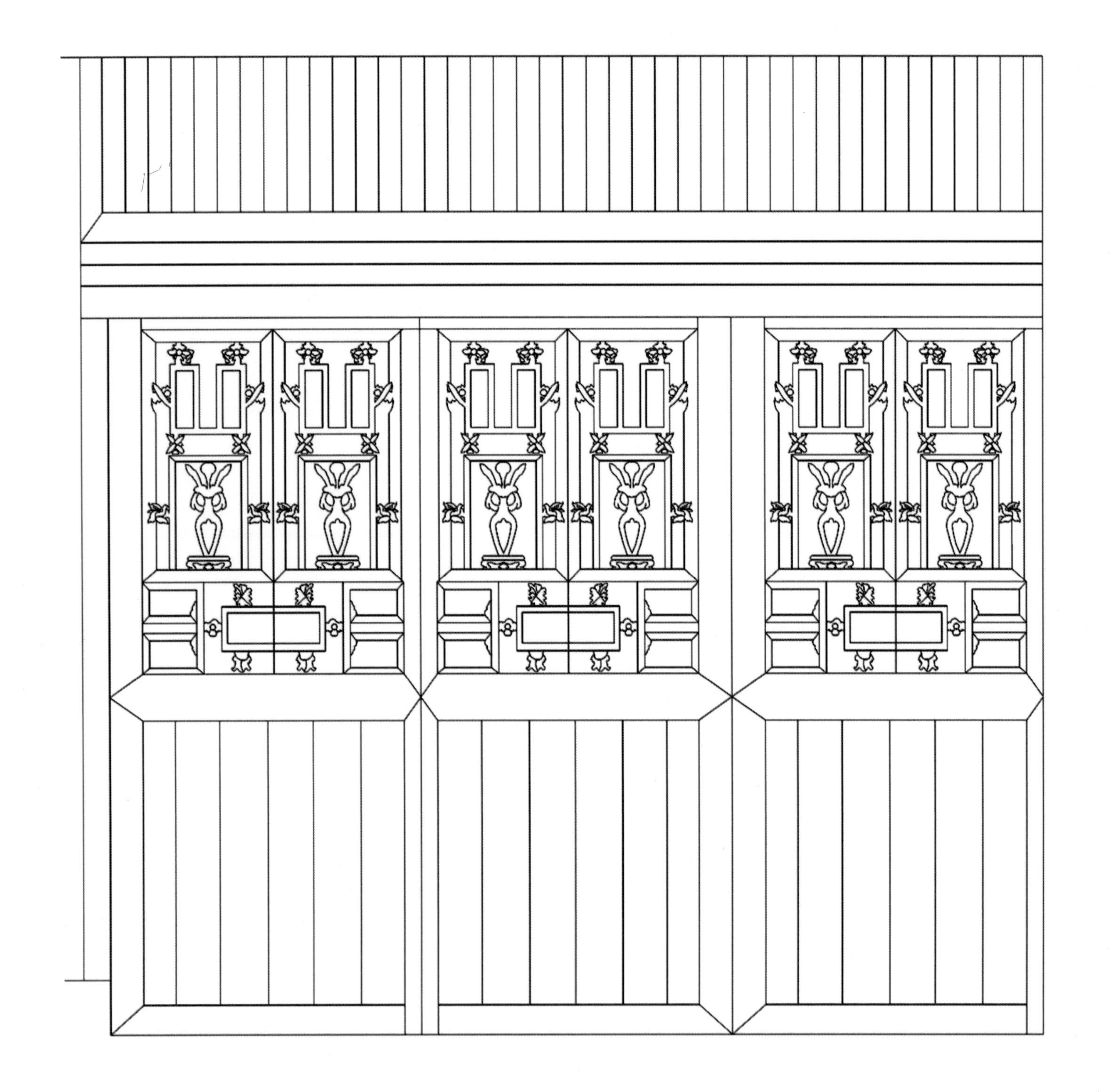

兴安崔家乡民居门窗花饰

东经 110°40′　北纬 25°31′
海拔 278米

兴安崔家乡民居门窗花饰	
白描大样图 现场图 地理坐标	
作 者	覃保翔

兴安崔家乡民居飞檐样式

东经 110°40′　北纬 25°31′

海拔 278米

兴安崔家乡民居飞檐样式	
手绘图 现场图 地理坐标	
作 者	童仕军

兴安崔家乡民居柱头花饰

东经 110°40′　北纬 25°31′
海拔 278米

兴安崔家乡民居柱头花饰	
白描大样图 现场图 地理坐标	
作 者	童仕军

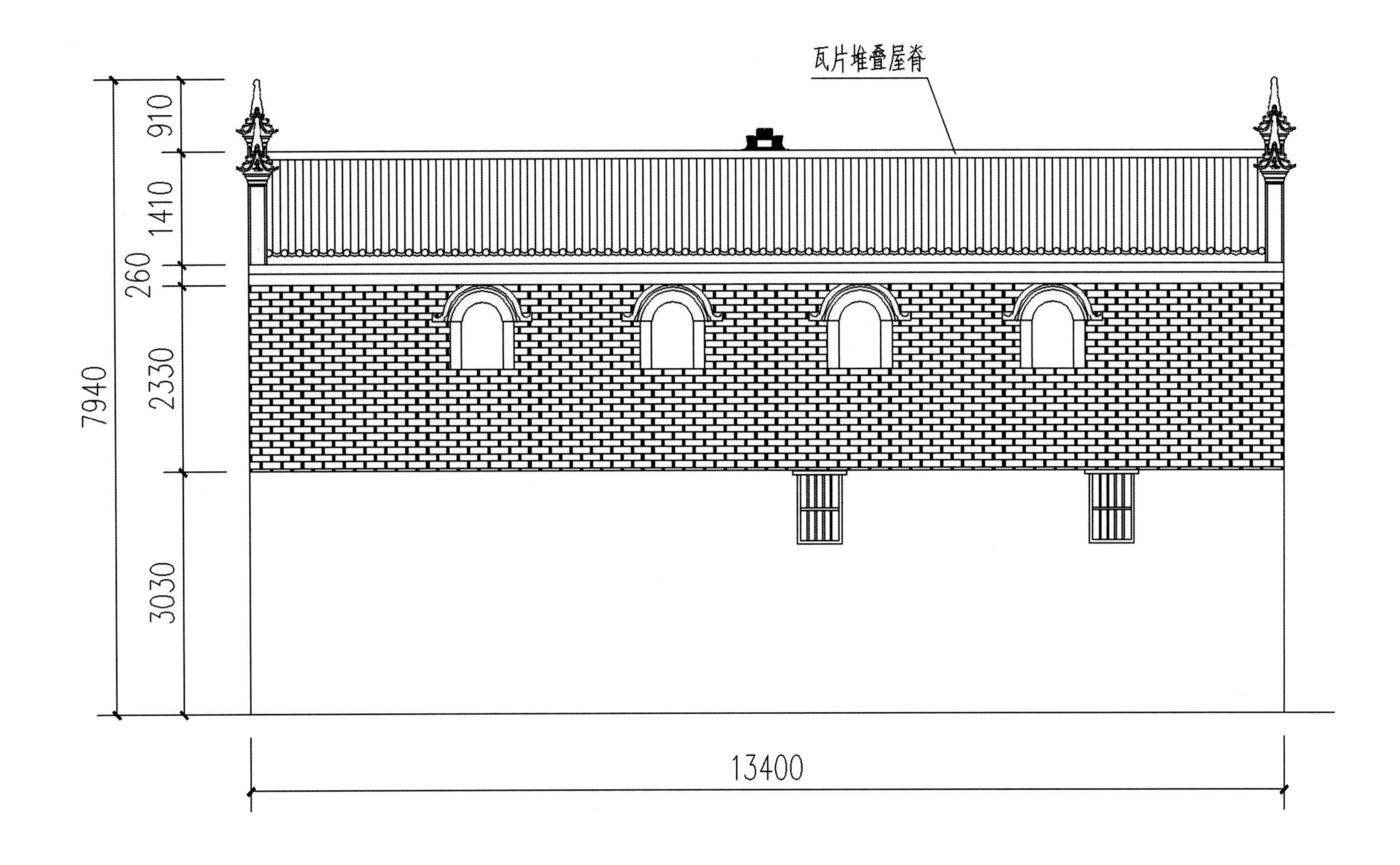

高尚额头上村民居侧立面 1：100

兴安高尚额头上村民居

东经 110°35′　北纬 25°27′
海拔 258米

始建于清代雍正年间，整栋建筑为砖石叠砌结构，其屋檐翘脚的建筑样式均有典型的桂北民居特色。

兴安高尚额头上村民居	
手绘图 现场图 地理坐标	
作 者	

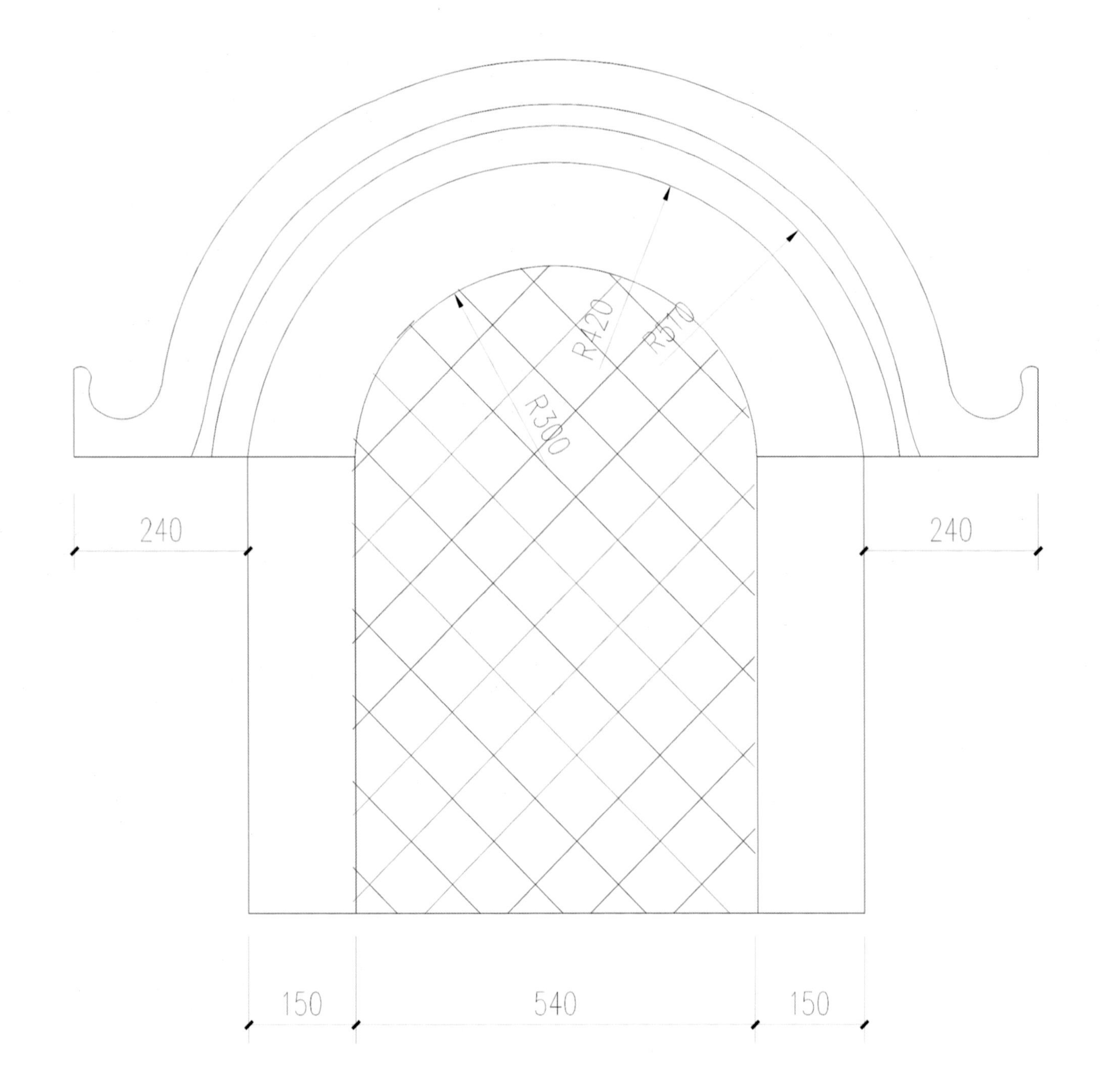

额头上村民居窗花装饰造型 1：100

兴安高尚额头上村民居窗花

东经 110°35′ 北纬 25°27′
海拔 258米

兴安高尚额头上村民居窗花	
大样图 现场图 地理坐标	
作 者	

兴安高尚额头上村民居

东经 110°35′　北纬 25°27′
海拔 258米

兴安高尚额头上村民居	
手绘图 现场图 地理坐标	
作 者	卫鹏

卫鹏於二〇一二年十月
十六日画於桂林

兴安高尚额头上村民居

东经 110°35′　北纬 25°27′
海拔 258米

兴安高尚额头上村民居	
手绘图 现场图 地理坐标	
作 者	卫鹏

兴安高尚额头上村雍氏宗祠

东经 110°35′　北纬 25°27′
海拔 255米

兴安高尚额头上村雍氏宗祠	
手绘图 现场图 地理坐标	
作　者	卫鹏

兴安高尚额头上村雍氏宗祠飞檐

东经 110°35′ 北纬 25°27′
海拔 255米

兴安高尚额头上村雍氏宗祠飞檐	
手绘图 现场图 地理坐标	
作 者	童仕军

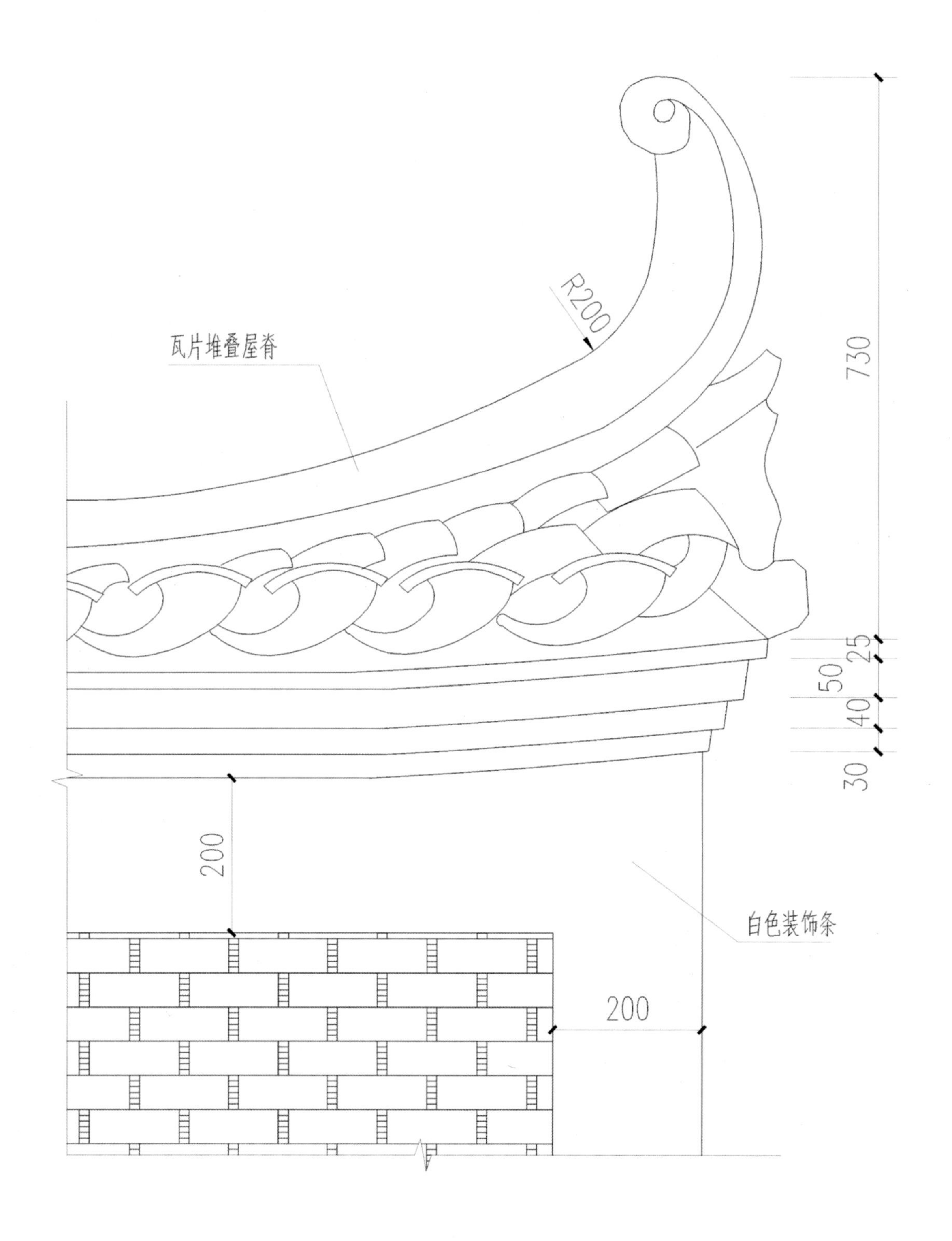

额头上村民马头墙侧立面 1：100

兴安高尚额头上村民居马头墙

东经 110°35′ 北纬 25°27′

海拔 258米

兴安高尚额头上村民居马头墙	
大样图 现场图 地理坐标	
作 者	

额头上村民马头墙正立面 1：100

兴安高尚额头上村民居马头墙

东经 110°35′　北纬 25°27′

海拔 258米

兴安高尚额头上村民居马头墙	
大样图 现场图 地理坐标	
作 者	

兴安高尚额头上村古塔

东经 110°31′　北纬 25°26′
海拔 254米

兴安高尚额头上村古塔	
手绘图 现场图 地理坐标	
作 者	童仕军

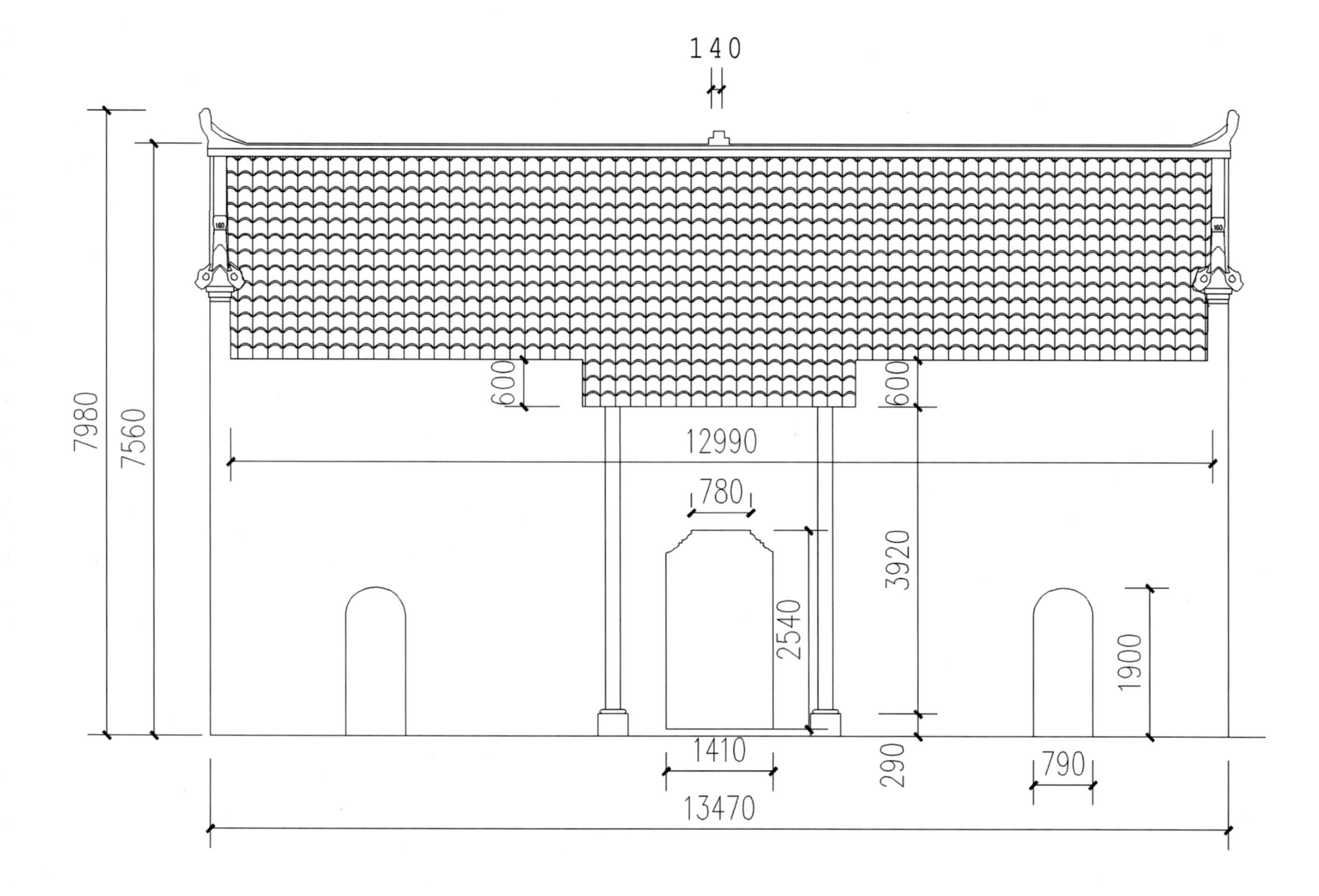

长岗岭古民居正立面 1：100

灵川灵田长岗岭古民居

东经 110°31′ 北纬 25°24′
海拔 402米

长岗岭古建筑群尚保留清朝早期建筑的陈家大院9进，莫家老大院11进，莫家新大院10进，另有五福堂公厅、莫氏宗祠、卫守府官厅、“大夫第”、“别驾第”等府第古宅。

灵川灵田长岗岭古民居	
立面图 现场图 地理坐标	
作 者	

兴安高尚额头上村民居

东经 110°35′　北纬 25°27′
海拔 258米

兴安高尚额头上村民居	
手绘图 现场图 地理坐标	
作 者	卫鹏

卫鹏于二〇一二年十一月
十六日画于桂林

兴安高尚额头上村民居

东经 110°35′　北纬 25°27′
海拔 258米

兴安高尚额头上村民居	
手绘图 现场图 地理坐标	
作 者	卫鹏

兴安高尚额头上村雍氏宗祠

东经 110°35′ 北纬 25°27′
海拔 255米

兴安高尚额头上村雍氏宗祠	
手绘图 现场图 地理坐标	
作 者	卫鹏

兴安高尚额头上村雍氏宗祠飞檐

东经 110°35′　北纬 25°27′

海拔 255米

兴安高尚额头上村雍氏宗祠飞檐	
手绘图 现场图 地理坐标	
作 者	童仕军

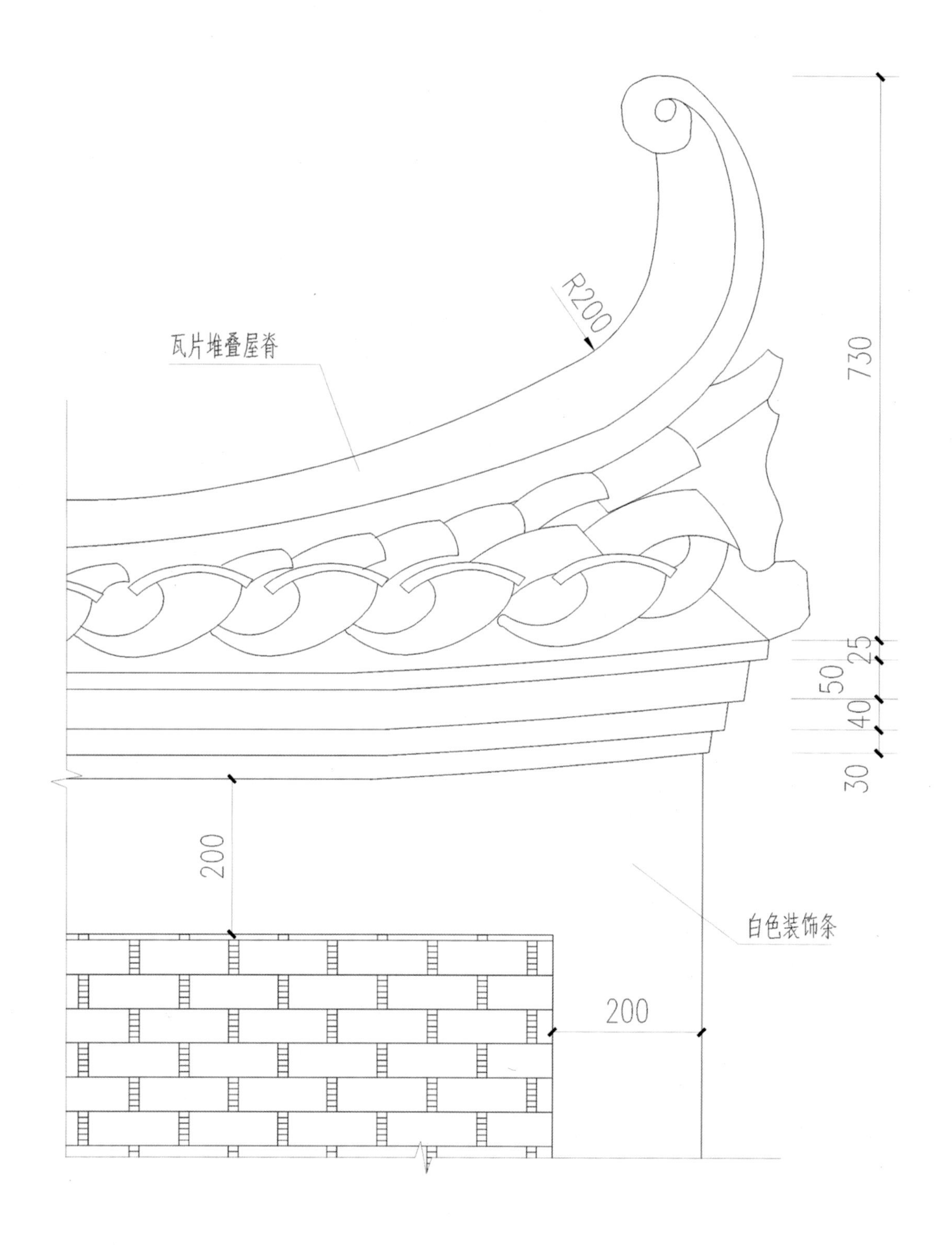

额头上村民马头墙侧立面 1：100

兴安高尚额头上村民居马头墙

东经 110°35′　北纬 25°27′
海拔 258米

兴安高尚额头上村民居马头墙	
大样图 现场图 地理坐标	
作 者	

额头上村民马头墙正立面 1：100

兴安高尚额头上村民居马头墙

东经 110°35′　北纬 25°27′
海拔 258米

兴安高尚额头上村民居马头墙	
大样图 现场图 地理坐标	
作 者	

兴安高尚额头上村古塔

东经 110°31′　北纬 25°26′
海拔 254米

兴安高尚额头上村古塔	
手绘图 现场图 地理坐标	
作 者	童仕军

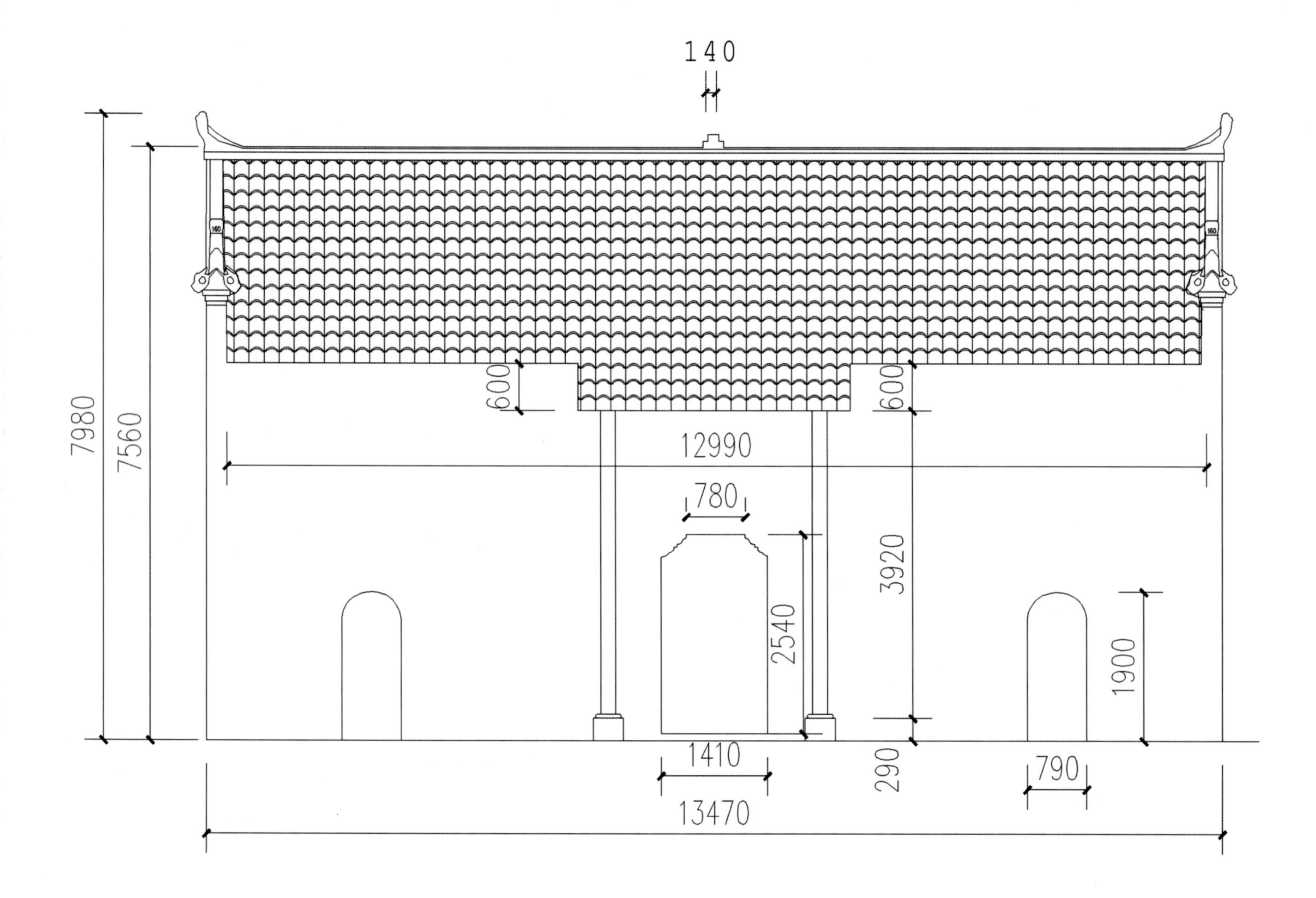

长岗岭古民居正立面 1：100

灵川灵田长岗岭古民居

东经 110°31′　北纬 25°24′
海拔 402米

长岗岭古建筑群尚保留清朝早期建筑的陈家大院9进，莫家老大院11进，莫家新大院10进，另有五福堂公厅、莫氏宗祠、卫守府官厅、“大夫第”、“别驾第”等府第古宅。

灵川灵田长岗岭古民居	
立面图 现场图 地理坐标	
作 者	

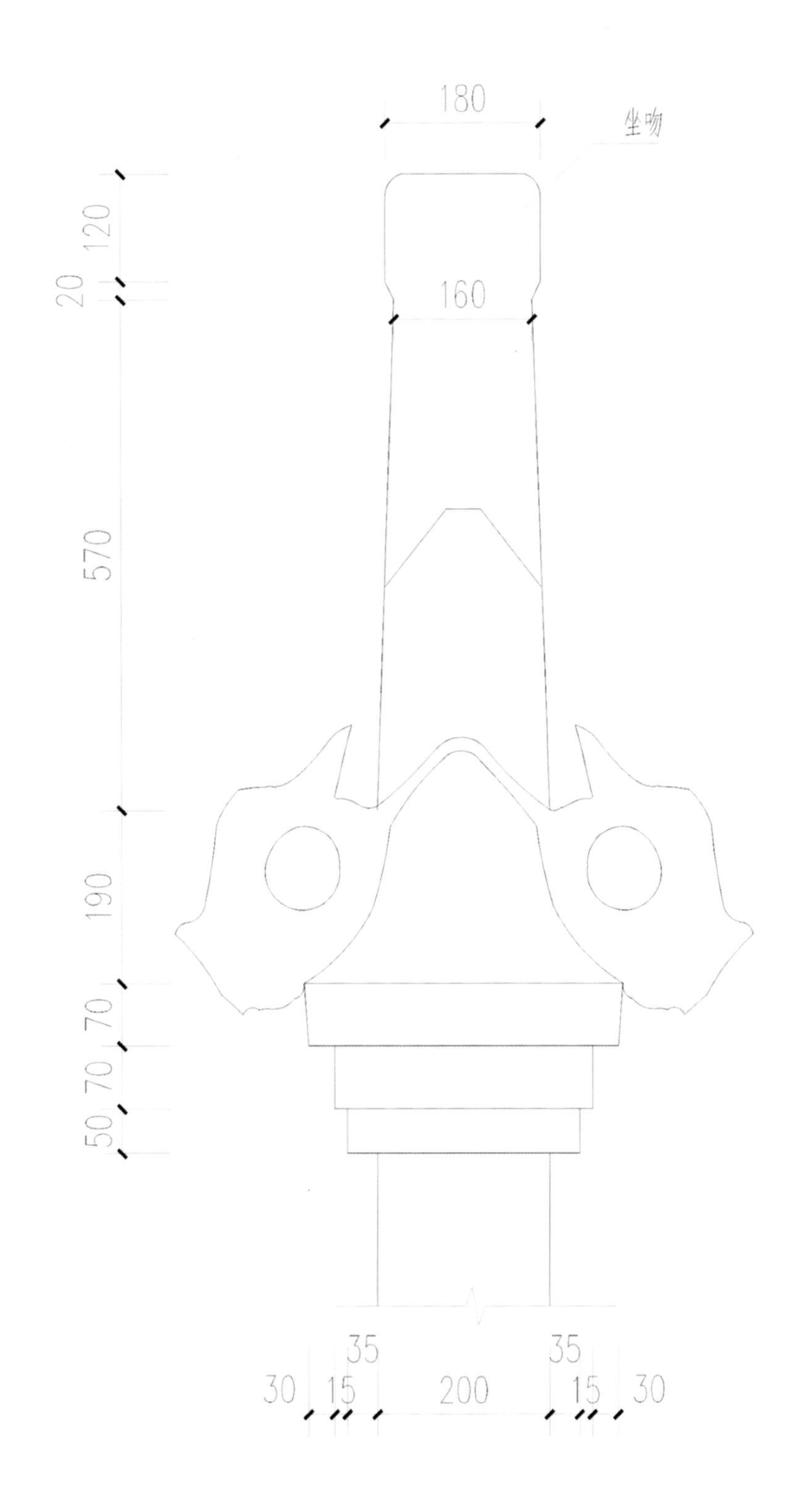

长岗岭古民居马头墙正面大样 1：100

灵川灵田长岗岭古民居马头墙

东经 110°31′　北纬 25°24′
海拔 402米

建筑形式有歇山顶、硬山顶，飞檐翘角，形态多样，实为罕见。

灵川灵田长岗岭古民居马头墙	
大样图 现场图 地理坐标	
作 者	

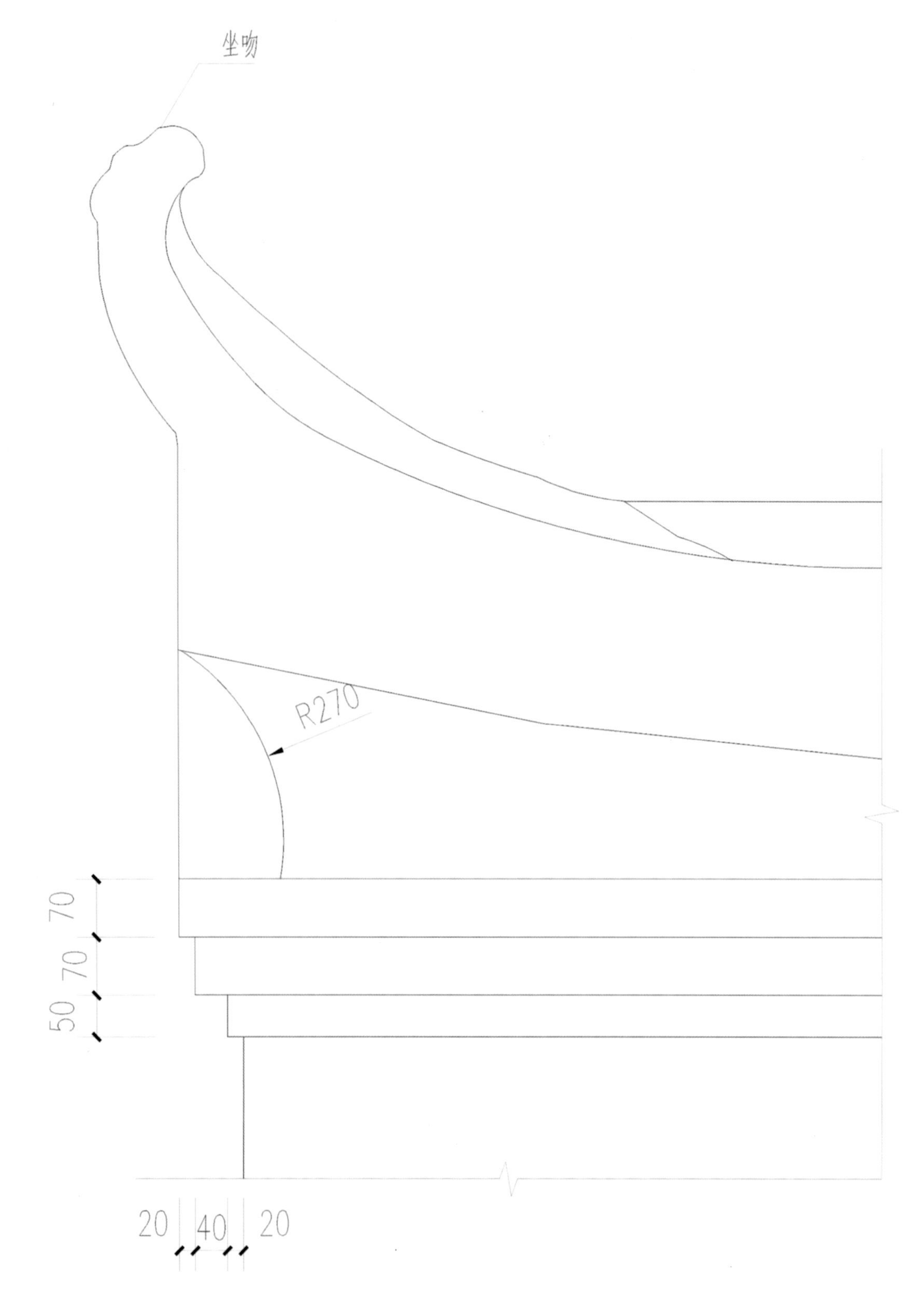

长岗岭古民居马头墙侧面大样 1：100

灵川灵田长岗岭古民居马头墙

东经 110°31′　北纬 25°24′
海拔 402米

灵川灵田长岗岭古民居马头墙	
大样图 现场图 地理坐标	
作 者	

灵川灵田长岗岭古民居

东经 110°31′　北纬 25°24′

海拔 402米

卫守府始建于乾隆末年，是村中官至卫守府的陈大彪的豪宅，也是村中颇具代表性的建筑。陈府外观青砖青瓦、清水墙、封火墙头、飞檐翘角；门堂、官厅、三堂、四堂与天井沿中轴线层层递进；厢房正室对称分布，高大宽敞，明亮透气；正室内供奉神像及祖先牌位，为主人接待宾客之处；两侧为厢房，用来居住；正室与厢房均以木质门窗相隔，雕刻着葵花、凤凰、象、鼠、鹿等吉祥纹饰；正屋两侧是稍显低矮的横屋，供仆人生火举炊及居住，显示出严格的主仆等级之分。与厢房相连，有自成一体的花厅，是府上小姐居所。

灵川灵田长岗岭古民居	
手绘图 现场图 地理坐标	
作 者	童仕军

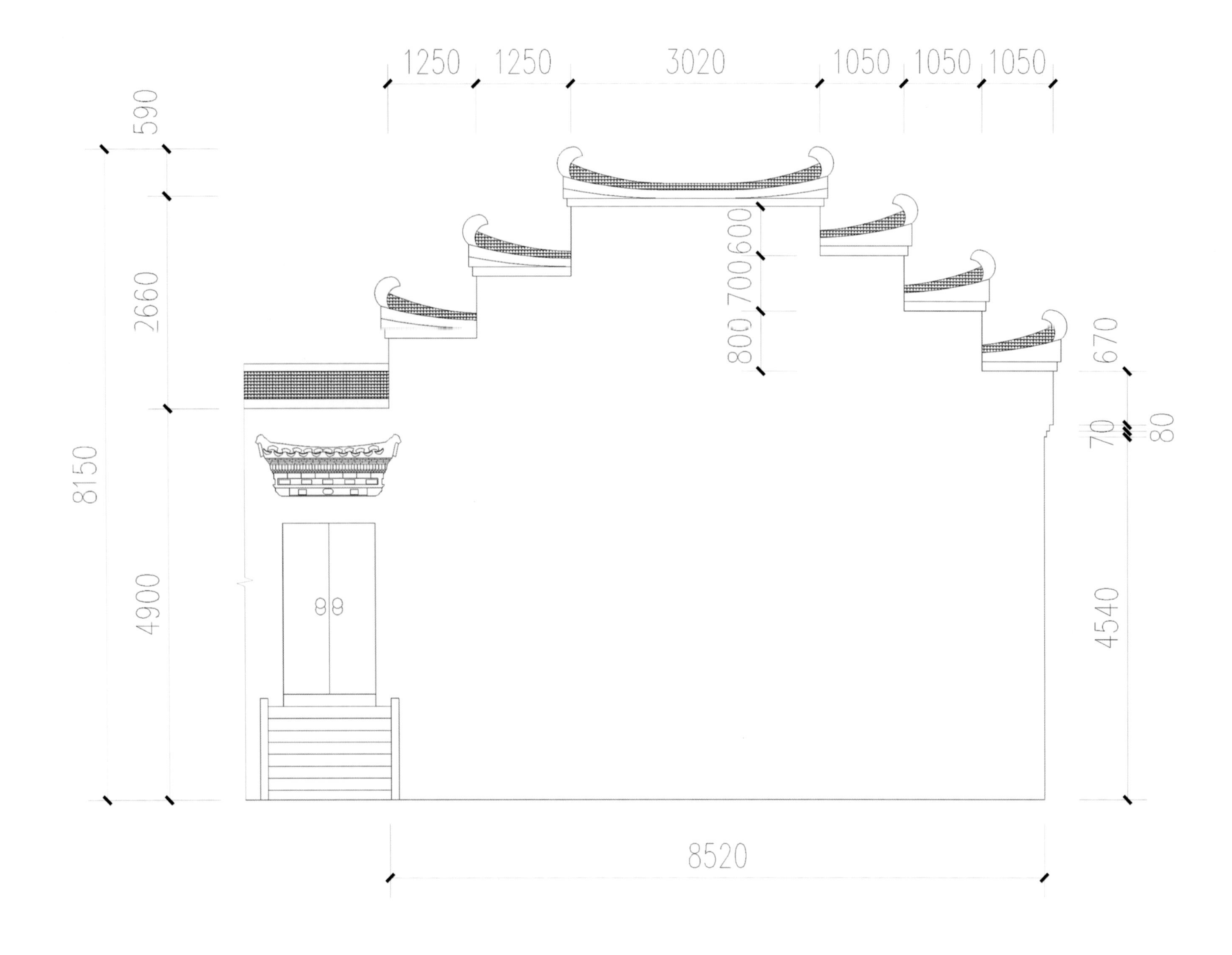

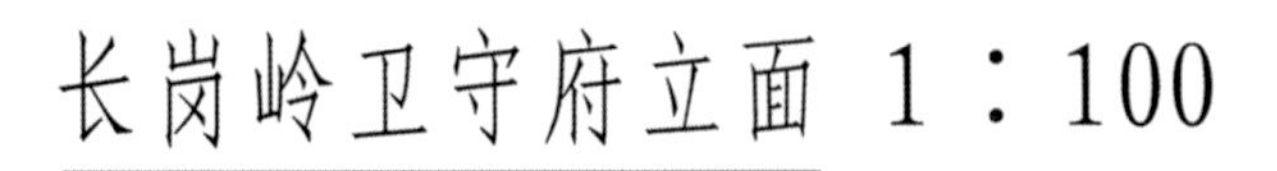
长岗岭卫守府立面 1：100

灵川灵田长岗岭卫守府

东经 110°31′　北纬 25°24′
海拔 402米

宅院建筑规整雄伟，宽敞明亮，窗雕、格扇玲珑剔透，天井和巷道一律用青石板铺就。正屋两侧排立比正屋略低的横屋，供奴婢居住，显示出严格的等级之分。这些古民居建筑群，有抬梁式结构、穿斗式结构，有斗拱建筑、藻井建筑。两座古戏台，一座祠堂，官厅，公厅（又名祖厅），全用青砖青瓦建成。

灵川灵田长岗岭卫守府	
立面图 现场图 地理坐标	
作 者	

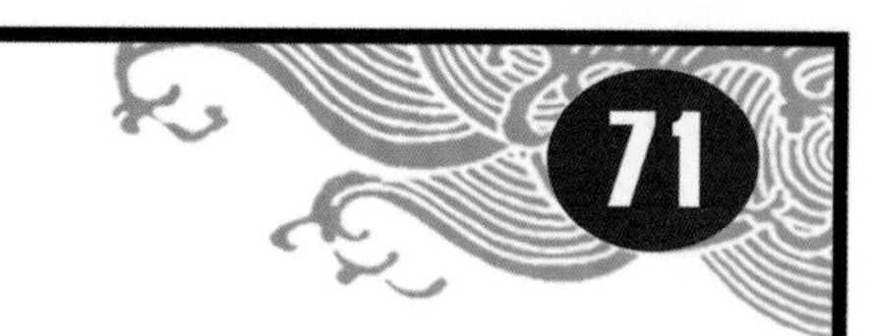

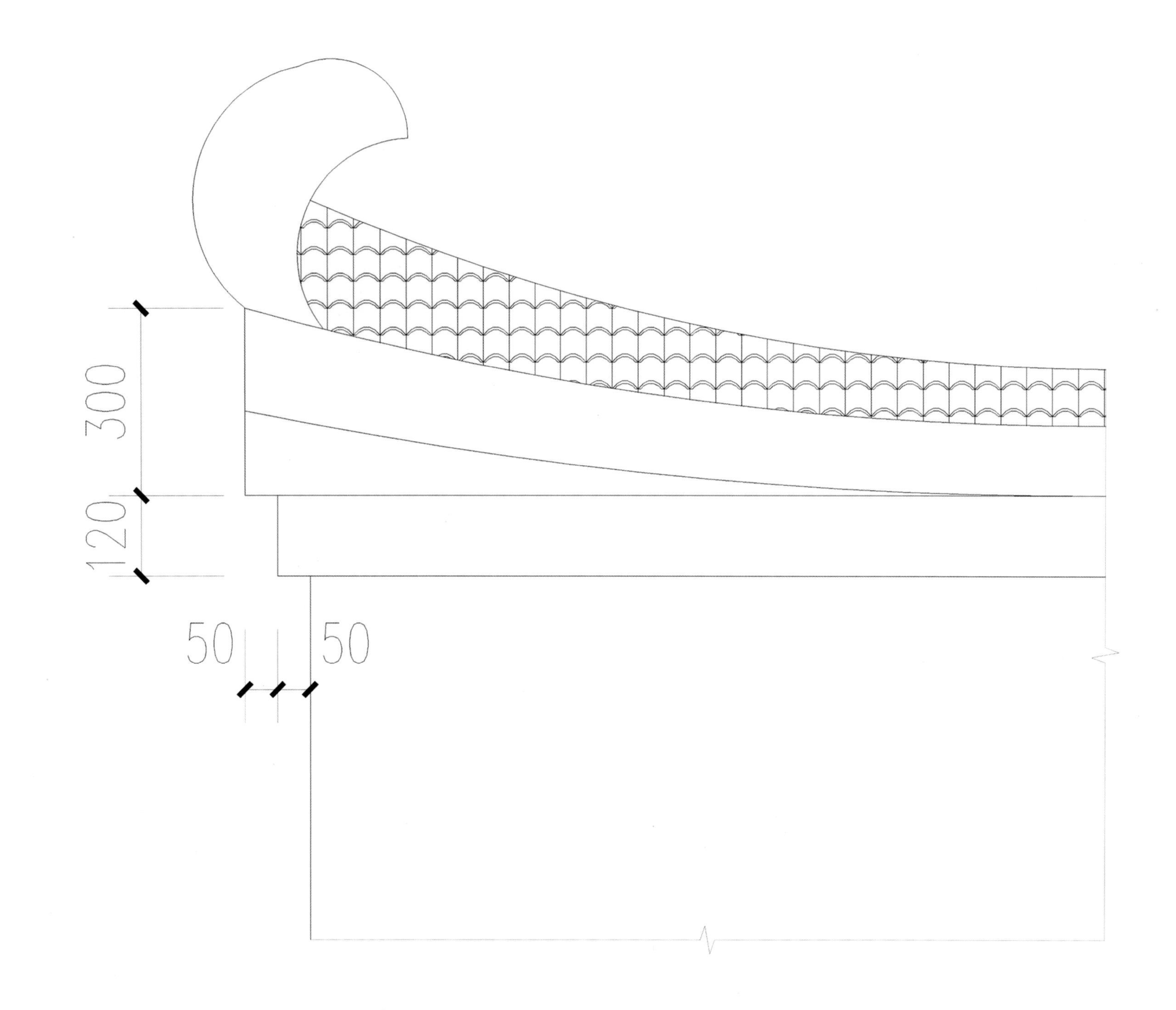

长岗岭卫守府马头墙侧面大样 1：50

灵川灵田长岗岭卫守府马头墙

东经 110°31′ 北纬 25°24′
海拔 402米

灵川灵田长岗岭卫守府马头墙	
大样图 现场图 地理坐标	
作 者	

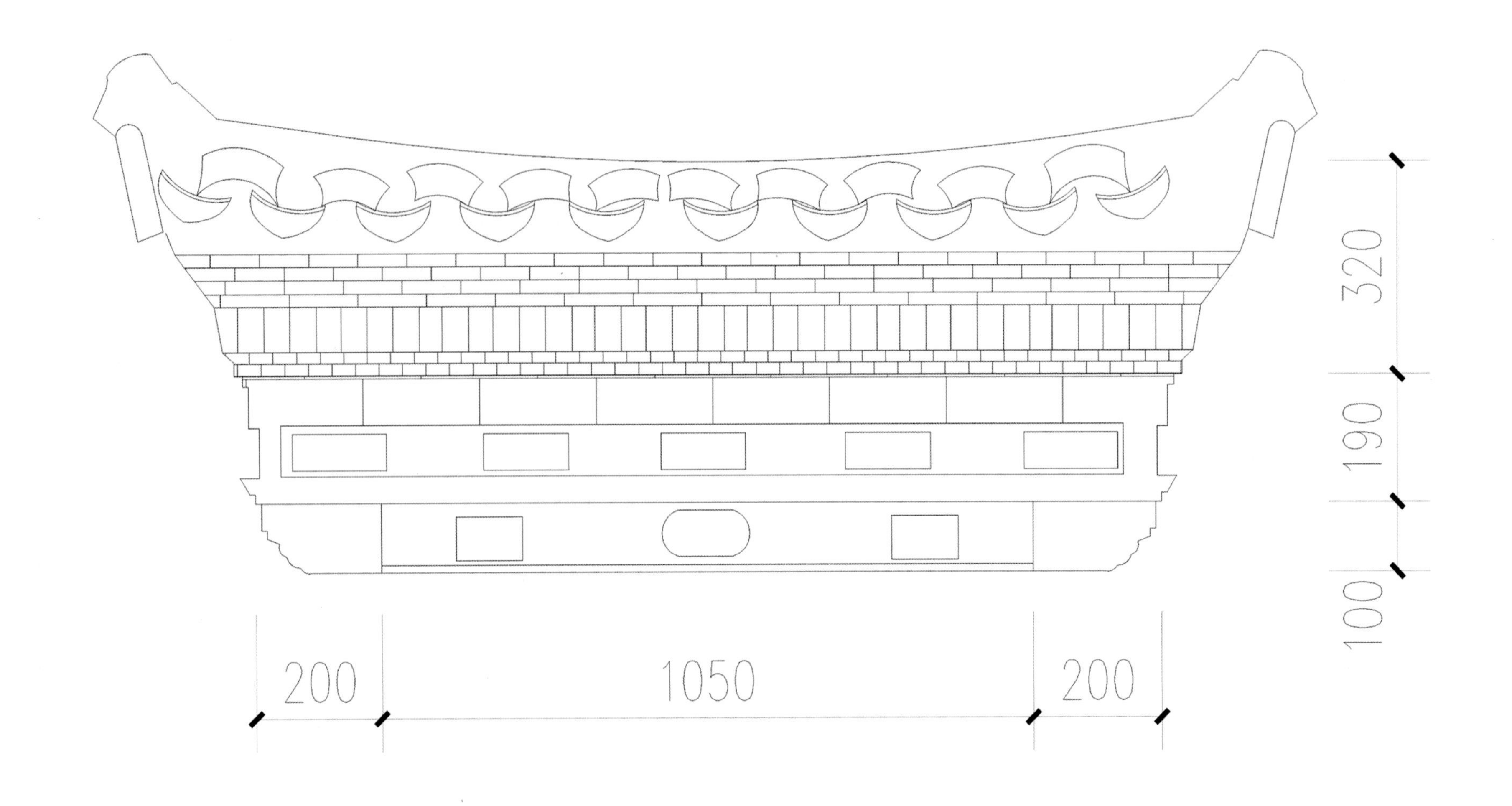

长岗岭卫守府门头饰样

灵川灵田长岗岭卫守府门头饰样

东经 110°31′ 北纬 25°24′

海拔 402米

灵川灵田长岗岭卫守府门头饰样	
大样图 现场图 地理坐标	
作 者	

长岗岭民居柱头花饰

灵川长岗岭古民居柱头花饰

东经 110°31′　北纬 25°24′

海拔 403米

灵川长岗岭古民居柱头花饰	
白描大样图 现场图 地理坐标	
作 者	覃保翔

长岗岭民居柱头花饰

灵川长岗岭古民居柱头花饰

东经 110°31′　北纬 25°24′

海拔 403米

灵川长岗岭古民居柱头花饰	
白描大样图 现场图 地理坐标	
作 者	覃保翔

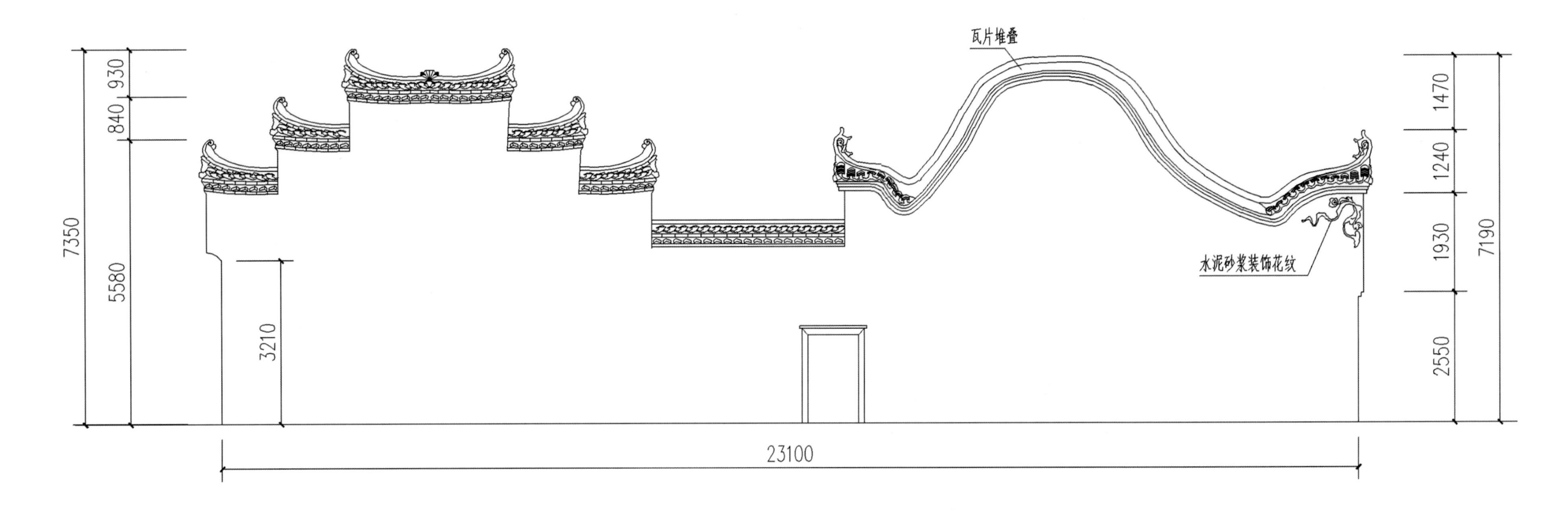

迪塘村古民居立面 1：50

灵川灵田迪塘村古民居

东经 110°26′　北纬 25°24′
海拔 257米

迪塘民居中最普遍的就是几进式大堂建筑，每座建筑前都有大门堂，大门的座向一般来说，就代表整座建筑的座向。通过大门堂是天井，两侧是厢房，天井往里是堂屋，堂屋分前堂屋和后堂屋，两侧是耳房，耳房也有前后之分。大门堂和厢房的窗和堂屋的门板、神台都有花雕装饰。

灵川灵田迪塘村古民居	
立面图 现场图 地理坐标	
作 者	

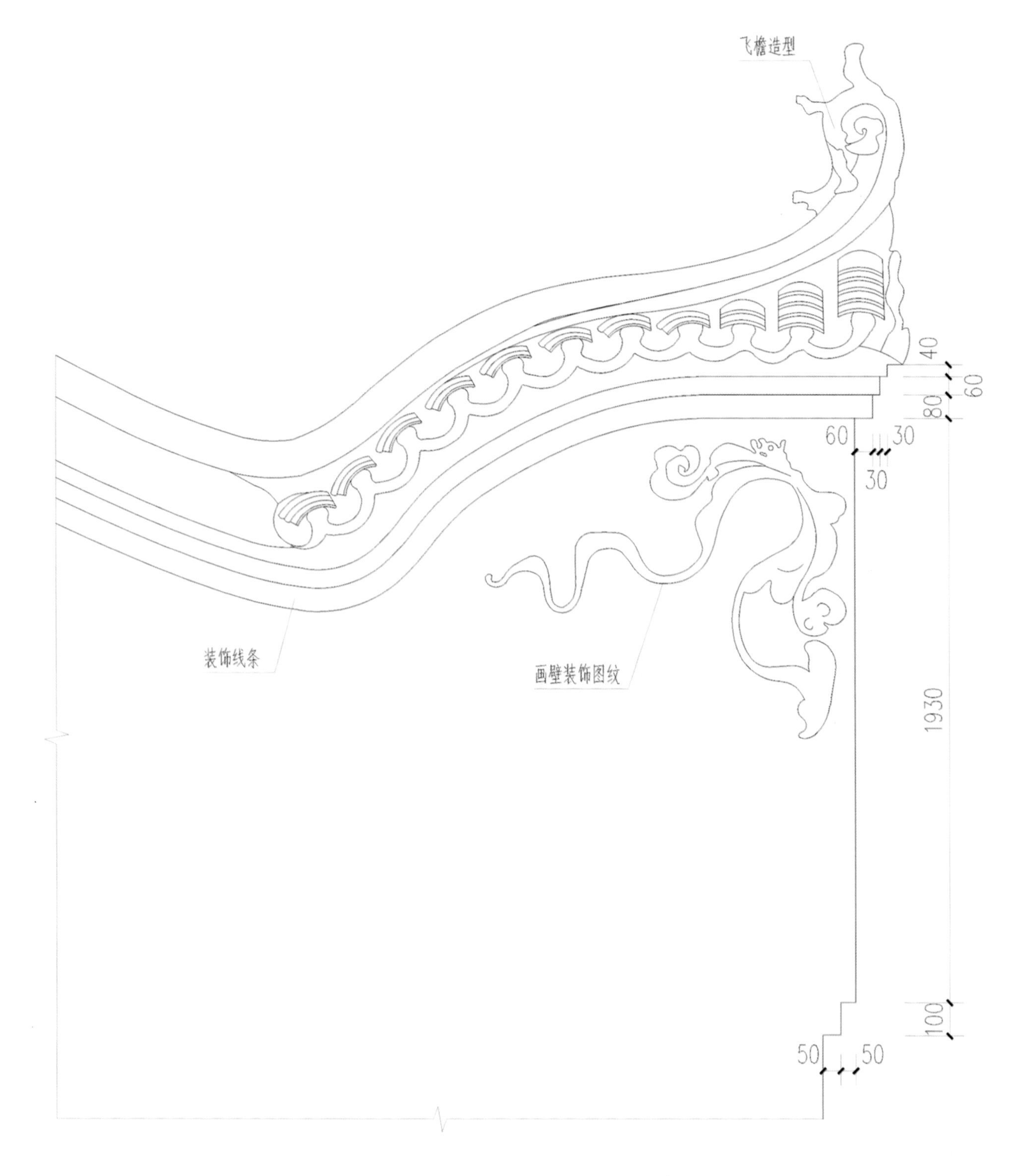

迪塘村古民居翘脚大样 ① 1：50

灵川灵田迪塘村古民居翘脚

东经 110°26′　北纬 25°24′
海拔 257米

该村民居共计180座，占地约40000平方米。建筑形式有门楼、风水楼、过道楼和三、四进式大堂建筑，还有大门外的照壁、拴马石、青石板铺垫的甬道。这里曾是明兵部左侍郎兼都御史李膺品抗清复明的故乡。

灵川灵田迪塘村古民居翘脚	
大样图 现场图 地理坐标	
作 者	

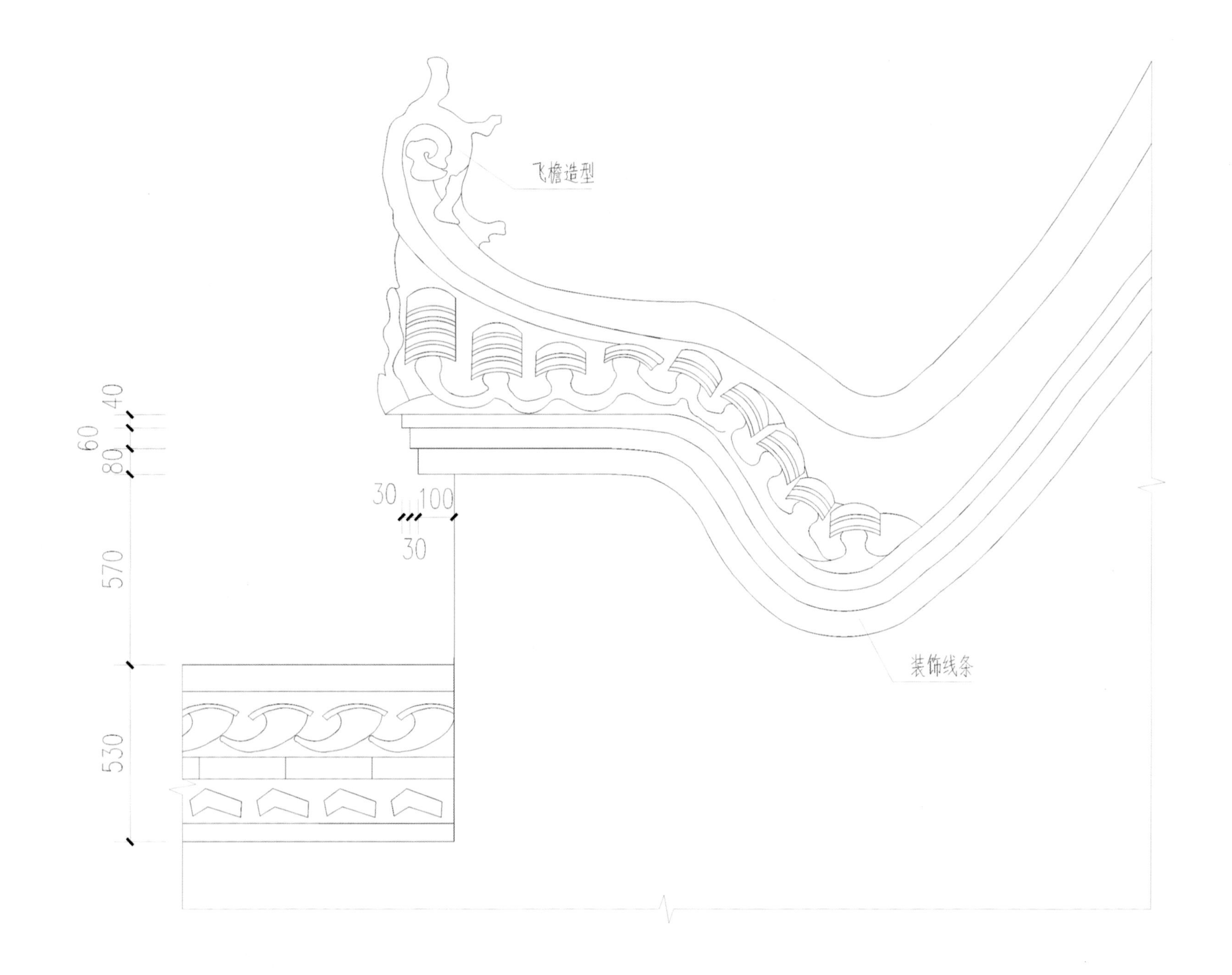

迪塘村古民居翘脚大样 ②

灵川灵田迪塘村古民居翘脚

东经 110°26′　北纬 25°24′

海拔 257米

灵川灵田迪塘村古民居翘脚	
大样图 现场图 地理坐标	
作 者	

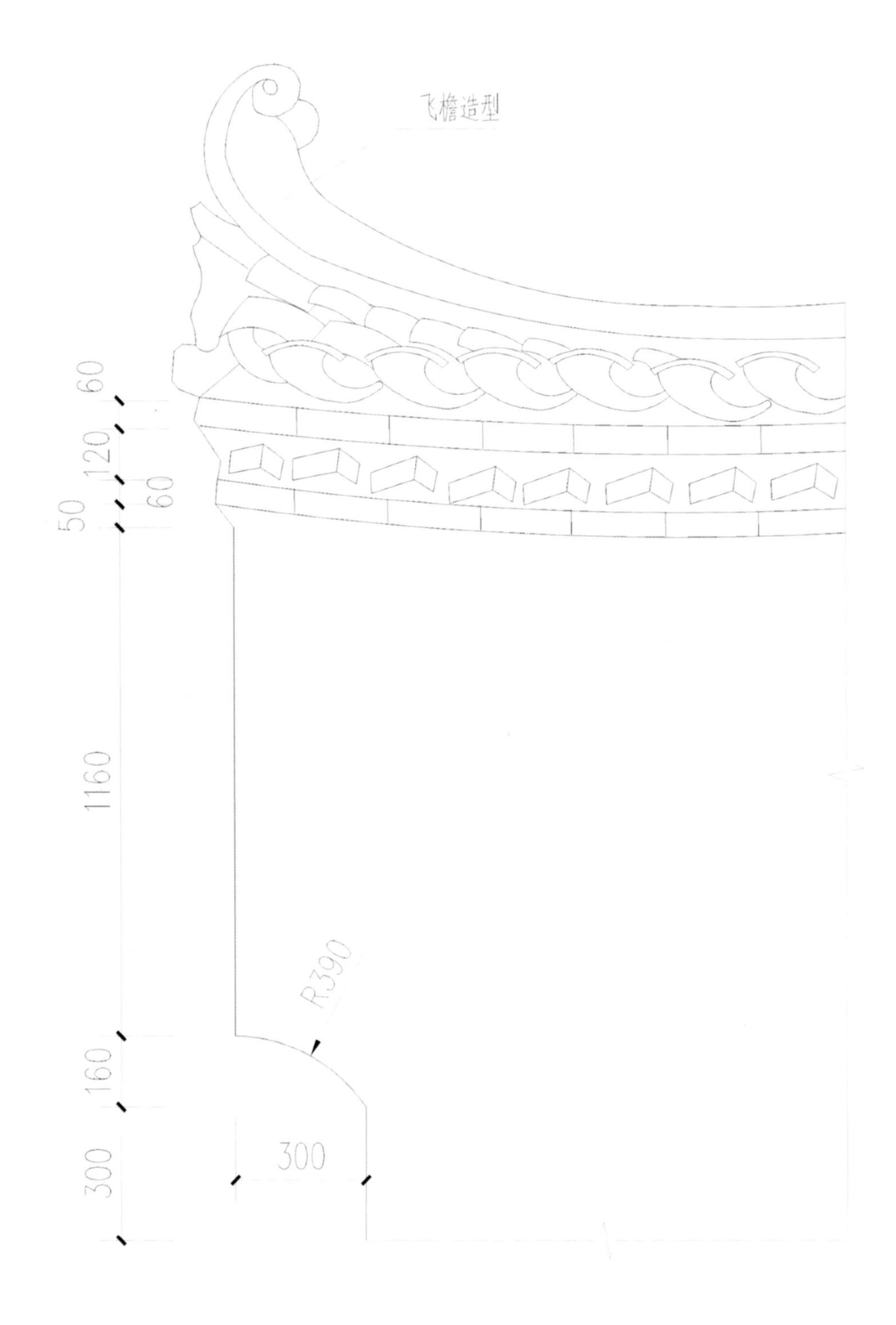

迪塘村古民居翘脚大样 ③

灵川灵田迪塘村古民居翘脚

东经 110°26′　北纬 25°24′

海拔 257米

灵川灵田迪塘村古民居翘脚	
大样图 现场图 地理坐标	
作 者	

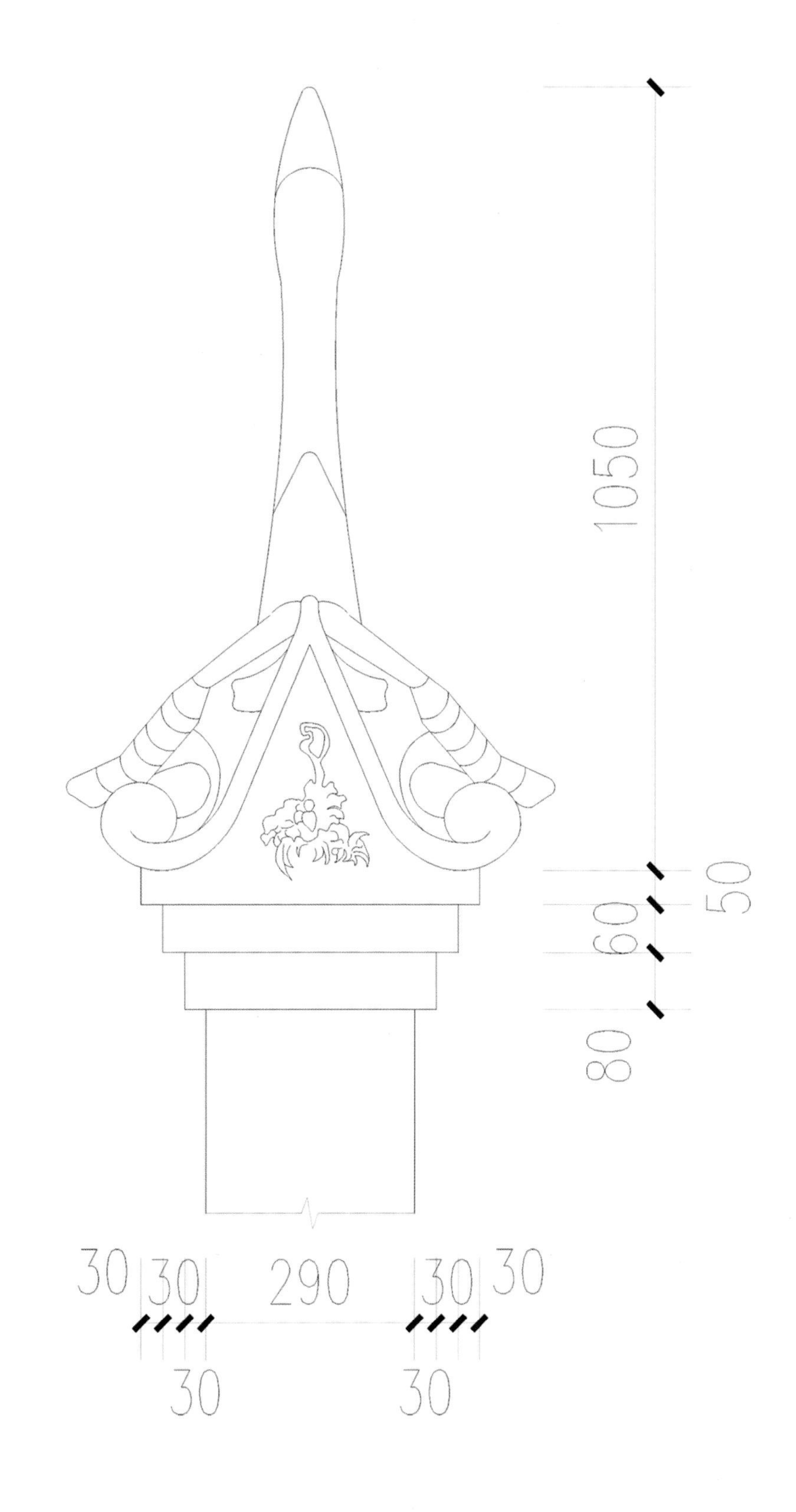

迪塘村古民居翘脚正立面大样 1：50

灵川灵田迪塘村古民居翘脚

东经 110°26′　北纬 25°24′
海拔 257米

灵川灵田迪塘村古民居翘脚	
大样图 现场图 地理坐标	
作 者	

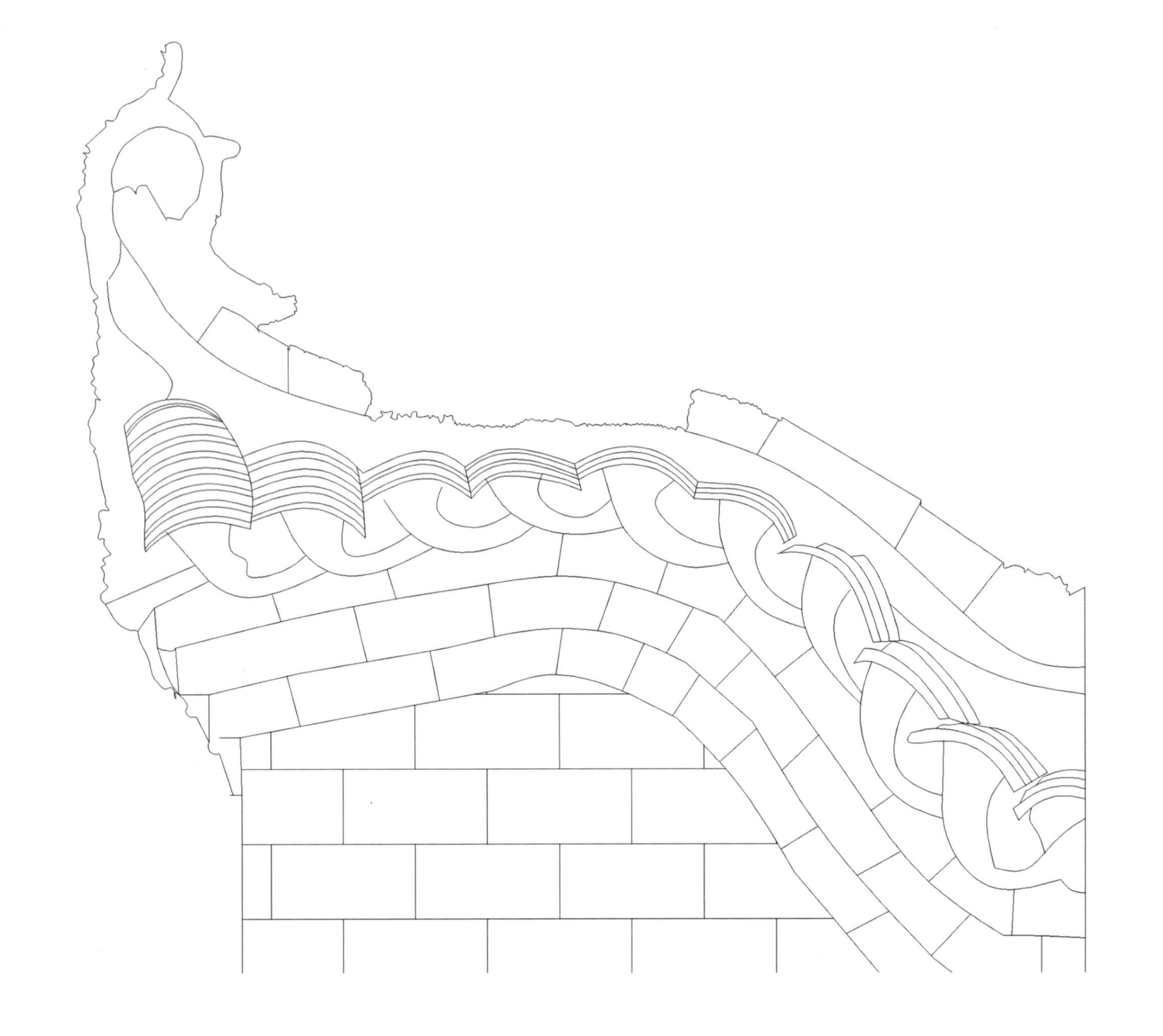

灵川灵田迪塘村古民居翘脚

东经 110°26′　北纬 25°24′
海拔 261米

灵川灵田迪塘村古民居翘脚	
白描大样图 现场图 地理坐标	
作 者	谢小玲

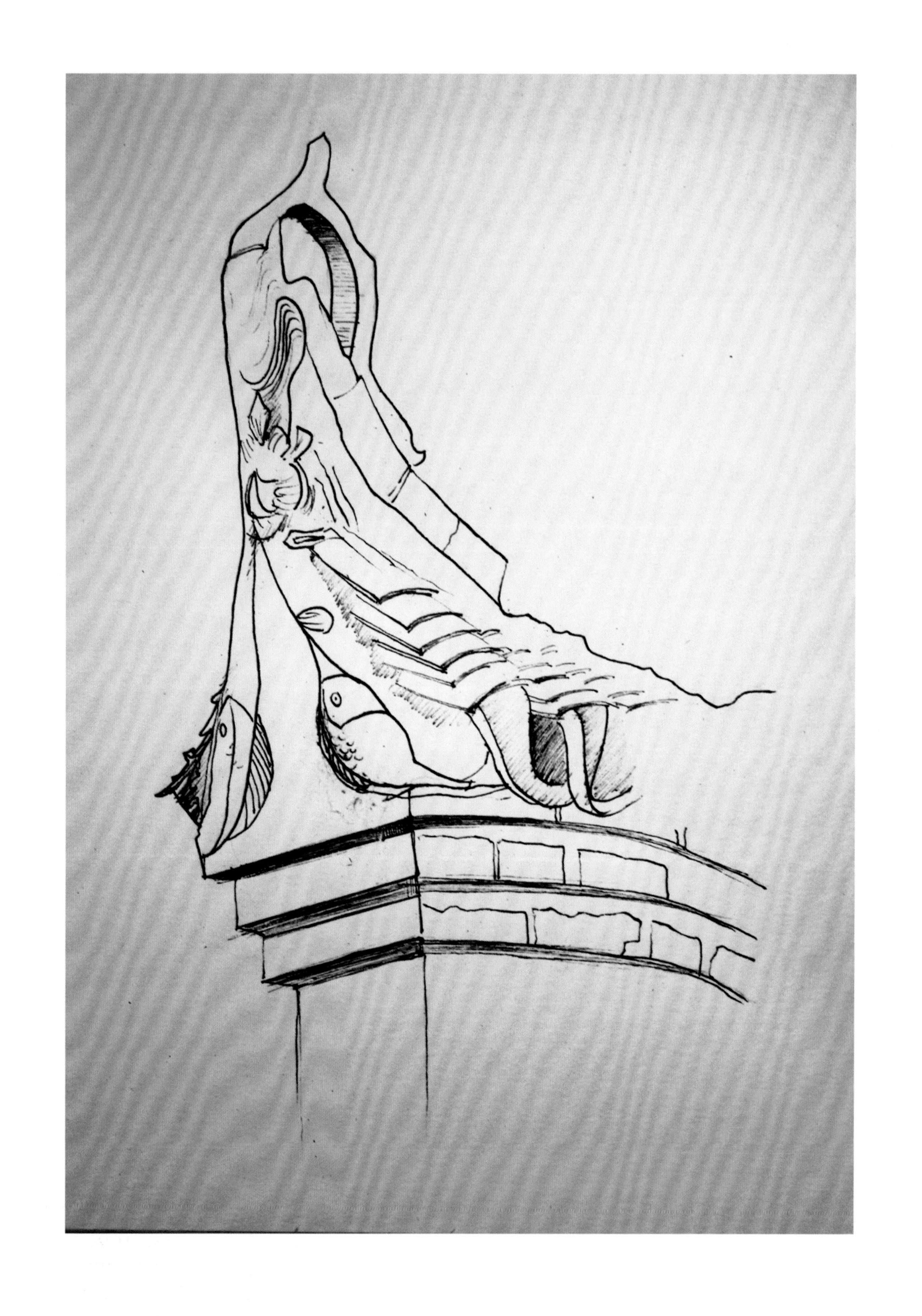

灵川灵田迪塘村古民居飞檐

东经 110°26′　北纬 25°24′
海拔 261米

灵川灵田迪塘村古民居飞檐	
手绘大样图 现场图 地理坐标	
作 者	童仕军

灵川灵田迪塘村神台石刻

东经 110°26′　北纬 25°24′

海拔 258米

迪塘民居的大门堂和厢房的窗以及堂屋的门板、神台都有花雕装饰，花雕内容一般为“五福拱寿”、“龙凤呈祥”、“蝶恋花”、“福禄寿”等传统吉祥图案。堂屋内地面一般都铺有防潮地板砖，铺法或菱形、或网格形、或回形。村内民居的外墙窗，很多镶有镂空的“福”、“寿”、“囍”等字样的砖雕，至今村中还保留着明朝末年的匾额、腰鼓及清代碗碟、床铺等。

灵川灵田迪塘村神台石刻	
手绘大样图 现场图 地理坐标	
作 者	童仕军

灵川灵田迪塘村神台石刻

东经 110°26′　北纬 25°24′
海拔 258米

灵川灵田迪塘村神台石刻	
手绘大样图 现场图 地理坐标	
作 者	童仕军

灵川灵田迪塘村古民居飞檐

东经 110°26′　北纬 25°24′
海拔 261米

灵川灵田迪塘村古民居飞檐	
手绘大样图 现场图 地理坐标	
作 者	童仕军

灵川灵田迪塘村古民居门楼

东经 110°26′　北纬 25°24′
海拔 261米

迪塘民居分布在腰鼓山南麓，民居依山势而建，迪水溪与四正公路将民居分成东、中、西三群，各群民居大致座向分为三种，即坐北朝南、坐西朝东、坐东朝西。

灵川灵田迪塘村古民居门楼	
手绘图 现场图 地理坐标	
作 者	童仕军

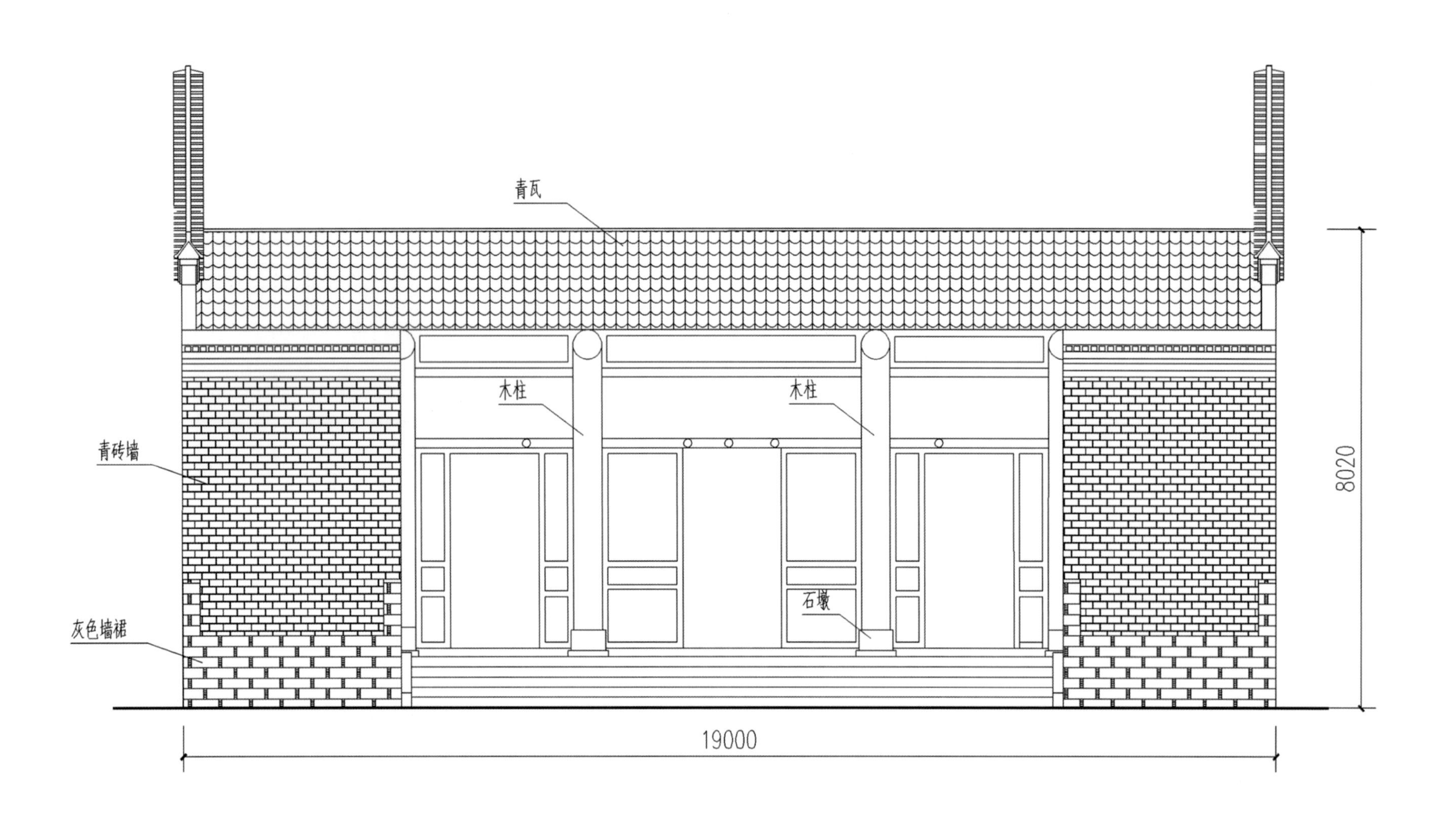

九屋江头村爱莲家祠正立面 1：100

灵川九屋江头村爱莲家祠

东经 110°16′ 北纬 25°31′
海拔 204米

江头洲古村落，建村已有1000多年的历史。是我国北宋著名文学家、哲学家、理学创始人周敦颐的后裔之村，具有独特的“科举仕宦文化”和“江头洲爱莲文化”。丰厚的文化遗产，辉煌的历史篇章和优美的自然景观，使其享有广西古村落中“历史文化遗迹数量第一，房宇建筑工艺第一，镂花种类第一，名人数量第一，数代为官同职第一，清官数量第一”的盛誉。被称为“中国科举仕宦文化村”、“才子村”、“清官村”、“中国历史名人周敦颐爱莲文化村”、“中国独具特色的江头洲爱莲文化名村”。

灵川九屋江头村爱莲家祠	
立面图 现场图 地理坐标	
作 者	

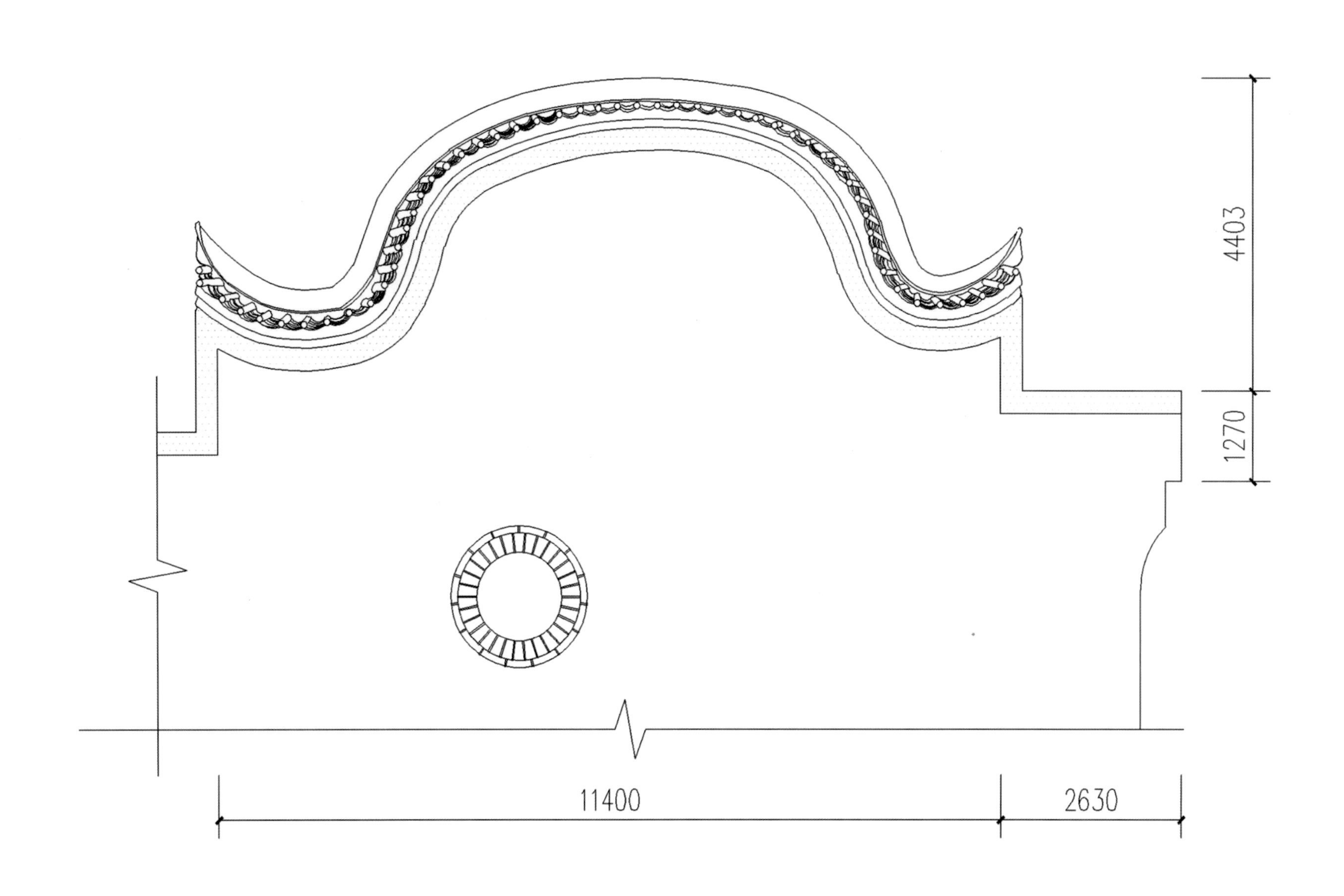

九屋江头村爱莲家祠局部侧立面 1：100

灵川九屋江头村爱莲家祠

东经 110°16′　北纬 25°31′
海拔 204米

江头洲古村落至今仍然保存有门第匾额和皇帝诰封的挂匾200多块，还可以看到清代奇特的“闺女楼”、“公子床”、“秀才街”、“举人巷”，以及明代村民为防御敌人进攻而建造的“迷宫”小巷。

灵川九屋江头村爱莲家祠	
立面图 现场图 地理坐标	
作 者	

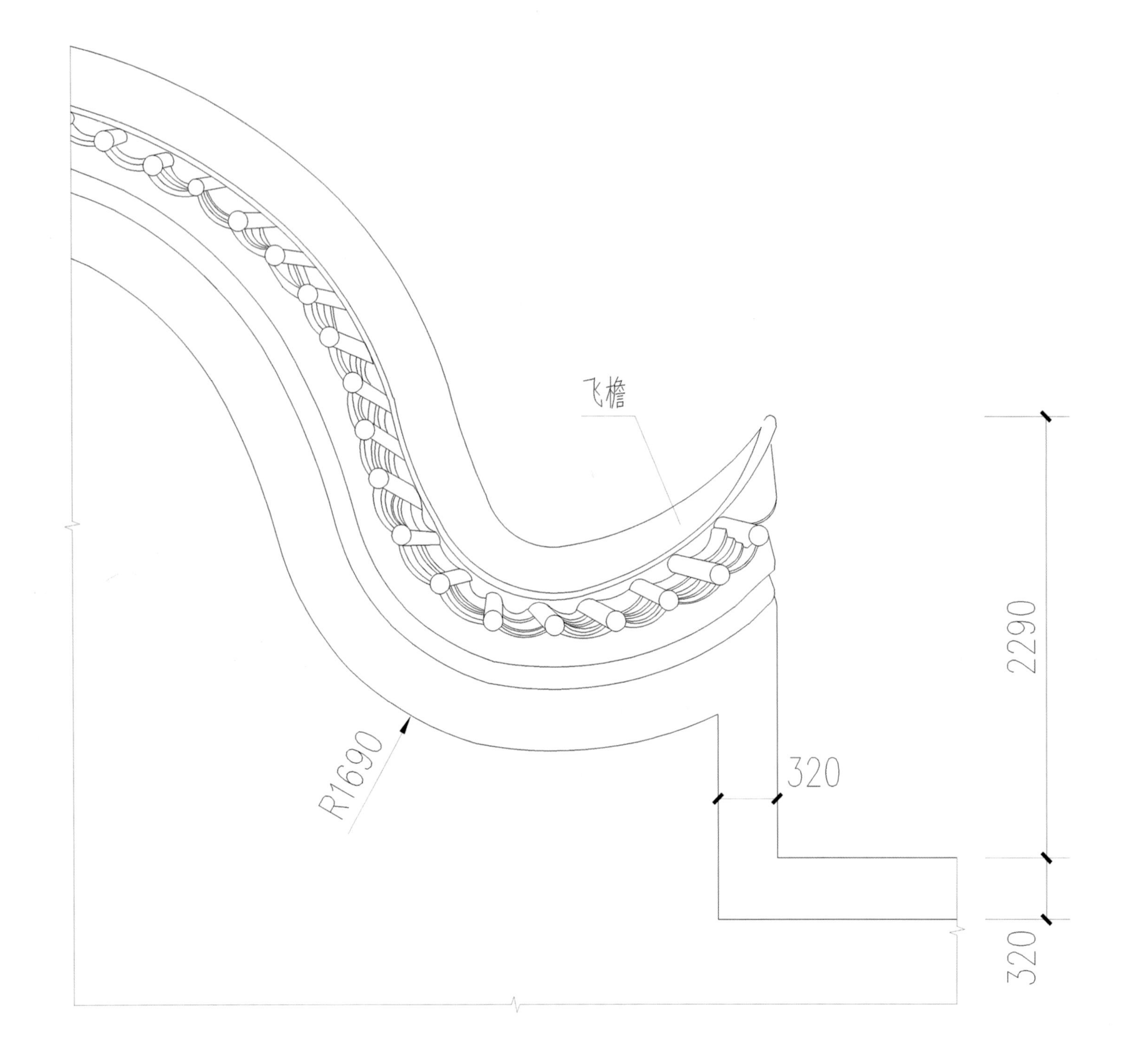

九屋江头村爱莲家祠翘脚大样

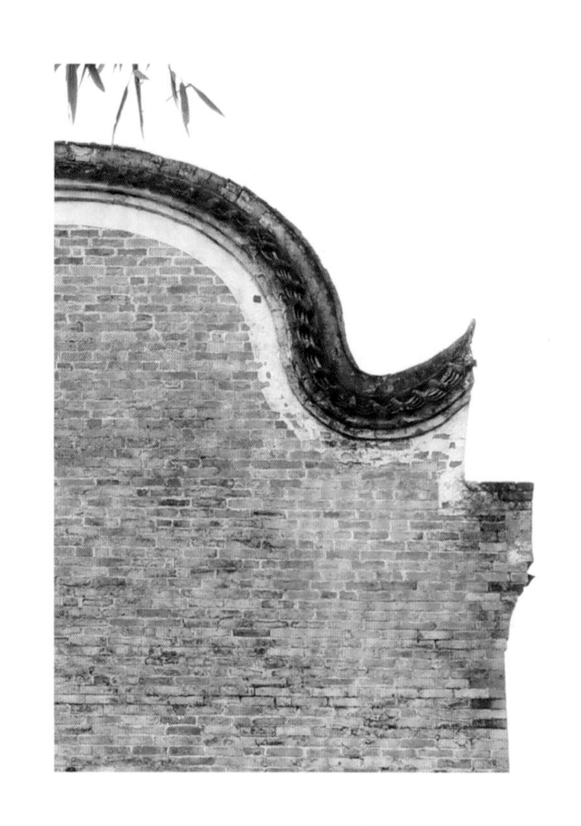

灵川九屋江头村爱莲家祠翘脚

东经 110°16′　北纬 25°31′
海拔 204米

灵川九屋江头村爱莲家祠翘脚	
大样图 现场图 地理坐标	
作 者	

灵川九屋江头村爱莲家祠

东经 110°16′　北纬 25°31′
海拔 204米

灵川九屋江头村爱莲家祠	
手绘图 现场图 地理坐标	
作 者	覃保翔

灵川九屋江头村爱莲家祠柱头

东经 110°16′　北纬 25°31′
海拔 204米

灵川九屋江头村爱莲家祠柱头	
手绘大样图 现场图 地理坐标	
作 者	童仕军

灵川九屋江头村爱莲家祠柱头

东经 110°16′　北纬 25°31′
海拔 204米

灵川九屋江头村爱莲家祠柱头	
手绘大样图　现场图　地理坐标	
作　者	童仕军

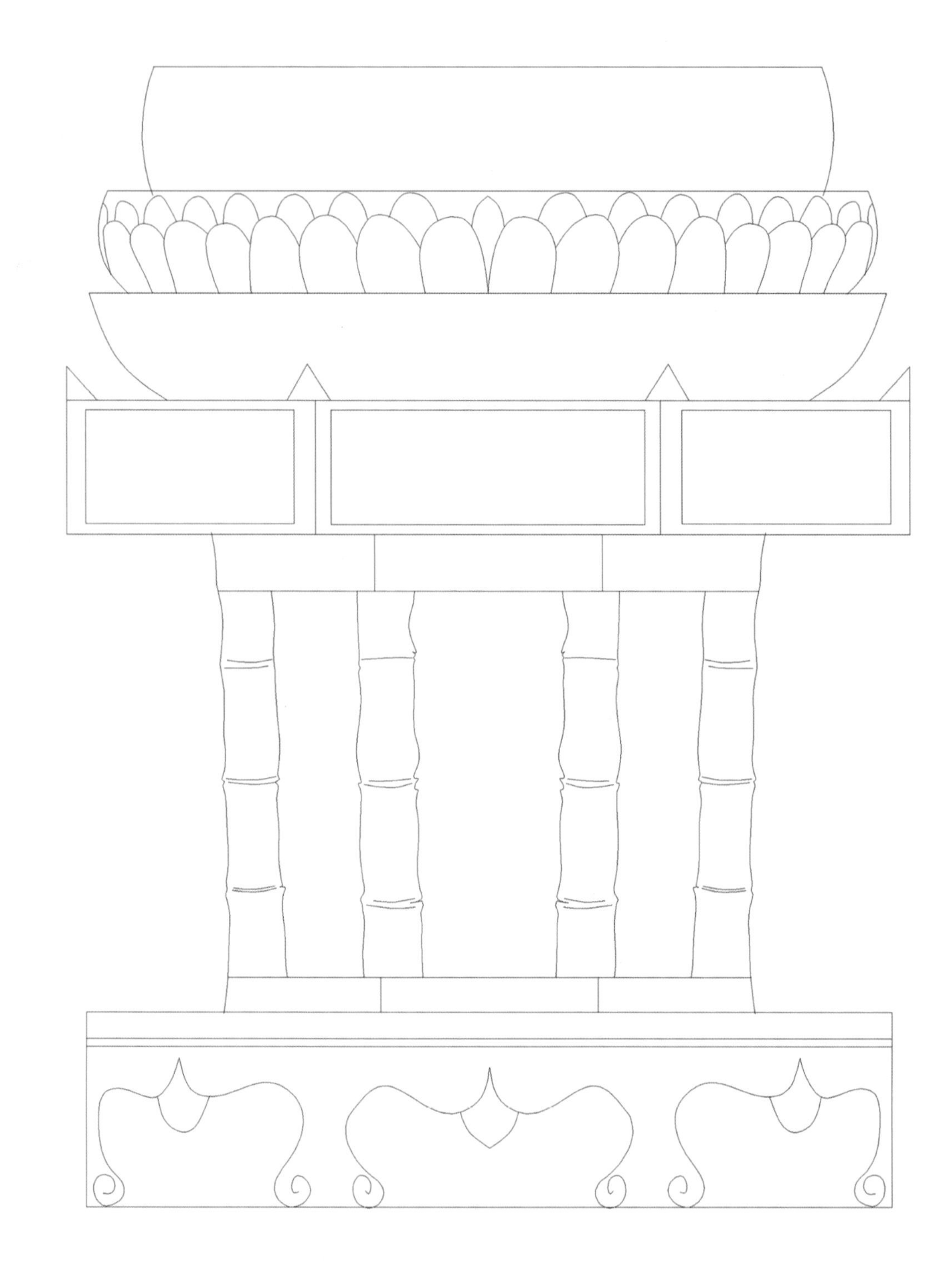

灵川潮田太平村宗祠柱头

东经 110°32′　北纬 25°14′
海拔 204米

灵川潮田太平村宗祠柱头	
白描大样图 现场图 地理坐标	
作 者	童仕军

灵川潮田太平村戏台边栏花饰

东经 110°32′　北纬 25°14′
海拔 204米

灵川潮田太平村戏台边栏花饰	
白描大样图 现场图 地理坐标	
作 者	童仕军 王颢

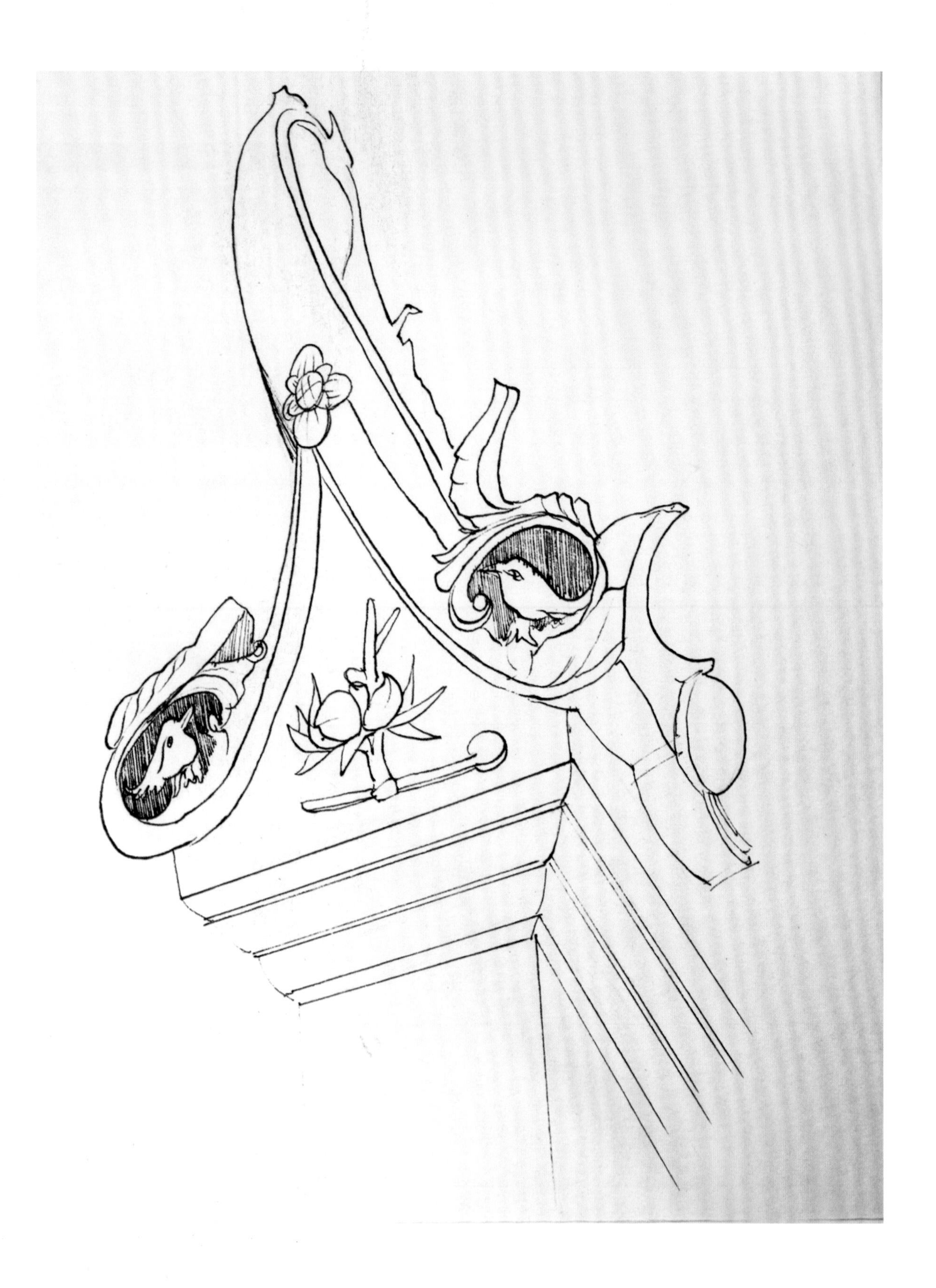

灵川潮田太平村宗祠翘脚

东经 110°32′　北纬 25°14′
海拔 204米

灵川潮田太平村宗祠翘脚	
白描大样图 现场图 地理坐标	
作 者	童仕军

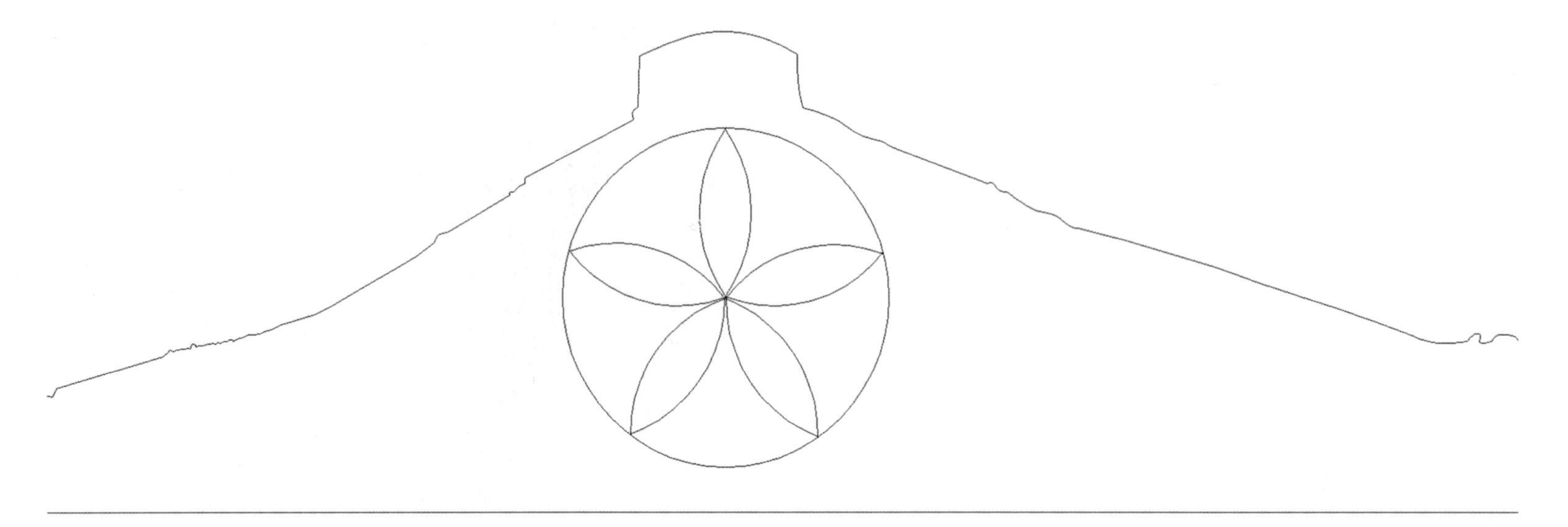

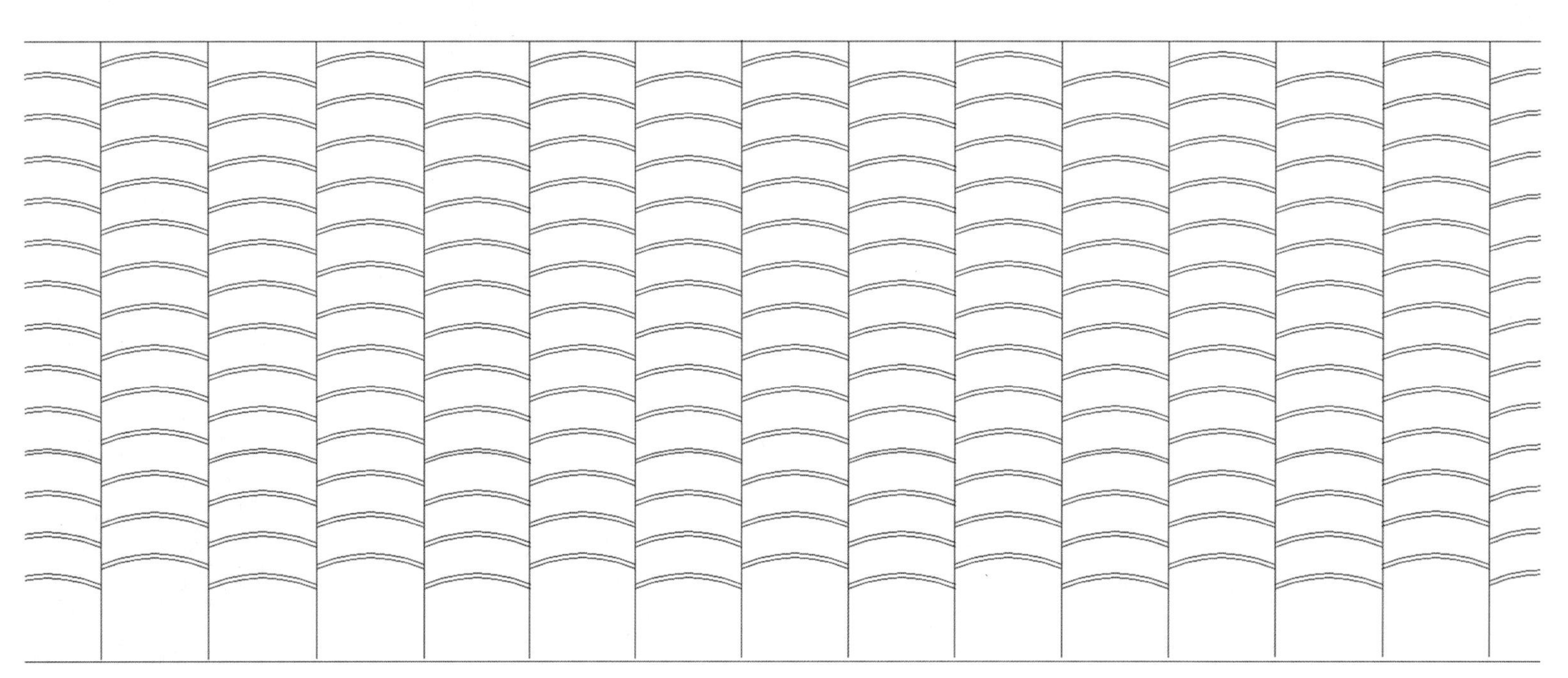

灵川潮田活田村民居屋脊饰件

东经 110°31′　北纬 25°12′

海拔 244米

灵川潮田乡活田村民居屋脊饰件	
白描大样图　现场图　地理坐标	
作　者	王颖

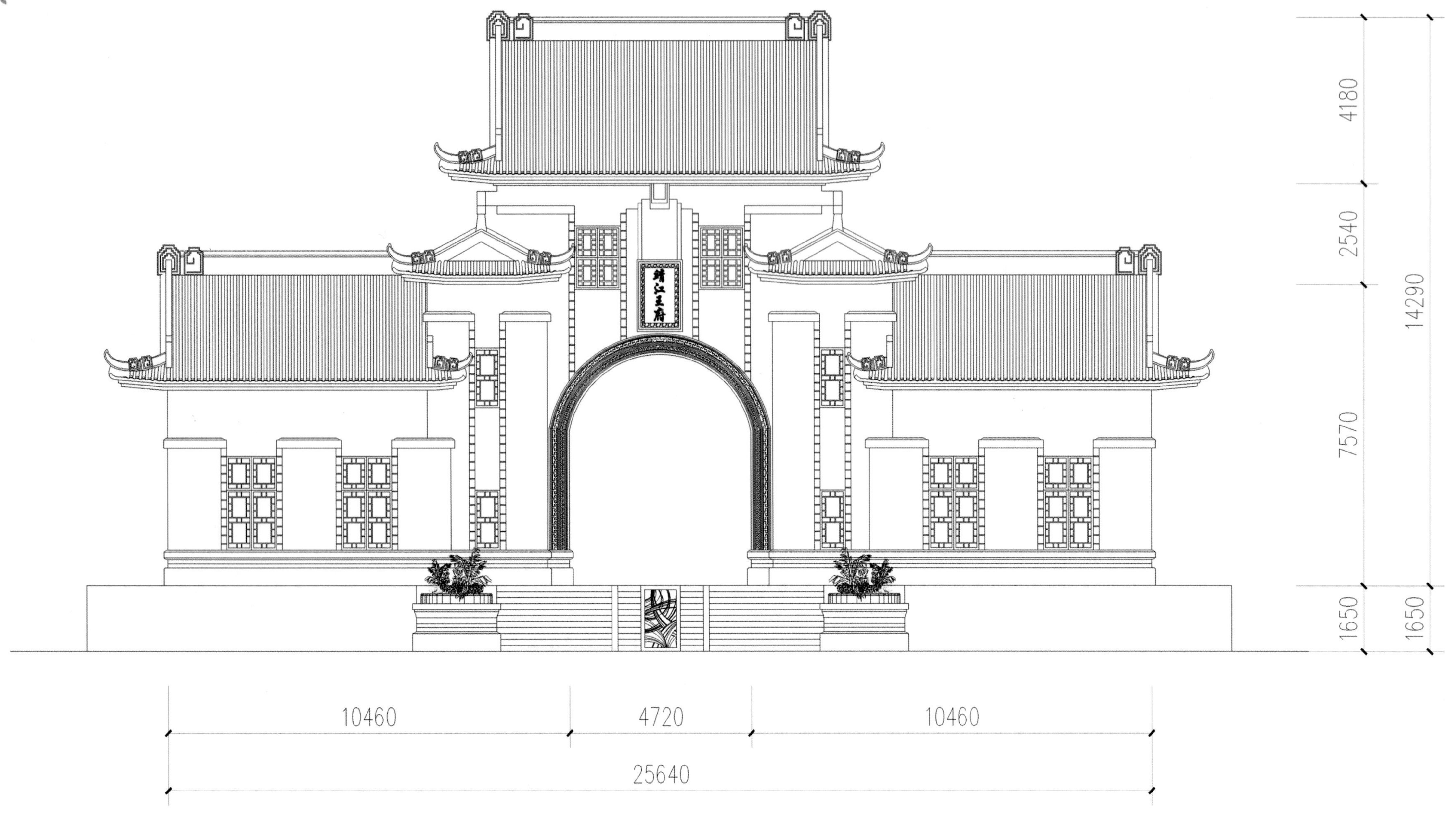

靖江王府承运门正立面 1：100

桂林靖江王府承运门

东经 110°17′　北纬 25°17′
海拔 159米

靖江王府建于明洪武五年(1372)至明洪武二十五年(1392)。王府按照朝廷对藩王府所作的规定构筑，其主要建筑前为承远门，中为承运殿，后为寝宫，最后是御苑。围绕主体建筑还有4堂、4亭和台、阁、轩、室、所等40多处，占地19.78公顷，规模宏大。

桂林靖江王府承运门	
立面图 现场图 地理坐标	
作 者	

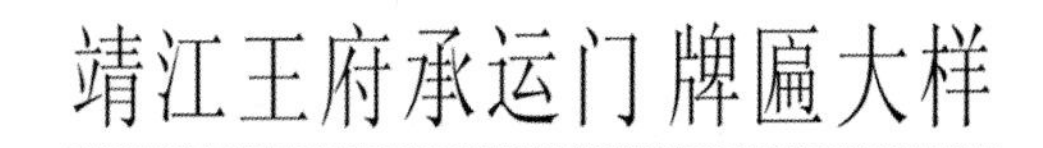
靖江王府承运门牌匾大样

桂林靖江王府承运门牌匾

东经 110°17′　北纬 25°17′
海拔 159米

桂林靖江王府承运门牌匾	
大样图 现场图 地理坐标	
作 者	

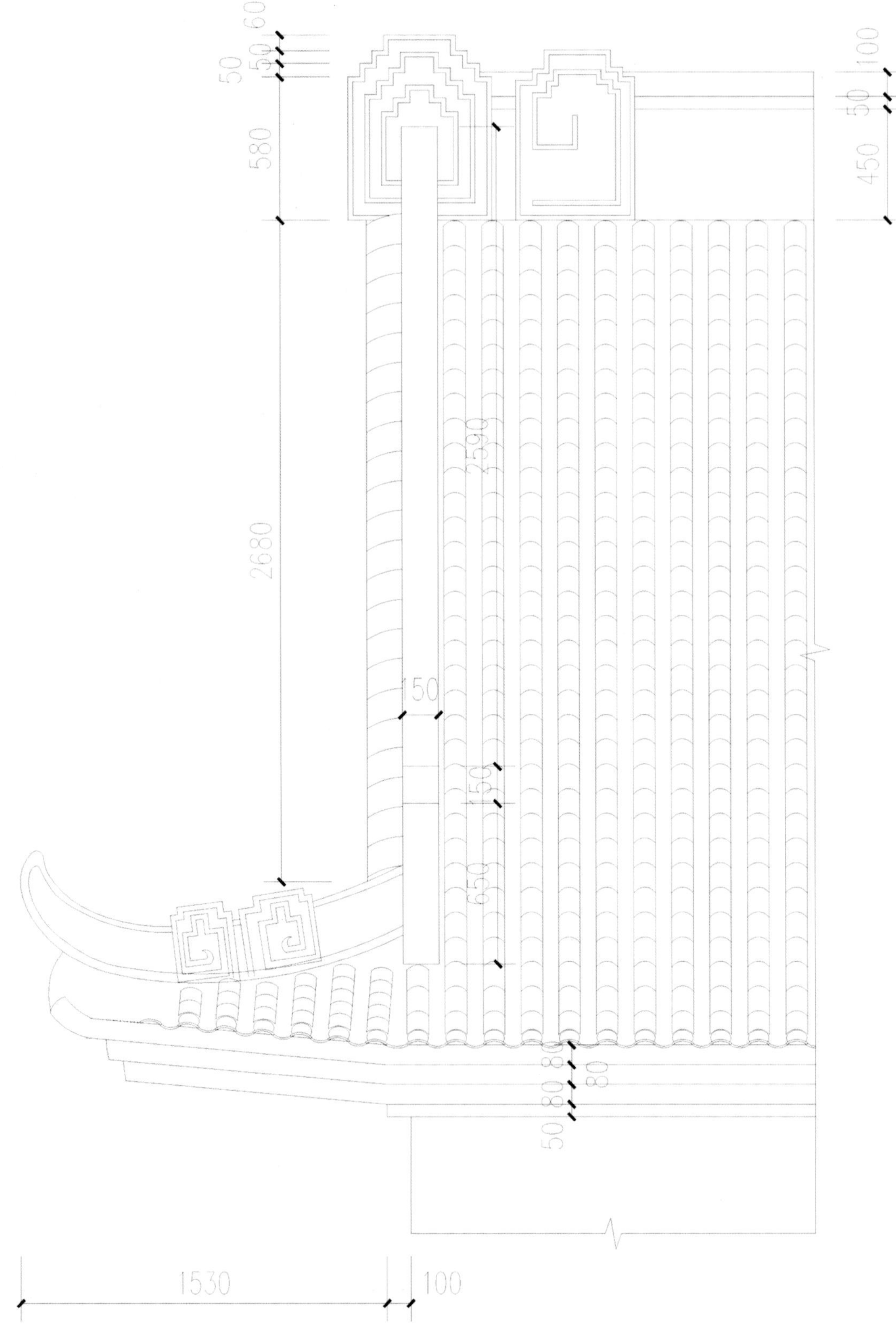

屋顶正面局部大样 1：100

桂林靖江王府王妃寝宫

东经 110°17′　北纬 25°17′
海拔 161米

桂林靖江王府王妃寝宫	
大样图 现场图 地理坐标	
作 者	

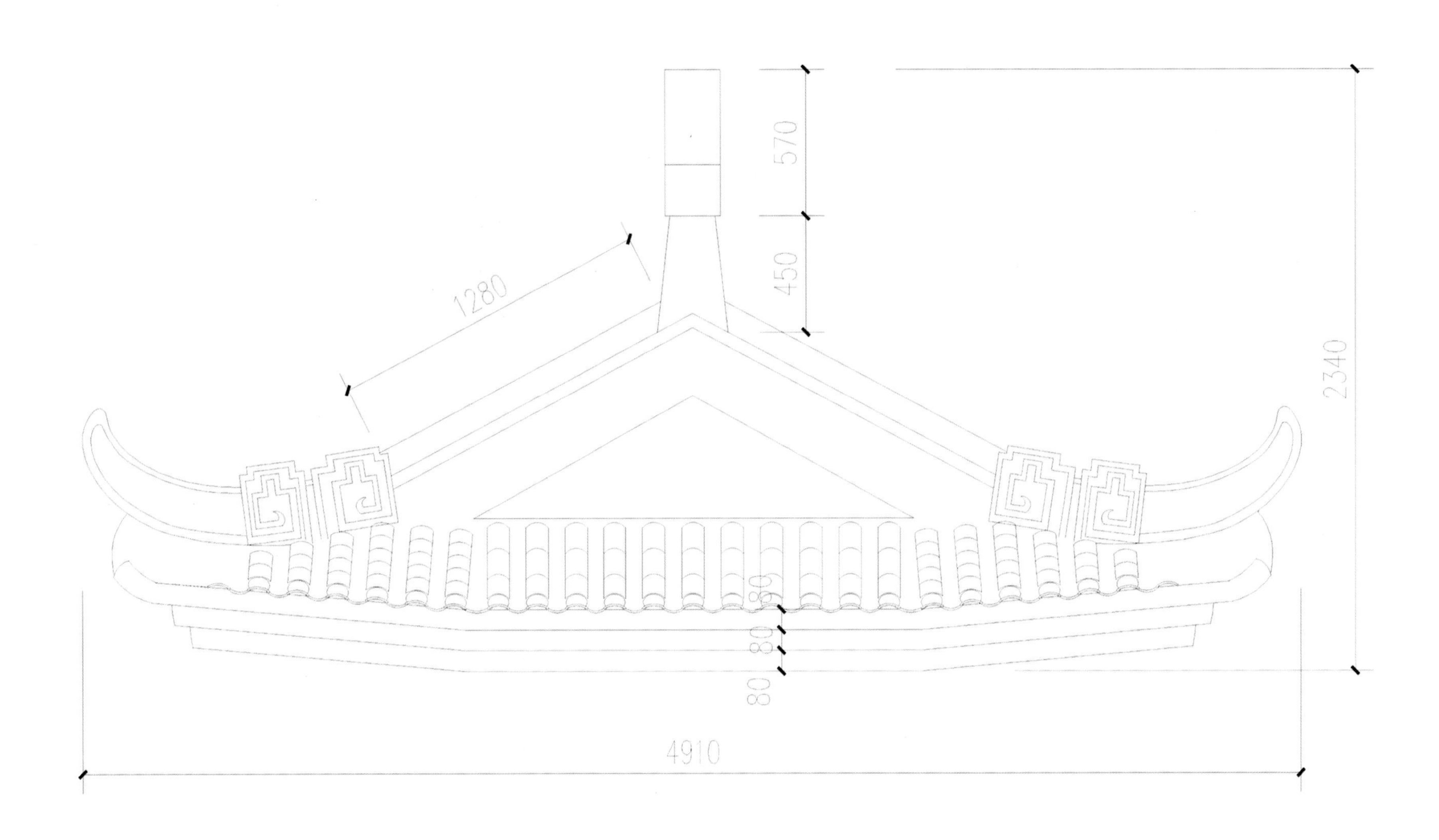

屋顶侧面局部大样 1：100

桂林靖江王府王妃寝宫

东经 110°17′　北纬 25°17′
海拔 161米

桂林靖江王府王妃寝宫	
大样图 现场图 地理坐标	
作 者	

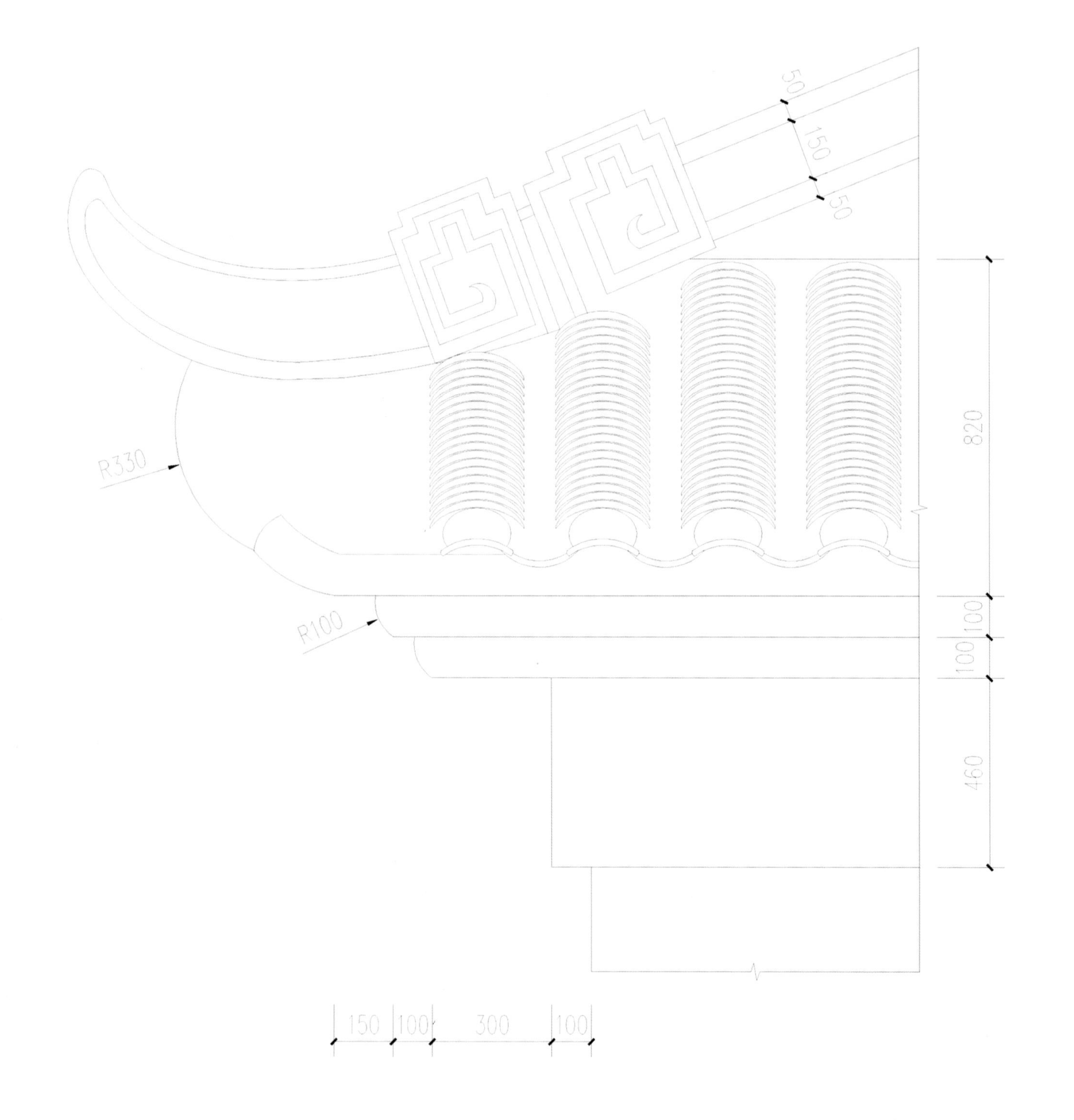

挑檐局部大样 1：100

桂林靖江王府王妃寝宫挑檐

东经 110°17′　北纬 25°17′
海拔 159米

桂林靖江王府王妃寝宫挑檐	
大样图 现场图 地理坐标	
作 者	

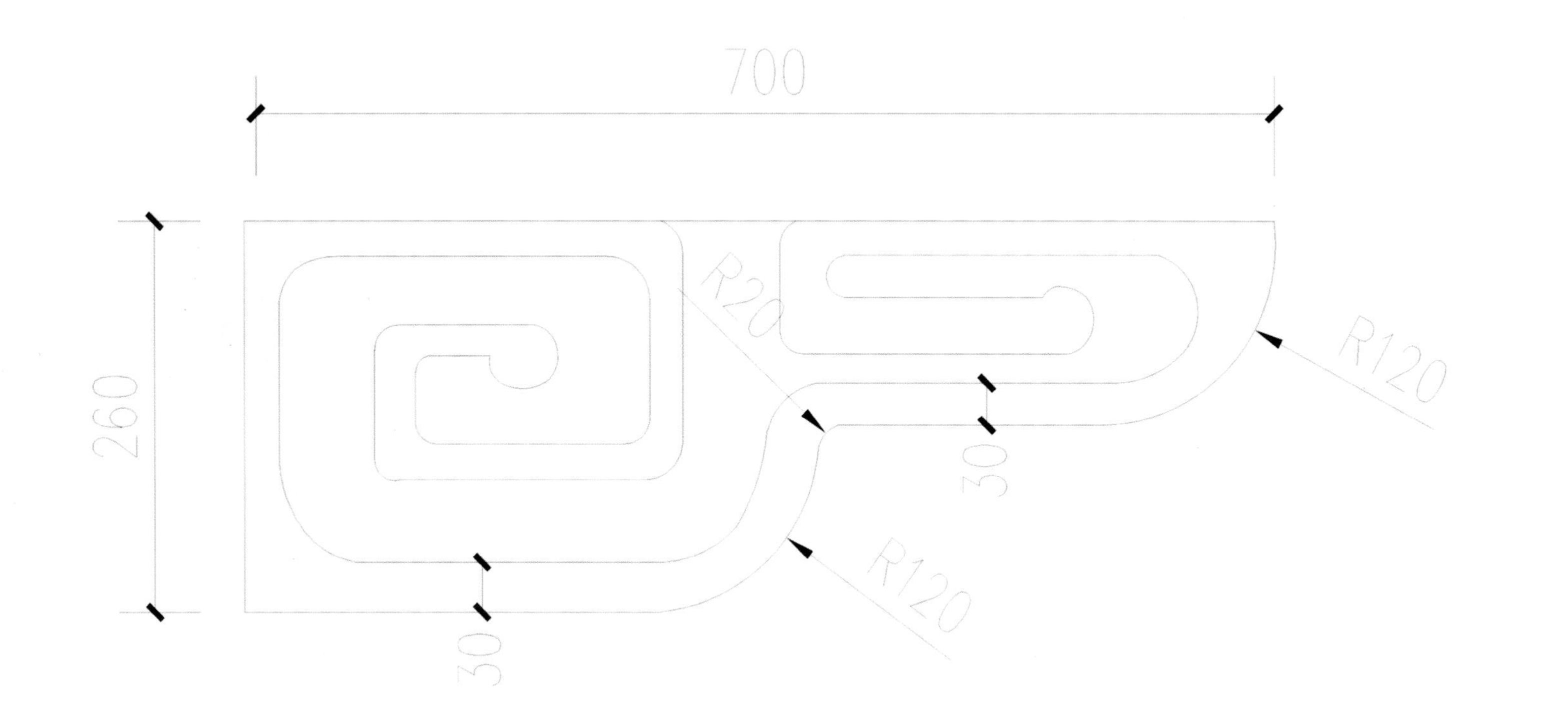

挑檐装饰造型大样 1：100

桂林靖江王府王妃寝宫挑檐饰件

东经 110°17′　北纬 25°17′
海拔 159米

桂林靖江王府王妃寝宫挑檐饰件	
大样图 现场图 地理坐标	
作 者	

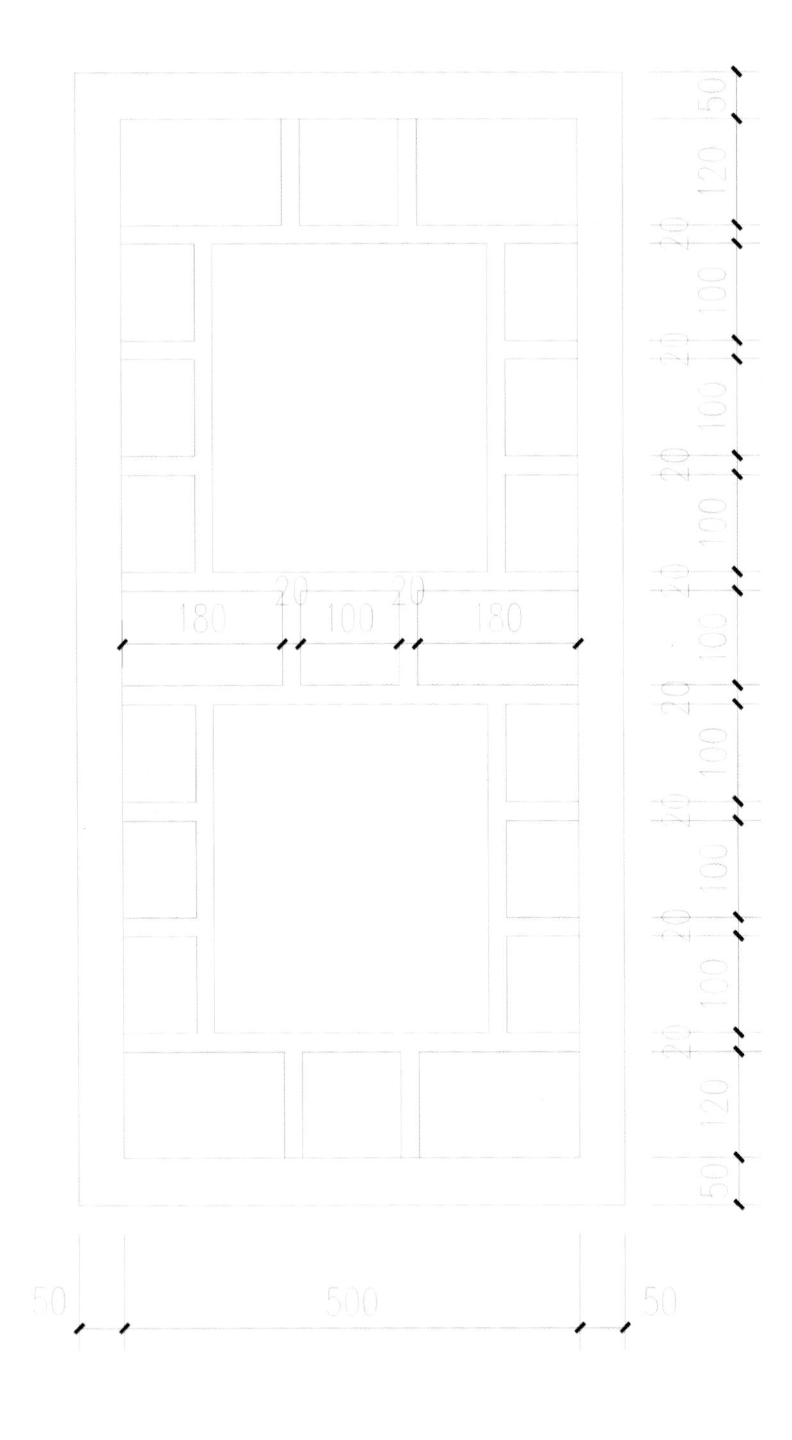

窗花造型大样 1：100

桂林靖江王府窗花

东经 110°17′ 北纬 25°17′
海拔 159米

桂林靖江王府窗花	
大样图 现场图 地理坐标	
作 者	

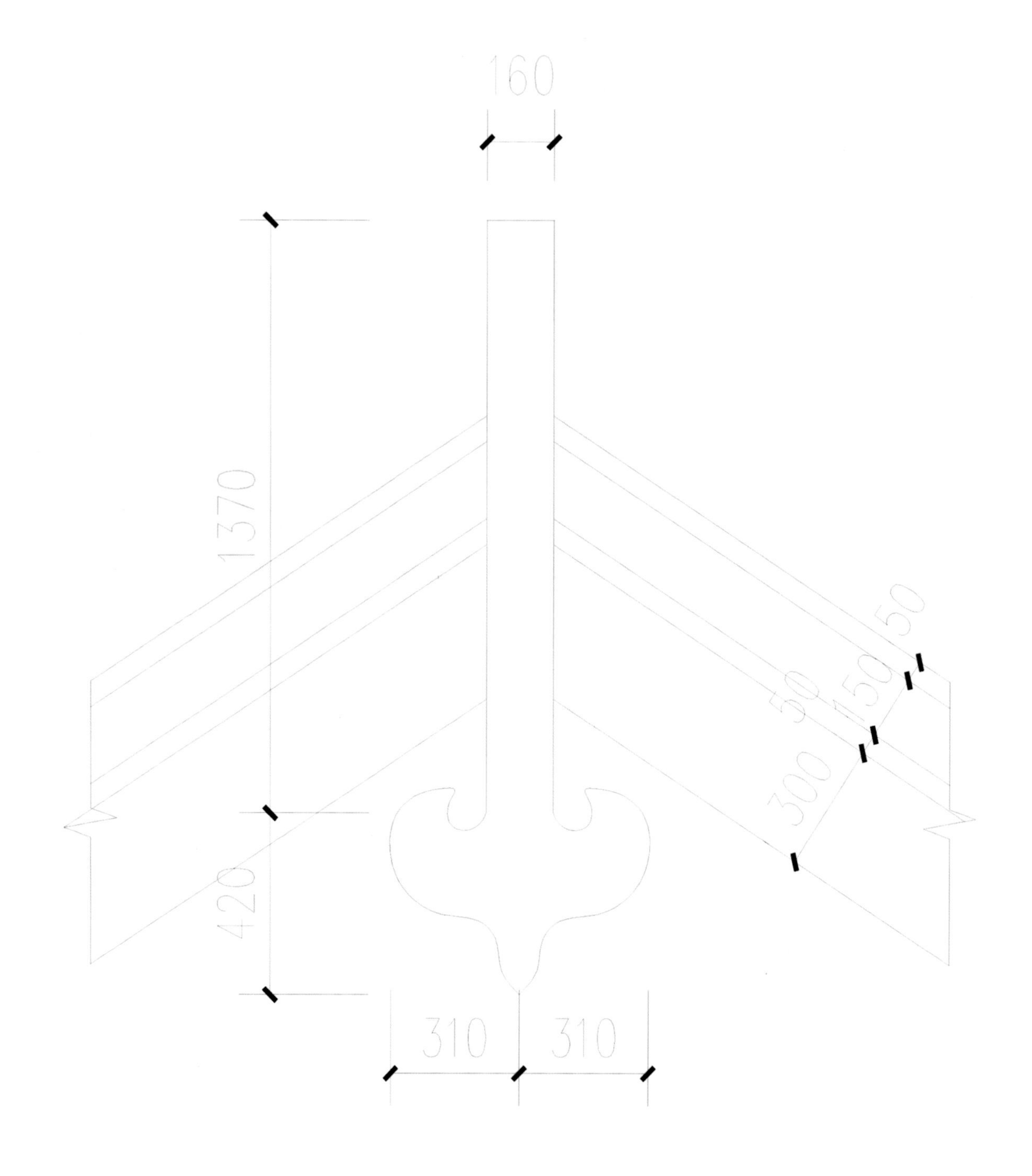

屋脊饰件大样 1：100

桂林靖江王府屋脊饰件

东经 110°17′ 北纬 25°17′
海拔 159米

桂林靖江王府屋脊饰件	
大样图 现场图 地理坐标	
作 者	

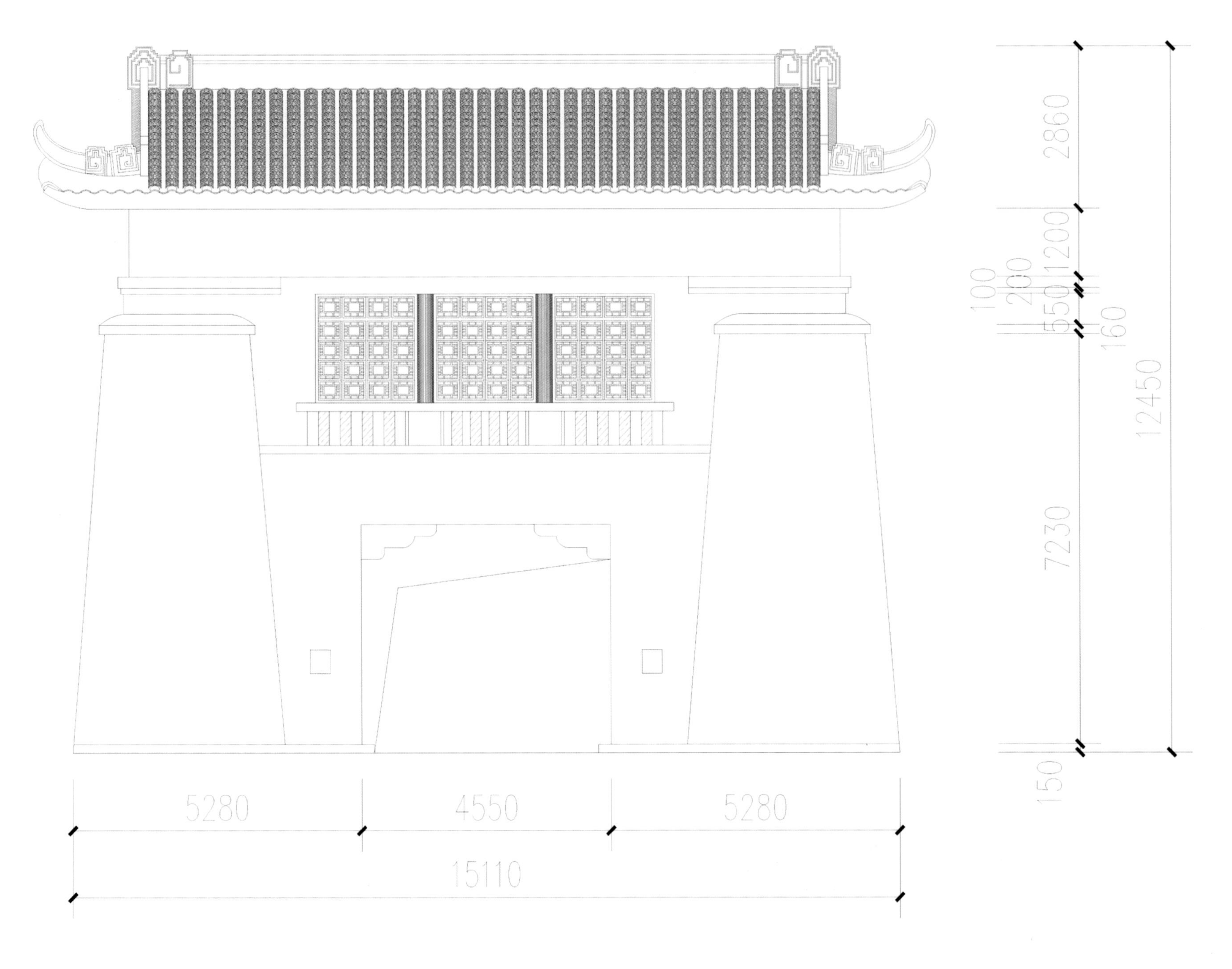

靖江王府广智门背立面 1：100

桂林靖江王府广智门

东经 110°17′　北纬 25°17′
海拔 159米

靖江王府位于桂林市区中央，是桂林的城中城。当年明太祖朱元璋封其重孙朱守谦为靖江王。朱守谦在明洪武五年（1372）开始建府，历时20年才完工。这座六百年前的靖江王府，占地面积18.7万平方米。

从建成到明代覆灭的257年中，这里住过12代14位藩王。

桂林靖江王府广智门	
立面图 现场图 地理坐标	
作 者	

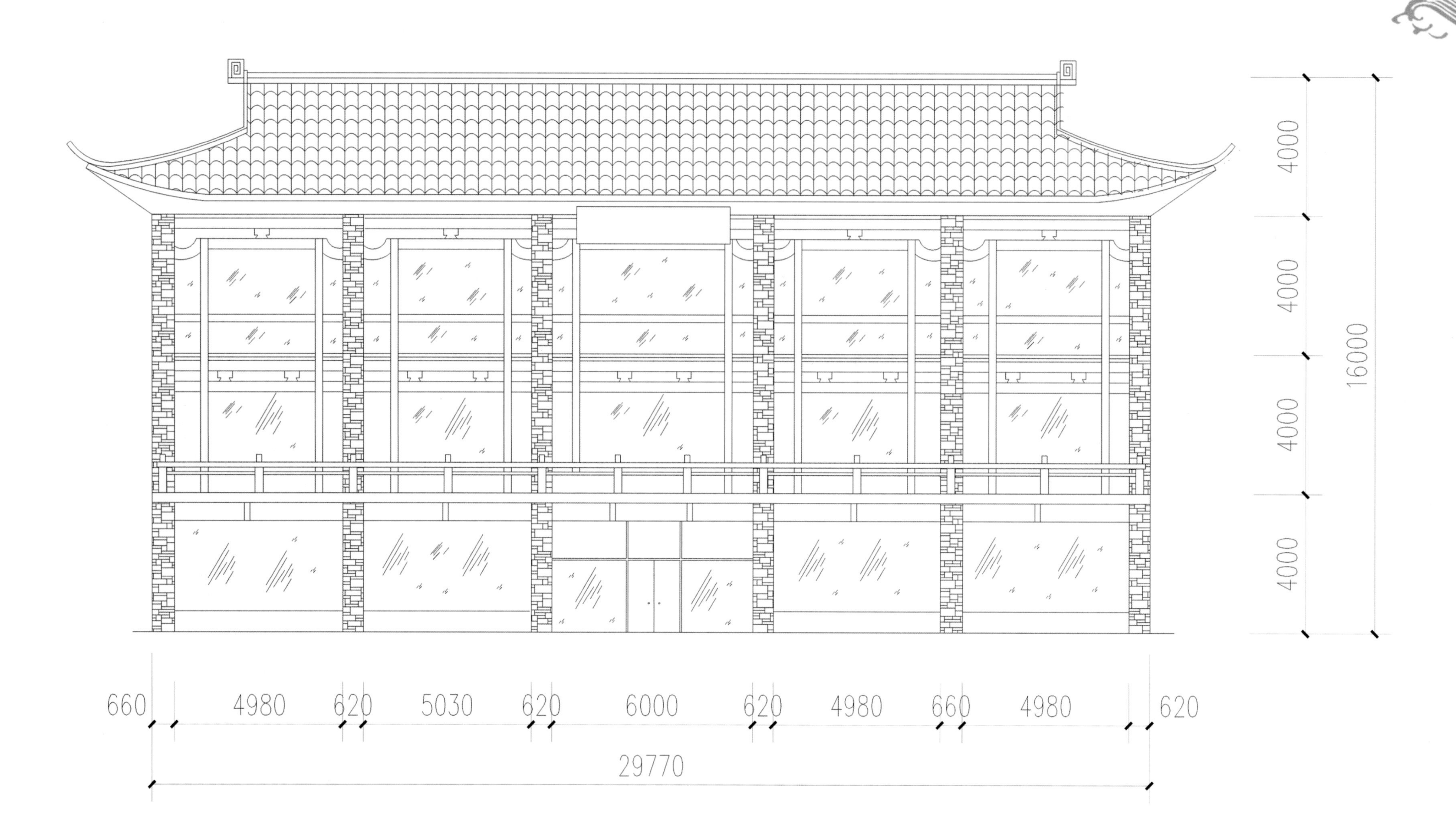

七星公园月牙楼正立面 1∶100

桂林七星公园月牙楼

东经 110°18′ 北纬 25°16′
海拔 168米

建于1959年，因坐落在七星公园月牙山北麓而得名，是一座依山而立的三层仿古阁楼式建筑，是桂林市一间较大的园林式餐厅，每层各厅陈设雅致，古色古香。

桂林七星公园月牙楼	
立面图 现场图 地理坐标	
作 者	

桂林七星公园花桥梁柱饰件

东经 110°18′ 北纬 25°16′

海拔 170米

桂林七星公园花桥梁柱饰件	
白描大样图 现场图 地理坐标	
作 者	王颖

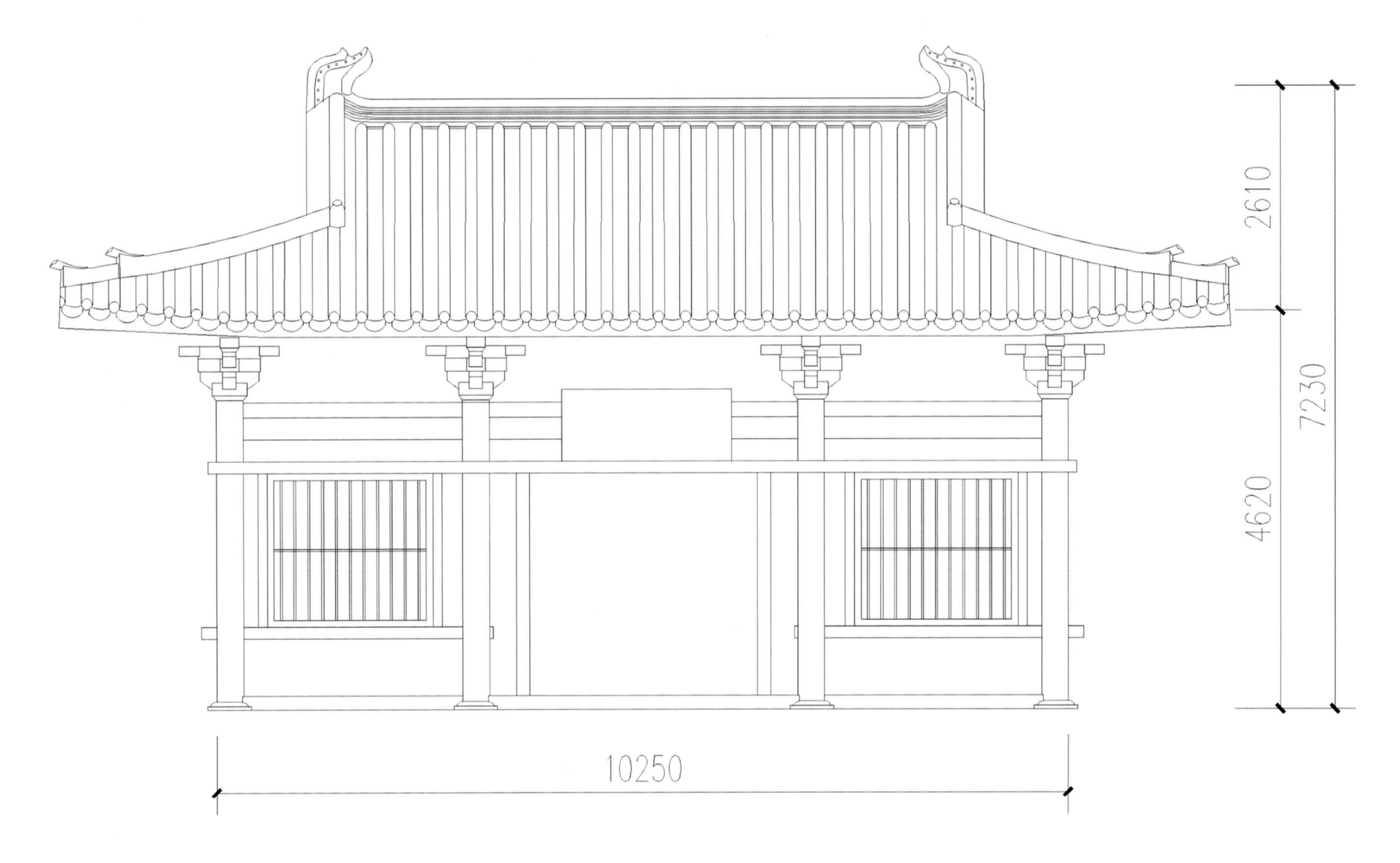

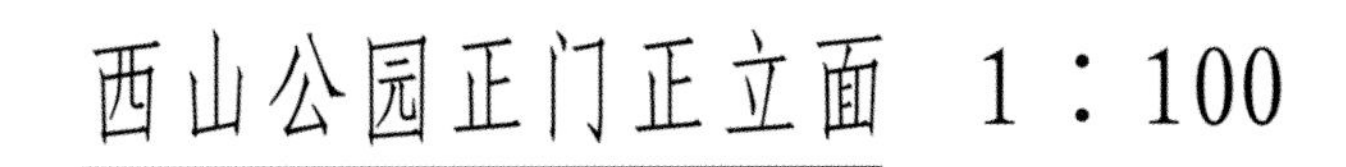
西山公园正门正立面 1：100

桂林西山公园正门

东经 110°16′ 北纬 25°16′
海拔 156米

西山曾为古代佛教胜地。唐宋时，这里殿宇辉煌，星罗棋布。唐有著名的西庆林寺，亦名延龄寺、西峰寺；宋有资庆寺、千山观，其寺庙建筑、配件样式颇具特色。

桂林西山公园正门	
立面图 现场图 地理坐标	
作 者	

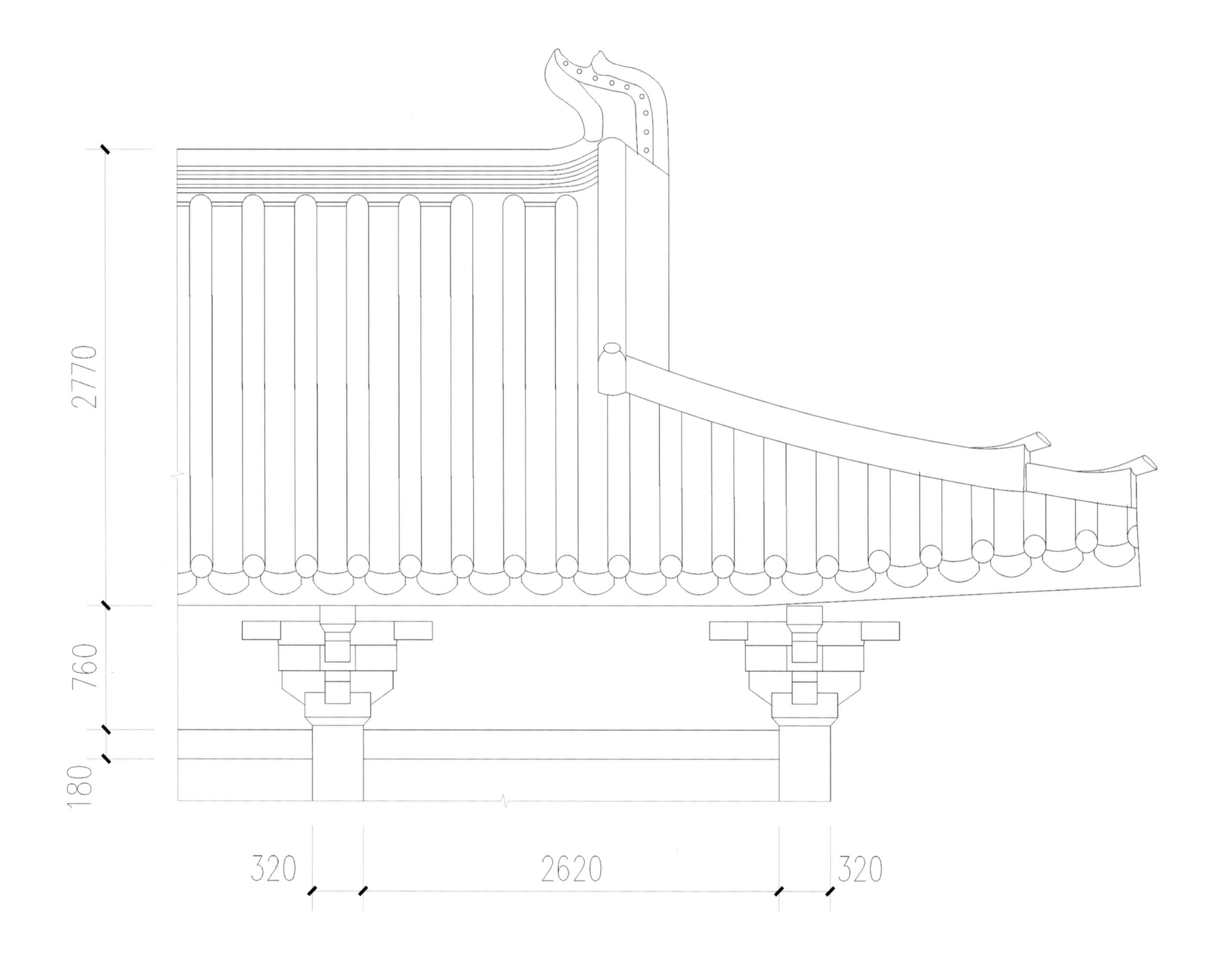

西山公园正门屋檐大样

桂林西山公园正门屋檐

东经 110°16′　北纬 25°16′

海拔 156米

桂林西山公园正门屋檐	
大样图 现场图 地理坐标	
作 者	

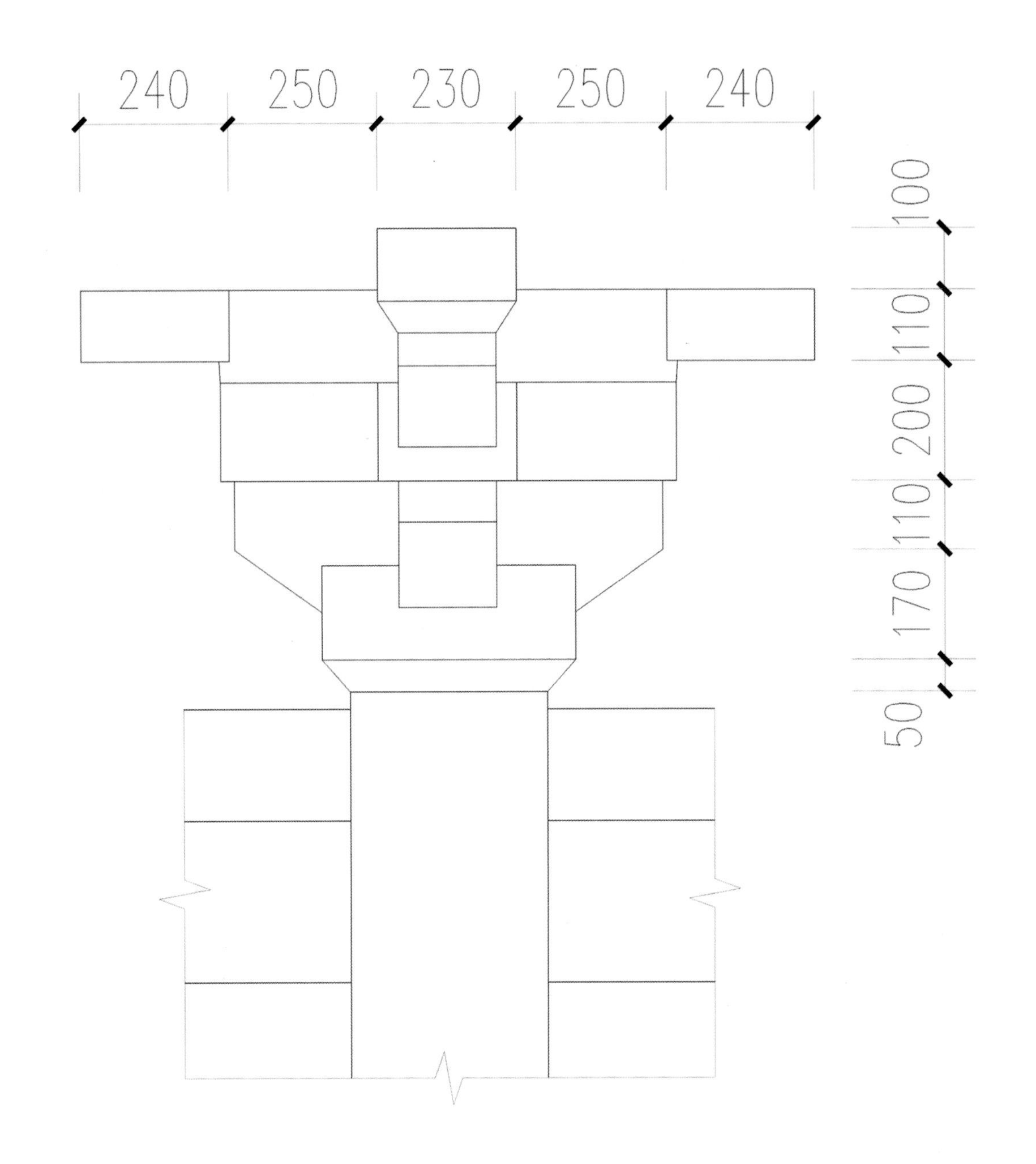

西山公园正门斗拱大样

桂林西山公园正门斗拱

东经 110°16′ 北纬 25°16′

海拔 156米

桂林西山公园正门斗拱	
大样图 现场图 地理坐标	
作 者	

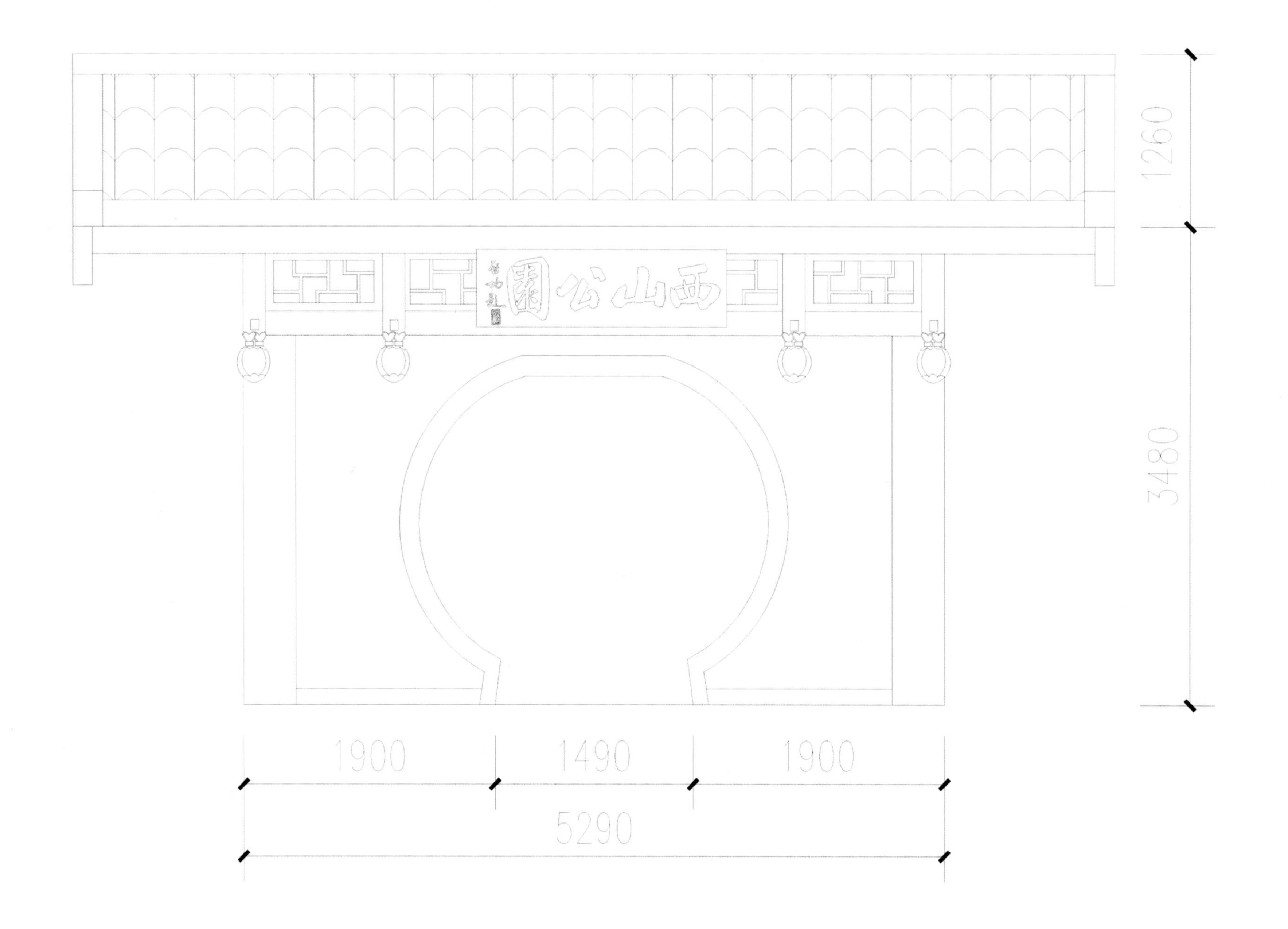

西山公园侧门入口立面 1：100

桂林西山公园侧门入口

东经 110°16′ 北纬 25°16′
海拔 156米

桂林西山公园侧门入口	
立面图 现场图 地理坐标	
作 者	

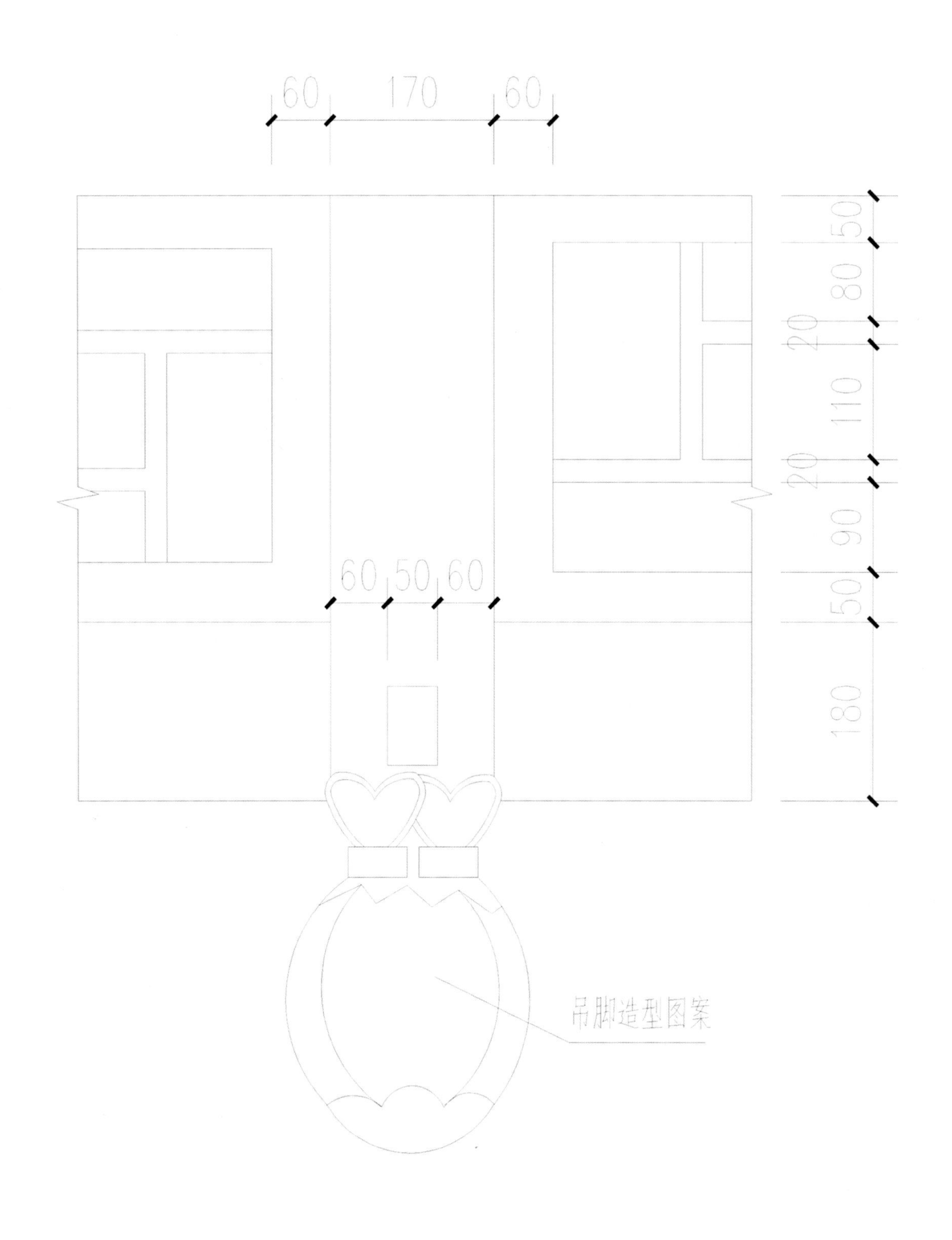

桂林西山公园侧门吊脚

东经 110°16′　北纬 25°16′
海拔 156米

桂林西山公园侧门吊脚	
大样图 现场图 地理坐标	
作 者	

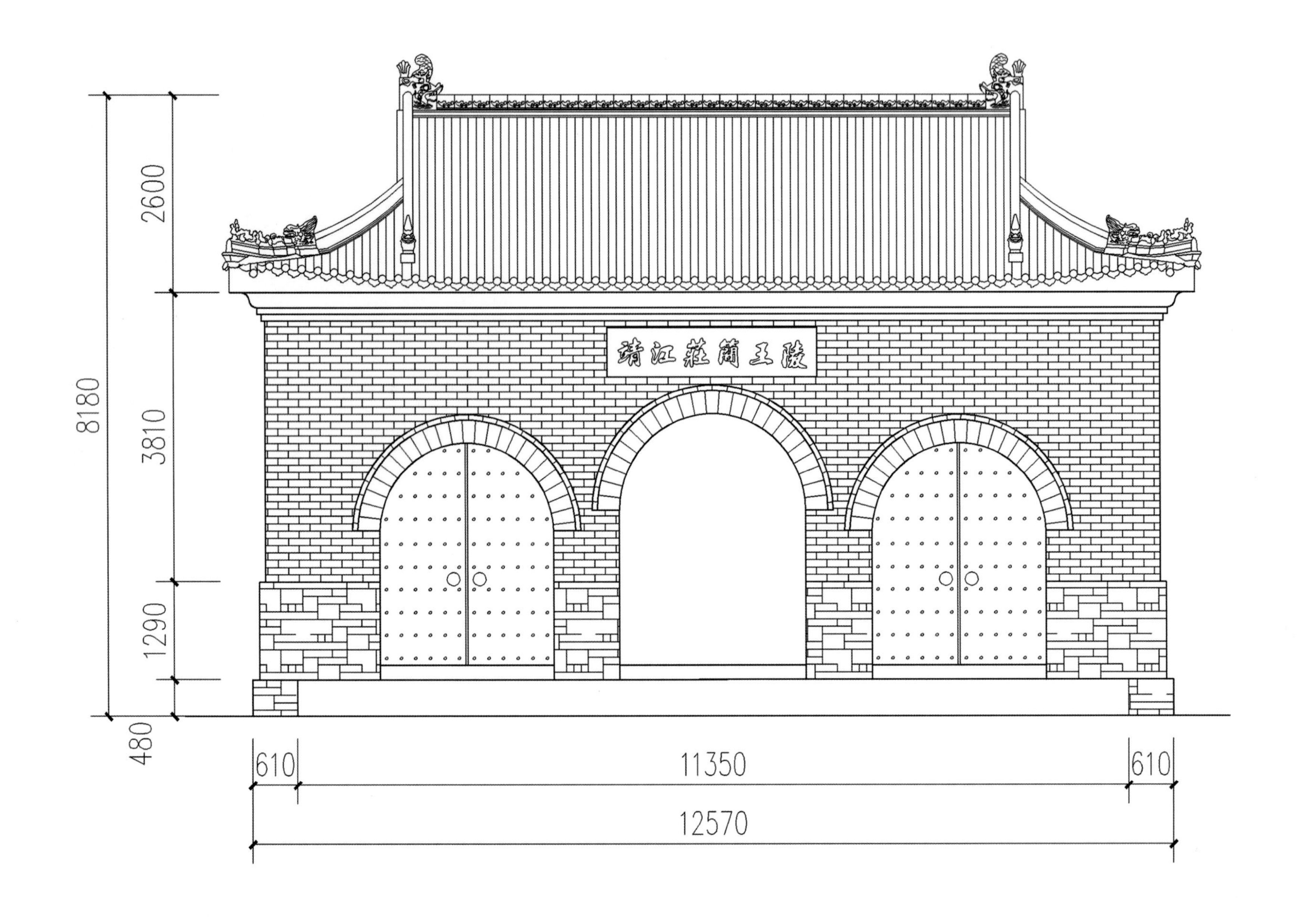

靖江庄简王陵大门正立面 1：100

桂林靖江庄简王陵大门

东经 110°21′ 北纬 25°17′

海拔 200米

庄简王陵由高而低，依山构筑。墓有内外围墙，外墙长85.8米、宽40米、厚2.8米、高3米，占地87亩。中轴线上依次为东西朝房、陵门、神道、祾恩门、祾恩殿、地宫。不过，除去神道石刻以外，地面建筑大都是1987年修复的。

陵门是一座砖石拱券式宫门，绿琉璃瓦覆顶，上为歇山顶，下开三洞，左右还各有一随墙门，门前左右各有一石狮。

桂林靖江庄简王陵大门	
立面图 现场图 地理坐标	
作 者	

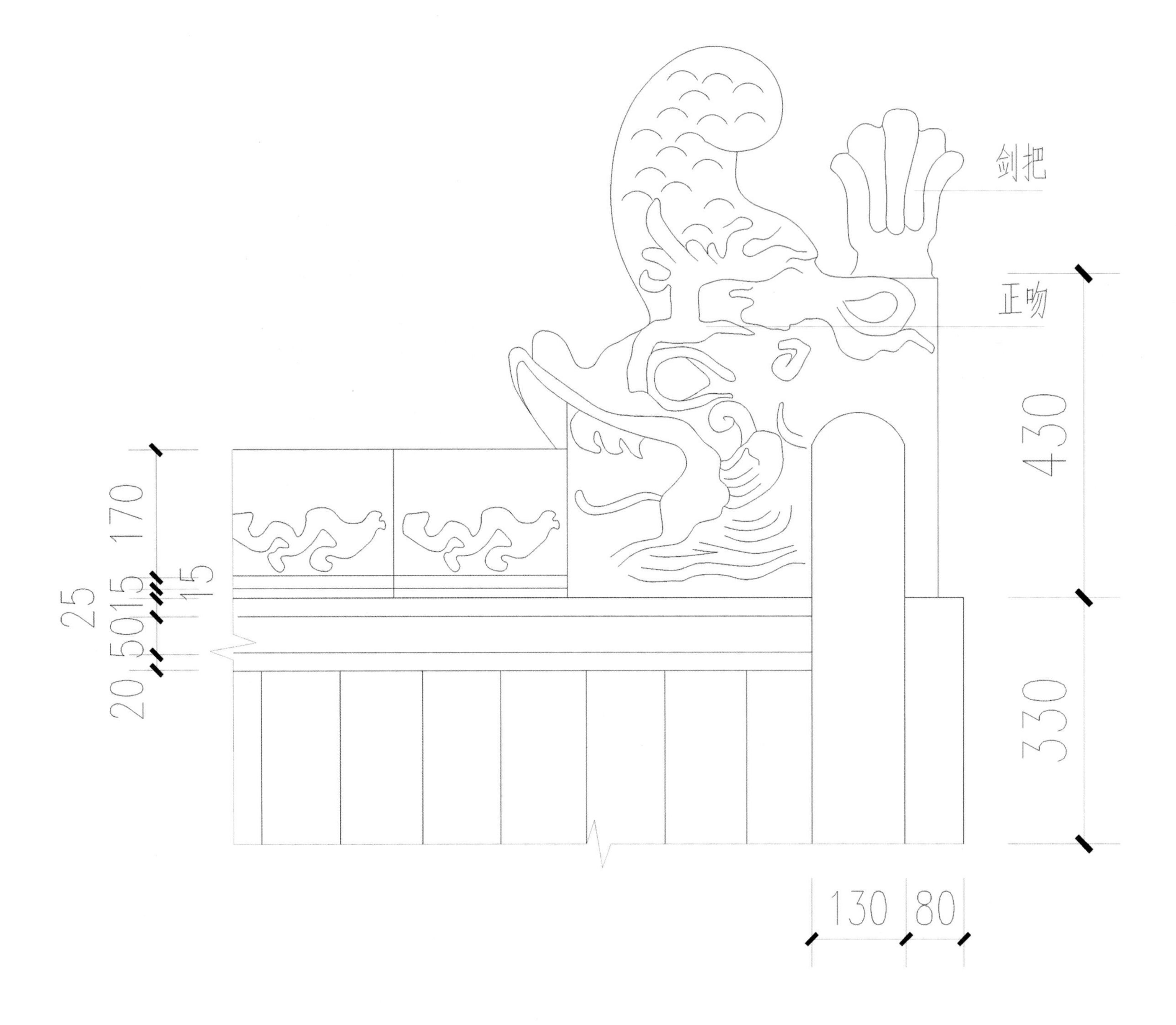

靖江庄简王陵屋脊饰件大样 ① 1：20

桂林靖江庄简王陵大门屋脊饰件

东经 110°21′ 北纬 25°17′
海拔 200米

桂林靖江庄简王陵大门屋脊饰件	
大样图 现场图 地理坐标	
作 者	

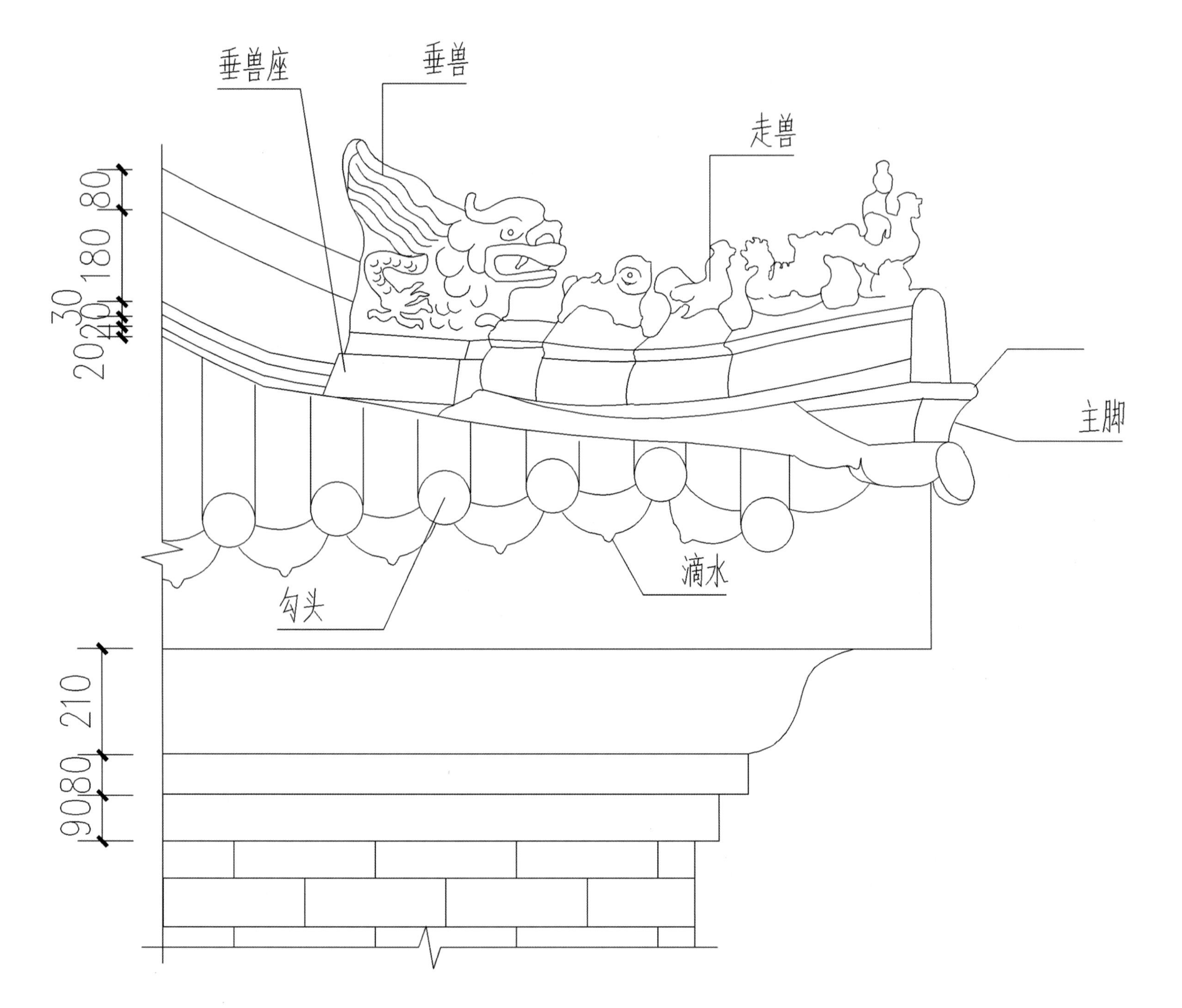

靖江庄简王陵屋脊饰件大样 ② 1：20

桂林靖江庄简王陵大门屋脊饰件

东经 110°21′　北纬 25°17′
海拔 200米

桂林靖江庄简王陵大门屋脊饰件	
大样图 现场图 地理坐标	
作 者	

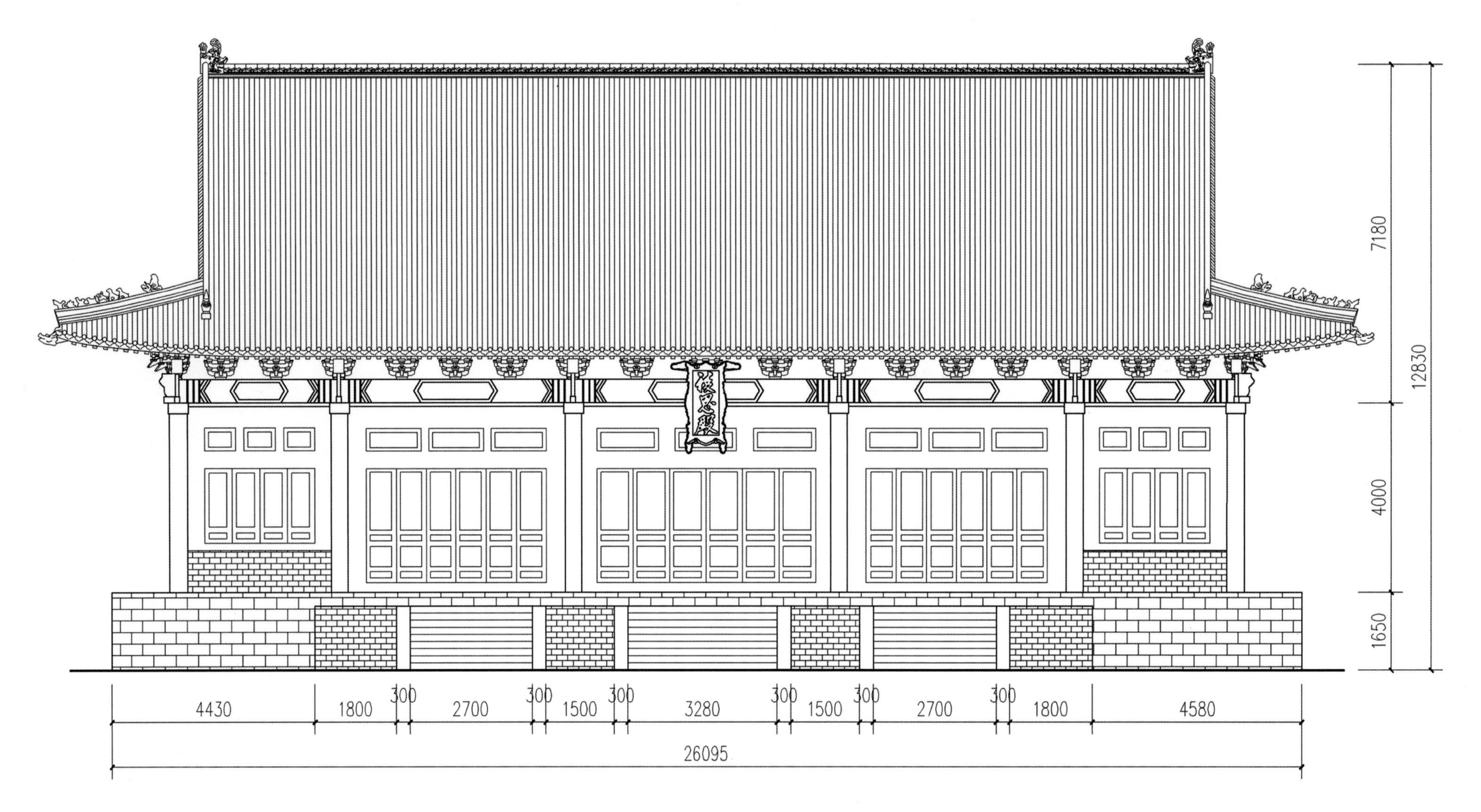

靖江王陵祾恩殿正立面 1：100

桂林市靖江王陵祾恩殿

东经 110°21′　北纬 25°17′

海拔 203米

靖江王陵的建筑布局均呈长方形，中轴线上序列有陵门、中门、享殿和地宫。各陵都有两道陵墙，通常可分为外围、内宫两大部分。外围有厢房、陵门、神道、玉带桥以及石人、石兽等；内宫则有中门、享殿、石人和地宫等。

桂林靖江王陵祾恩殿	
立面图 现场图 地理坐标	
作 者	

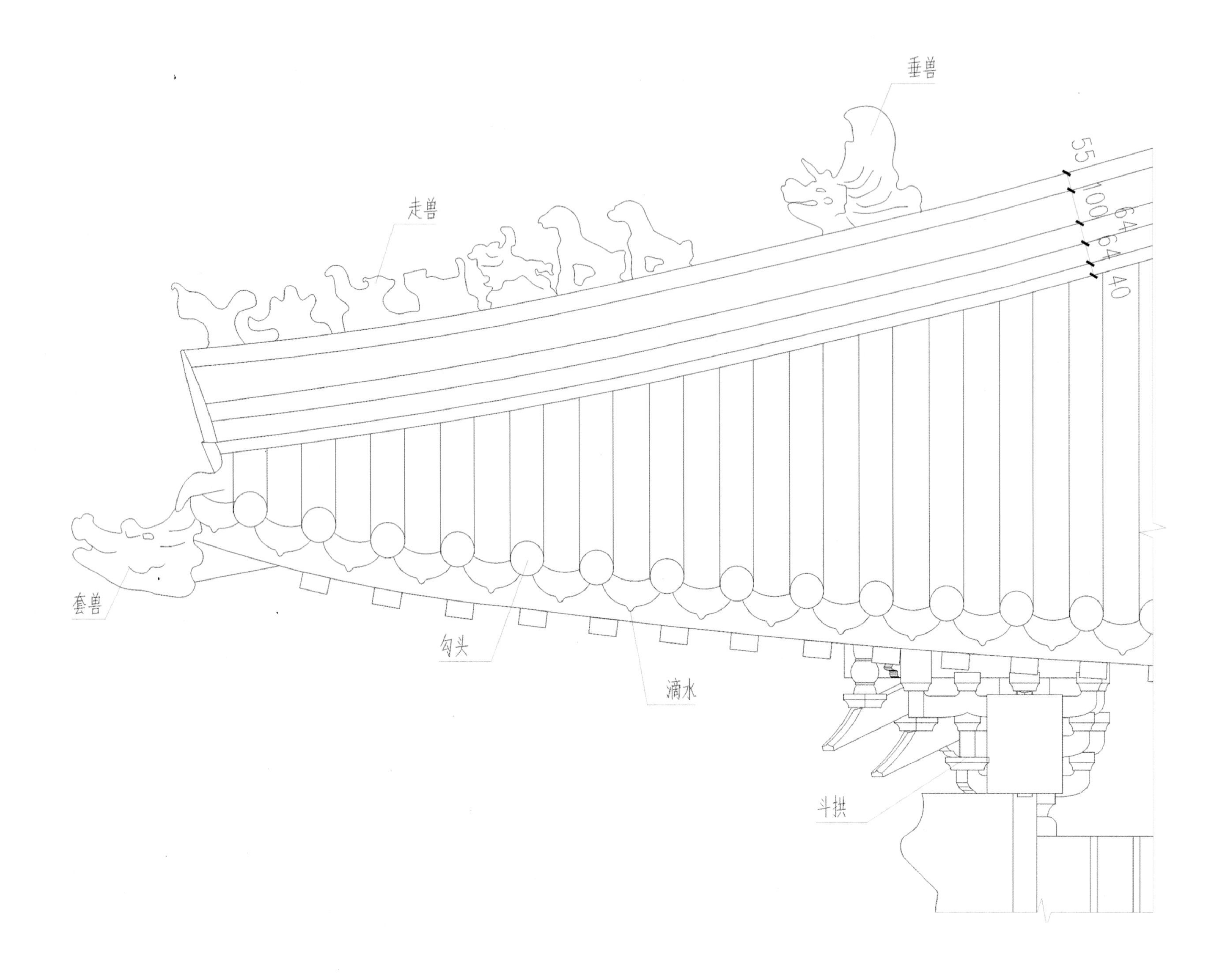

桂林靖江王陵祾恩殿飞檐

东经 110°21′　北纬 25°17′

海拔 203米

祾恩殿飞檐大样 1：50

桂林靖江王陵祾恩殿飞檐	
大样图 现场图 地理坐标	
作 者	

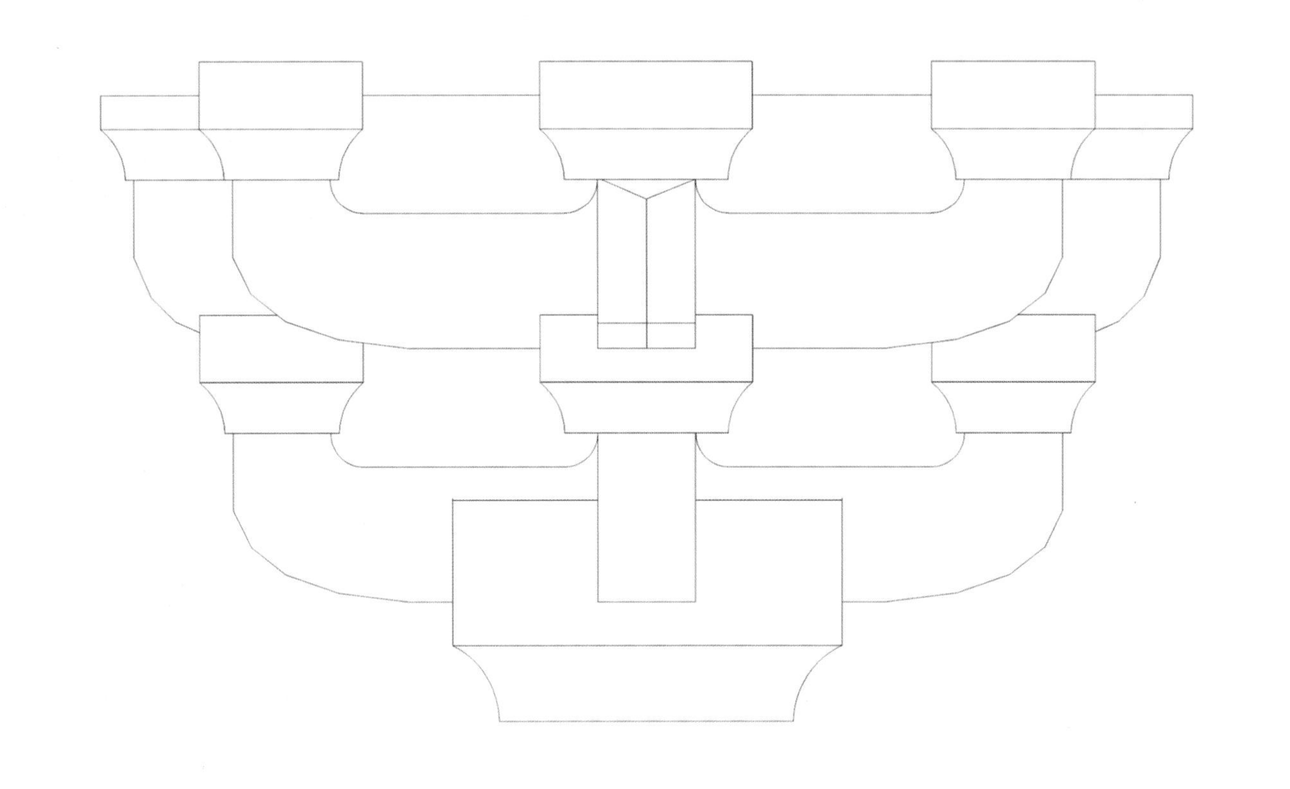

棱恩殿斗拱大样

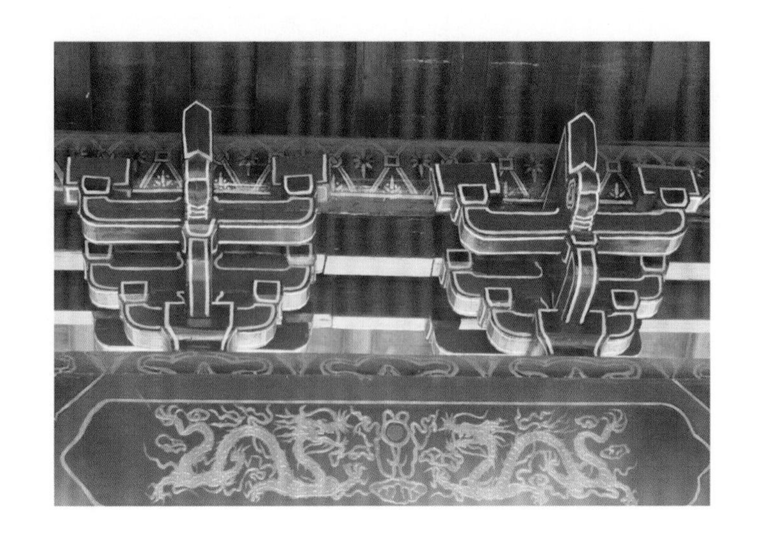

桂林靖江王陵祾恩殿斗拱

东经 110°21′　北纬 25°17′
海拔 203米

桂林靖江王陵祾恩殿斗拱	
大样图 现场图 地理坐标	
作 者	

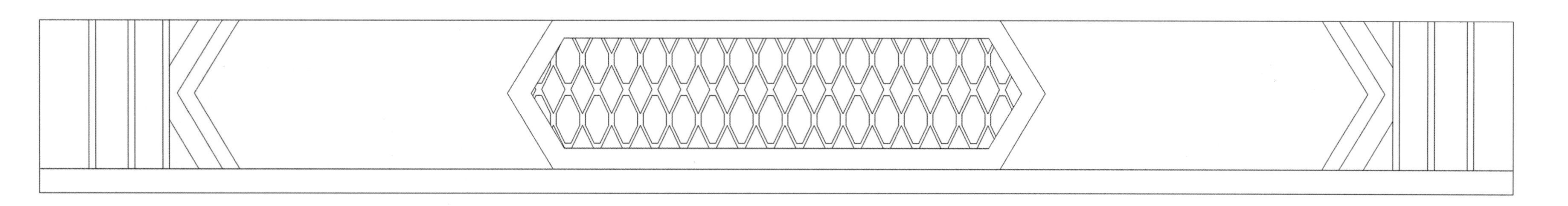

祾恩殿横梁彩绘饰样

桂林靖江王陵祾恩殿横梁饰样

东经 110°21′　北纬 25°17′
海拔 203米

桂林靖江王陵祾恩殿横梁饰样	
大样图 现场图 地理坐标	
作 者	

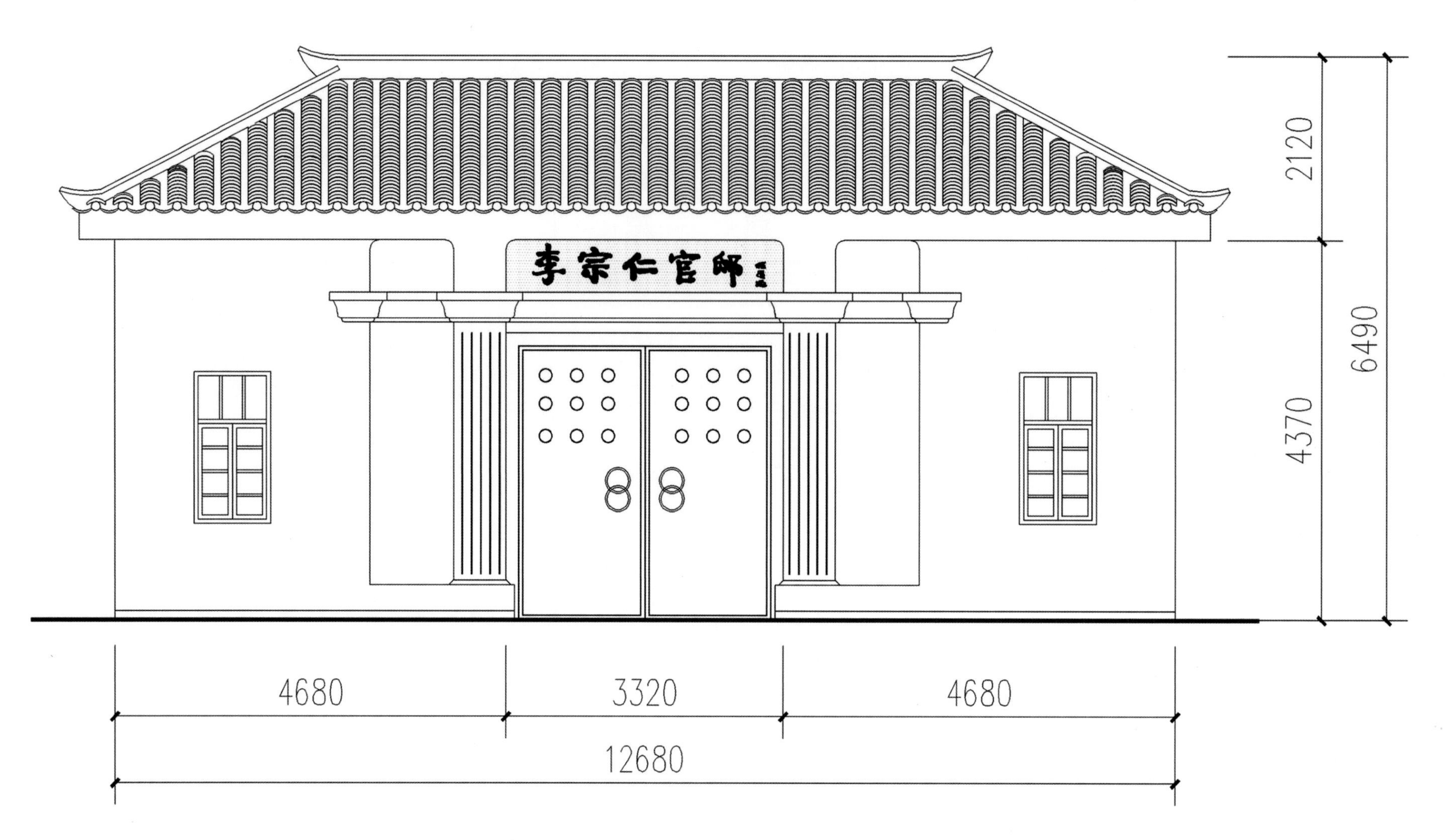

李宗仁官邸正立面 1：100

桂林市文明路李宗仁官邸

东经 110°17′　北纬 25°16′

海拔 157米

李宗仁官邸是桂林市内现存的两处最完好的名人旧居。官邸位于桂林市风景秀丽的杉湖南畔。这座被后人誉为桂林“总统府”的府邸建于20世纪40年代，属中西结合的别墅式建筑，布局一改传统的南北走向而坐东朝西，以威严、气派的主楼为中心，四周配建副官楼、警卫室、附楼、花园、停车坪等，占地4000多平方米。

桂林市文明路李宗仁官邸	
立面图 现场图 地理坐标	
作 者	

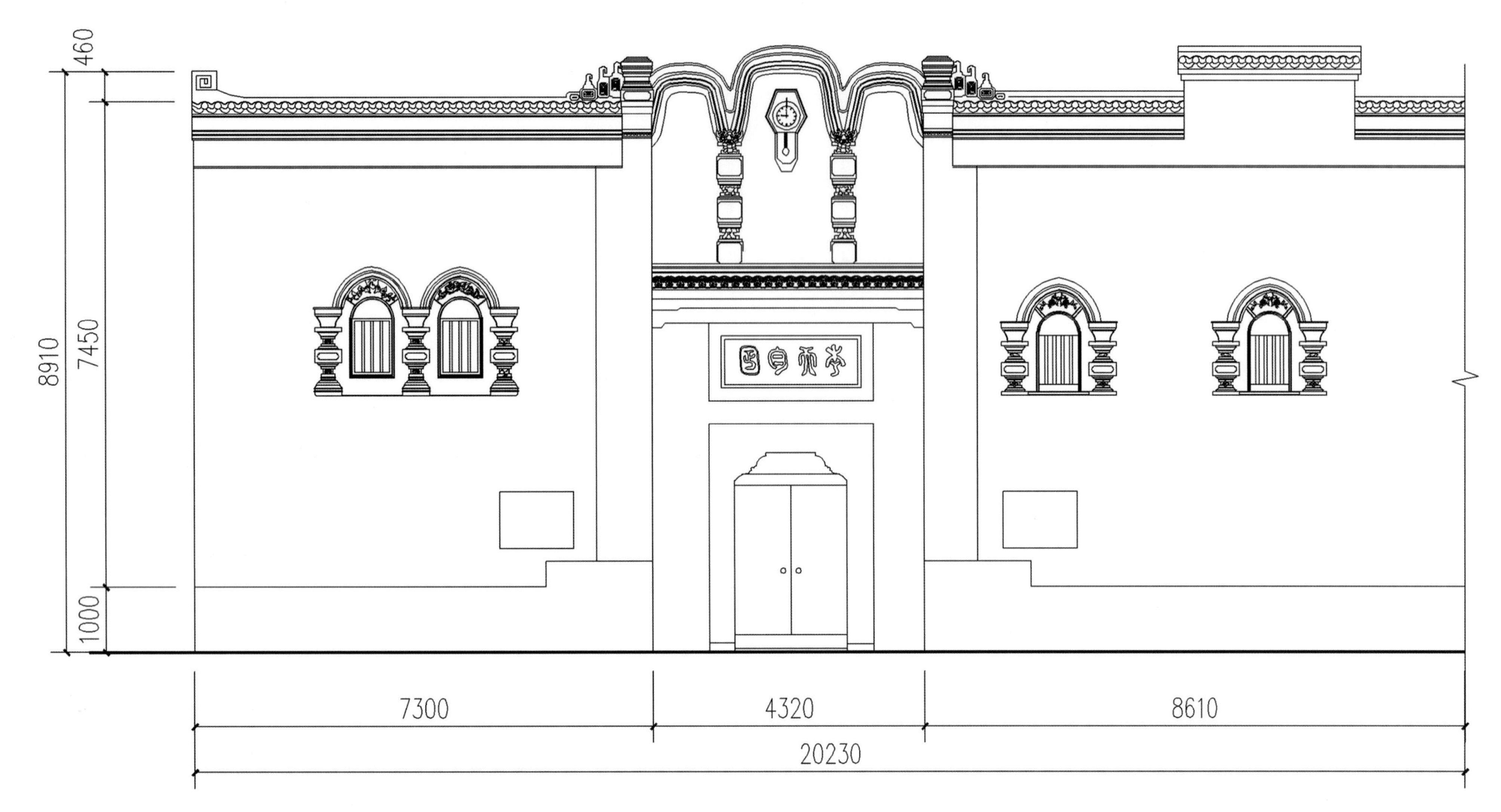

李宗仁故居正立面 1：100

临桂两江浪头村李宗仁故居

东经 109°59′　北纬 25°10′

海拔 157米

坐落于临桂县两江镇浪头村马鞍山东麓，桂林至泗顶公路旁。故居系桂北民居风格的庄园式建筑。大院呈不规则的长方形，占地4550平方米。四周以清水墙高垣屏护，高957米，厚45厘米，顶盖硬山式双坡青瓦头，墙头“金包铁”砌法（即内外青砌包泥砖），对角设置两炮楼。内分安东第、将军第、学馆及三进客厅等四大院落，均为两层，全木结构，以重重券门相联，通高8.68米，建筑面积4361平方米。

临桂两江浪头村李宗仁故居	
立面图 现场图 地理坐标	
作 者	

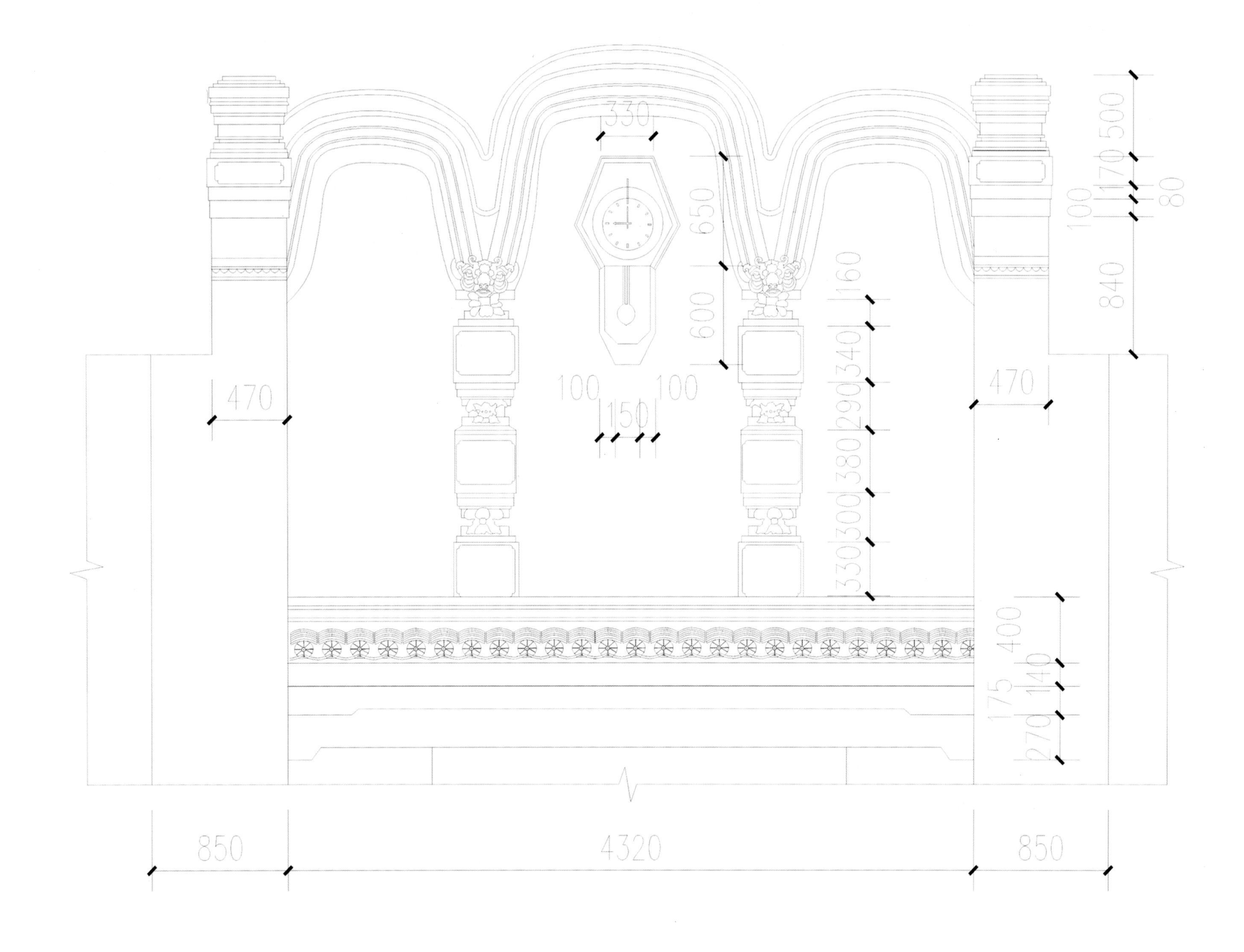

李宗仁故居门头大样 1：100

临桂两江浪头村李宗仁故居

东经 109°59′　北纬 25°10′
海拔 157米

两第建筑是“前扣两进三开间，一井两厢前后房，披厦后门香火壁，正中堂屋两侧门，楼井式神龛通屋顶”；学馆是大五开间构架，大开井采光；三进客厅则渠用大式等尺寸的五开间，通廊回环，气势雄伟，均集中了桂北民居的特征。

临桂两江浪头村李宗仁故居	
大样图 现场图 地理坐标	
作 者	

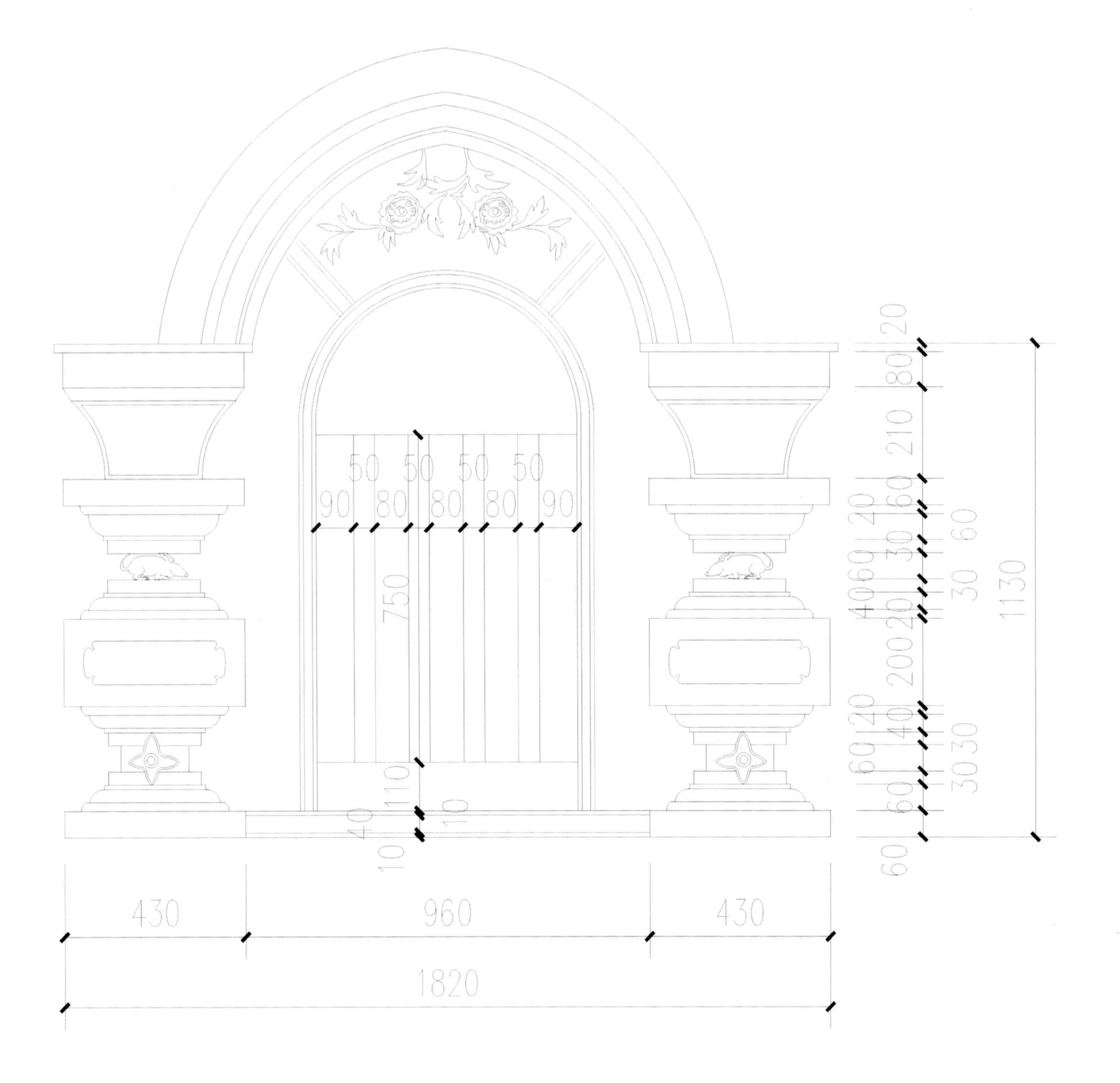

李宗仁故居窗花大样 ① 1：20

临桂两江浪头村李宗仁故居

东经 109°59′　北纬 25°10′

海拔 157米

两大门楼顶饰龙脊，楼下用花岗岩凿制巨大门框，门两侧边饰竹节，内塑“山河永固，天地皆春”对联，“青天白日”横批，反映着“九一八”事变后抗日救亡的时代气息。所有建筑，木楹石础，镂花窗格，烙花裙板，朱红方柱，粉绿壁板。庭院深深，有7个院落，12个天井，113间房，还有一个536.8平方米的院内鱼塘。故居分三次扩建，均建于20世纪20年代。

临桂两江浪头村李宗仁故居	
大样图 现场图 地理坐标	
作 者	

李宗仁故居窗花大样② 1：20

临桂两江浪头村李宗仁故居

东经 109°59′ 北纬 25°10′
海拔 157米

临桂两江浪头村李宗仁故居	
大样图 现场图 地理坐标	
作 者	

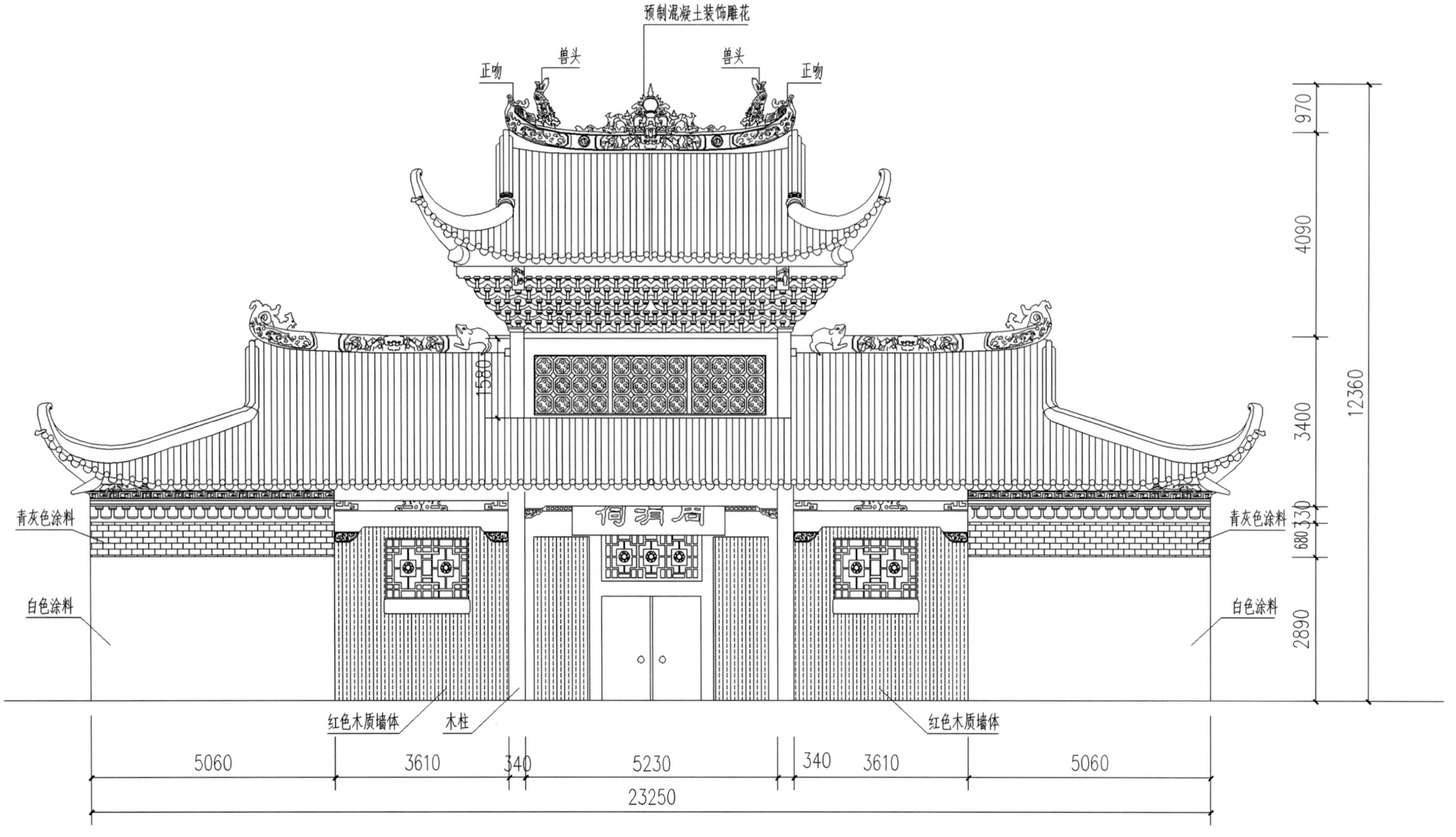

周渭祠正立面 1：100

恭城周渭祠

东经 110°49′　北纬 24°50′
海拔 138米

建于明成化十四年（1478），清雍正元年（1723）重修。是祭祀宋御史周渭的祀庙。周渭祠占地1600平方米，建筑面积1040平方米。由戏台（已毁）、门楼、大殿堂、后殿（已毁）、左右厢房组成。大殿为两榀五拄穿斗架及三面砖 墙混合结构。大殿面宽（12. 2米）小于进深（14. 8米），厢房面宽和殿进深一致。

恭城周渭祠	
立面图 现场图 地理坐标	
作 者	

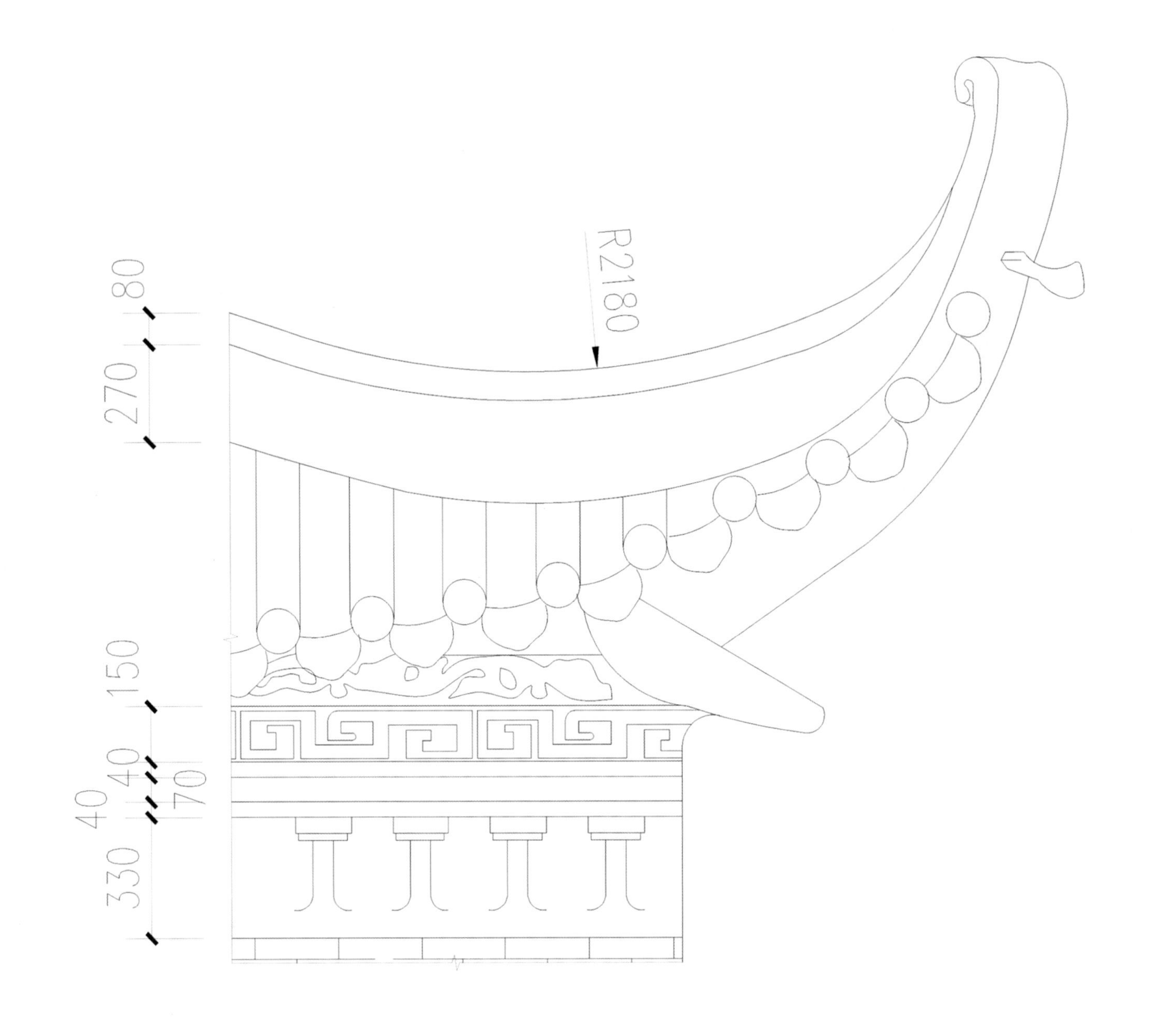

周渭祠一层飞檐大样 1：100

恭城周渭祠飞檐饰样

东经 110°49′　北纬 24°50′
海拔 138米

门楼重檐歇山式，面阔五间，分明间、次间和梢间。门楼构造具有广西特色：一是檐柱承下檐，金柱支到上檐，体形在中间骤然收小；二是斗拱主要起装饰作用。但周渭祠门楼的斗拱除有装饰作用外还有奇特的功能——这种斗拱由座斗、交互斗、鸳鸯交手斗三种形式组合成严谨而有规律的蜂窝状，使气流通过时产生回流而发出轰鸣声，令蝙蝠不敢稍歇，鸟雀恐为筑巢，起到自然抵御虫鸟侵害的作用。这在古建筑中是少有的。

恭城周渭祠飞檐饰样	
大样图 现场图 地理坐标	
作 者	

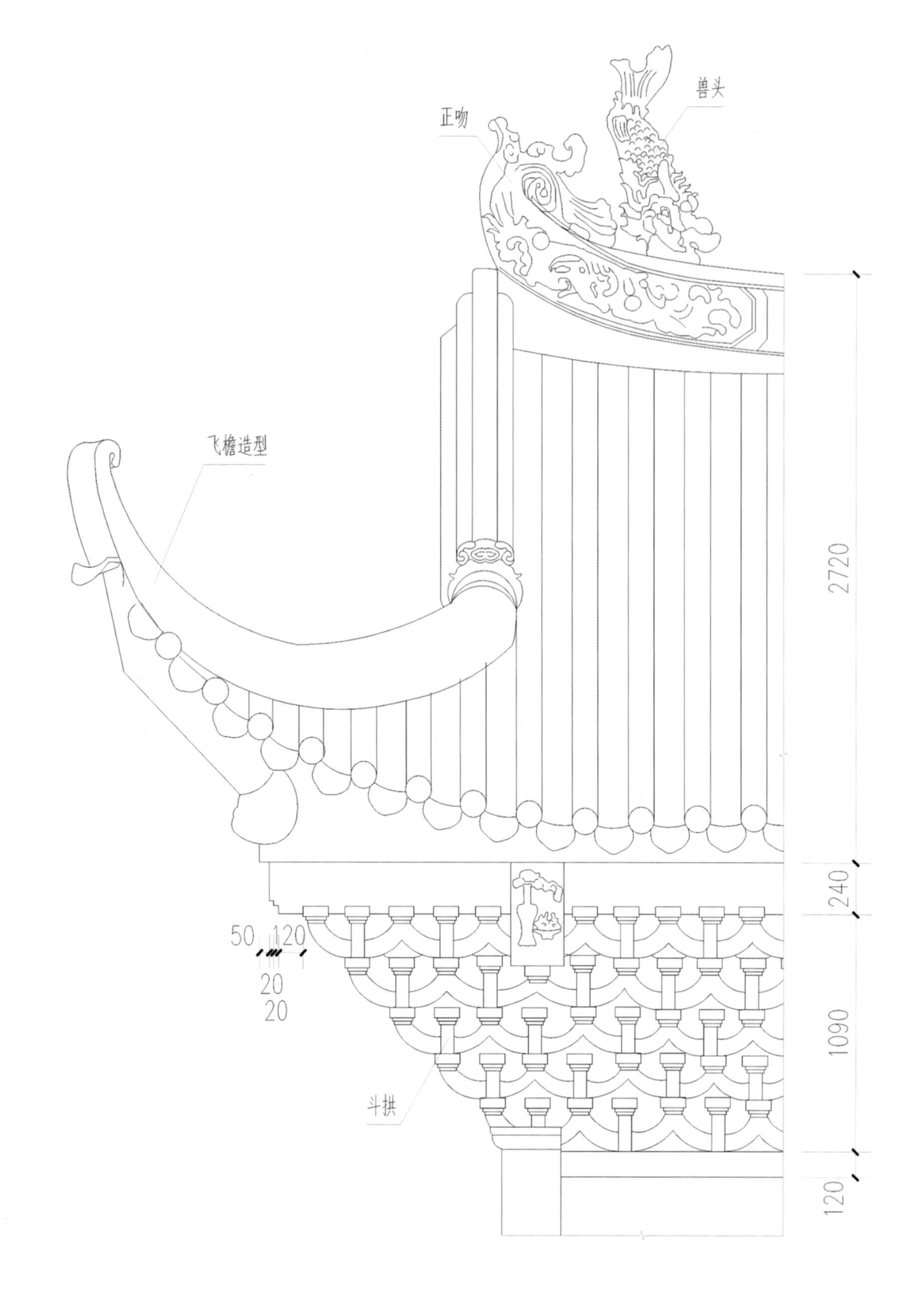

周渭祠二层飞檐大样 1：100

恭城周渭祠飞檐饰样

东经 110°49′ 北纬 24°50′
海拔 138米

在梢间外围墙壁挑檐上，全楼一千多根坚实木料互相串连吻合，合理承担上层荷载，使屋面飞檐远挑，雄伟壮观，为清代建筑所罕见。这些斗拱结构和木构架，是研究古建筑的宝贵例证。

恭城周渭祠飞檐饰样	
大样图 现场图 地理坐标	
作 者	

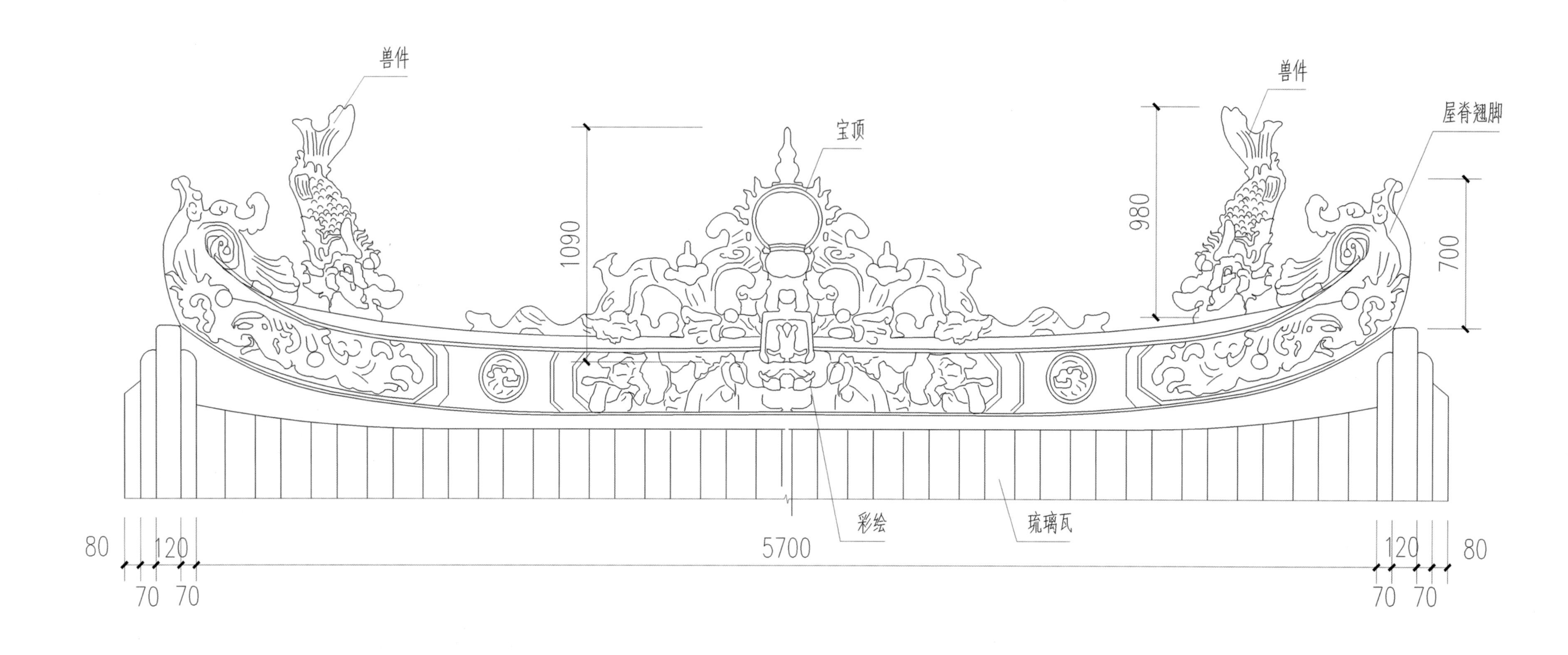

周渭祠屋脊大样 1：100

恭城周渭祠屋脊饰样

东经 110°49′　北纬 24°50′
海拔 138米

恭城周渭祠屋脊饰样	
大样图 现场图 地理坐标	
作 者	

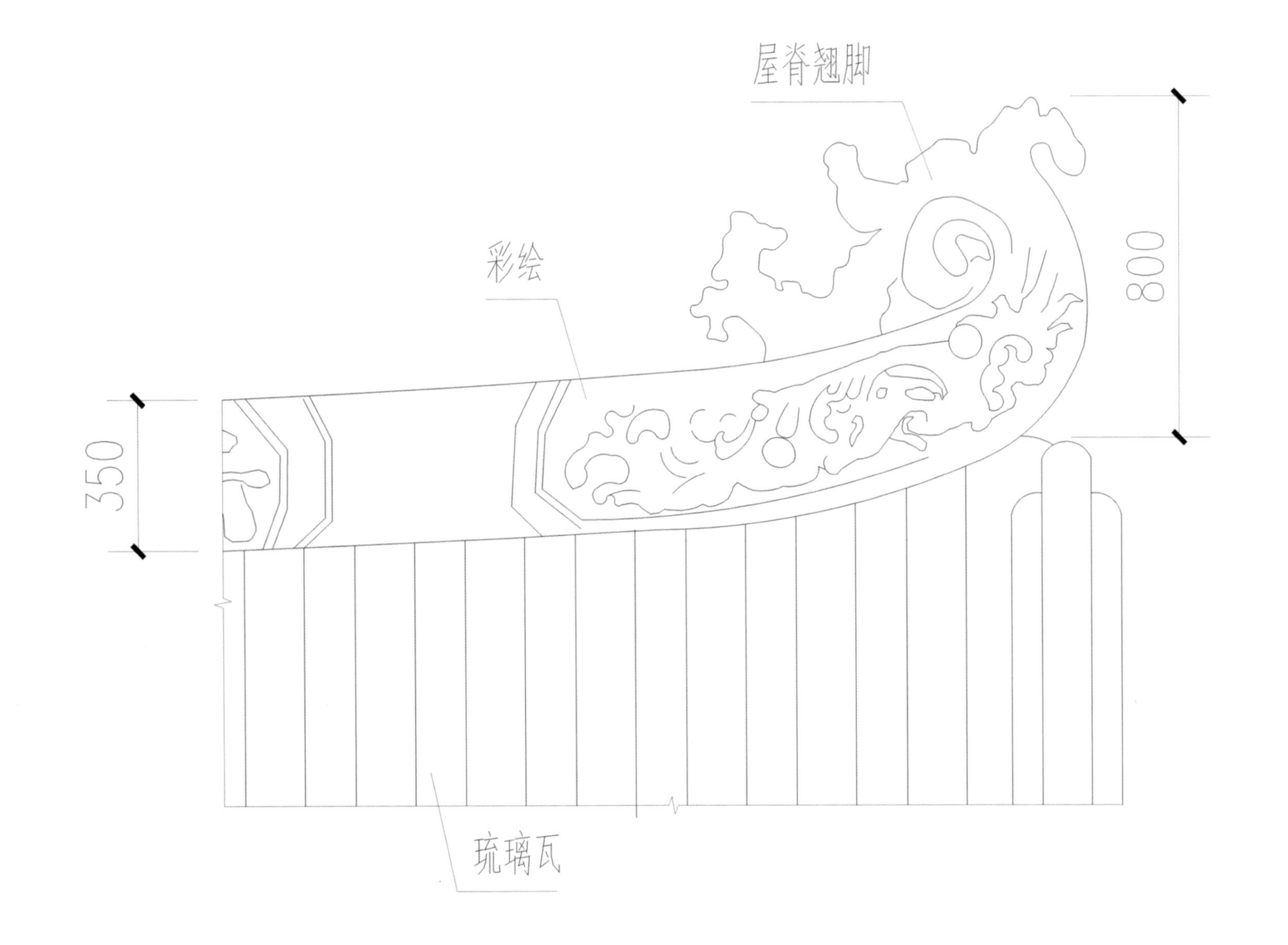

周渭祠屋脊局部大样 1：100

恭城周渭祠屋脊饰样

东经 110°49′　北纬 24°50′
海拔 138米

恭城周渭祠屋脊饰样	
大样图 现场图 地理坐标	
作 者	

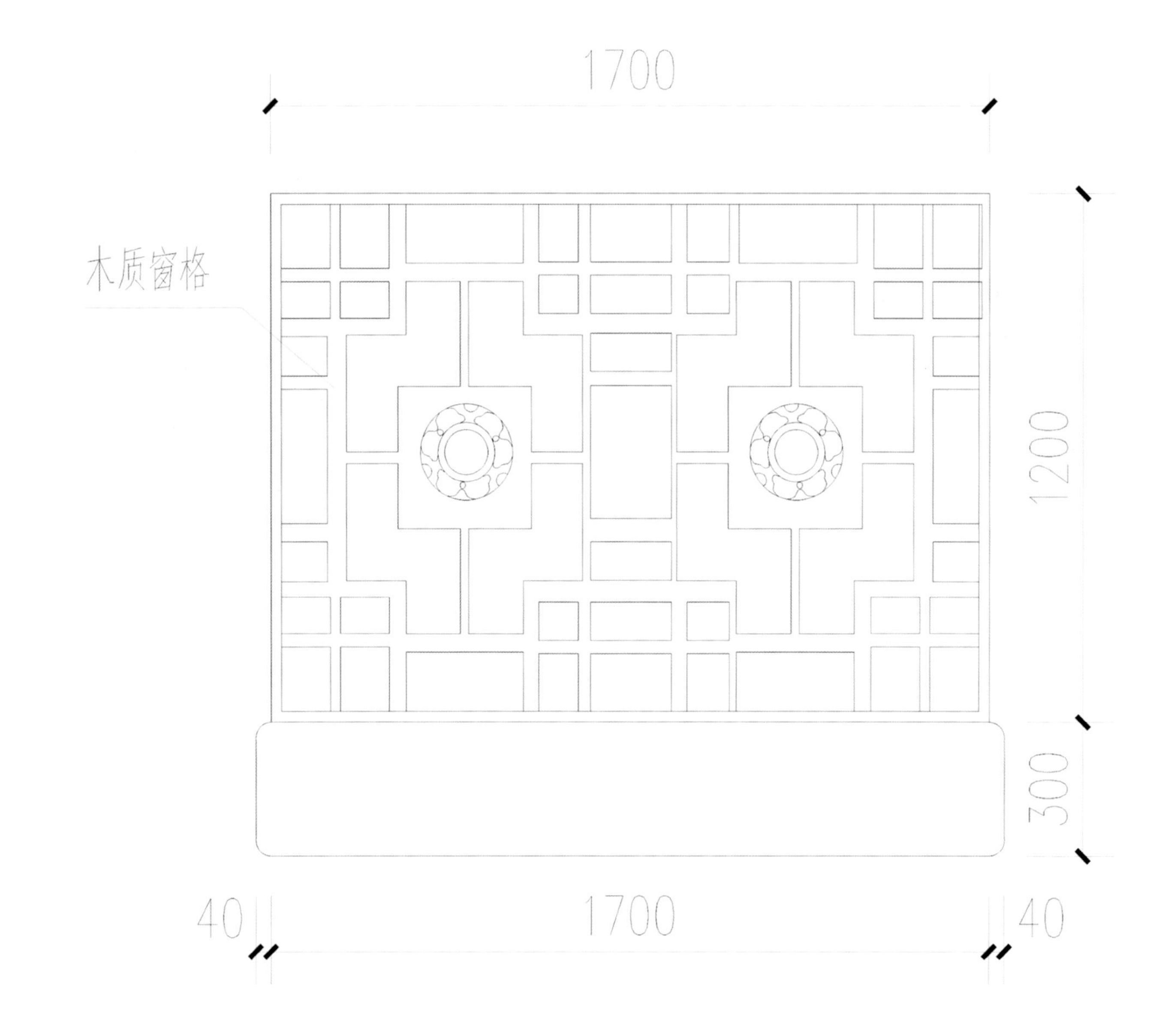

周渭祠窗花大样 1：100

恭城周渭祠窗花饰样

东经 110°49′　北纬 24°50′
海拔 138米

恭城周渭祠窗花饰样	
大样图 现场图 地理坐标	
作 者	

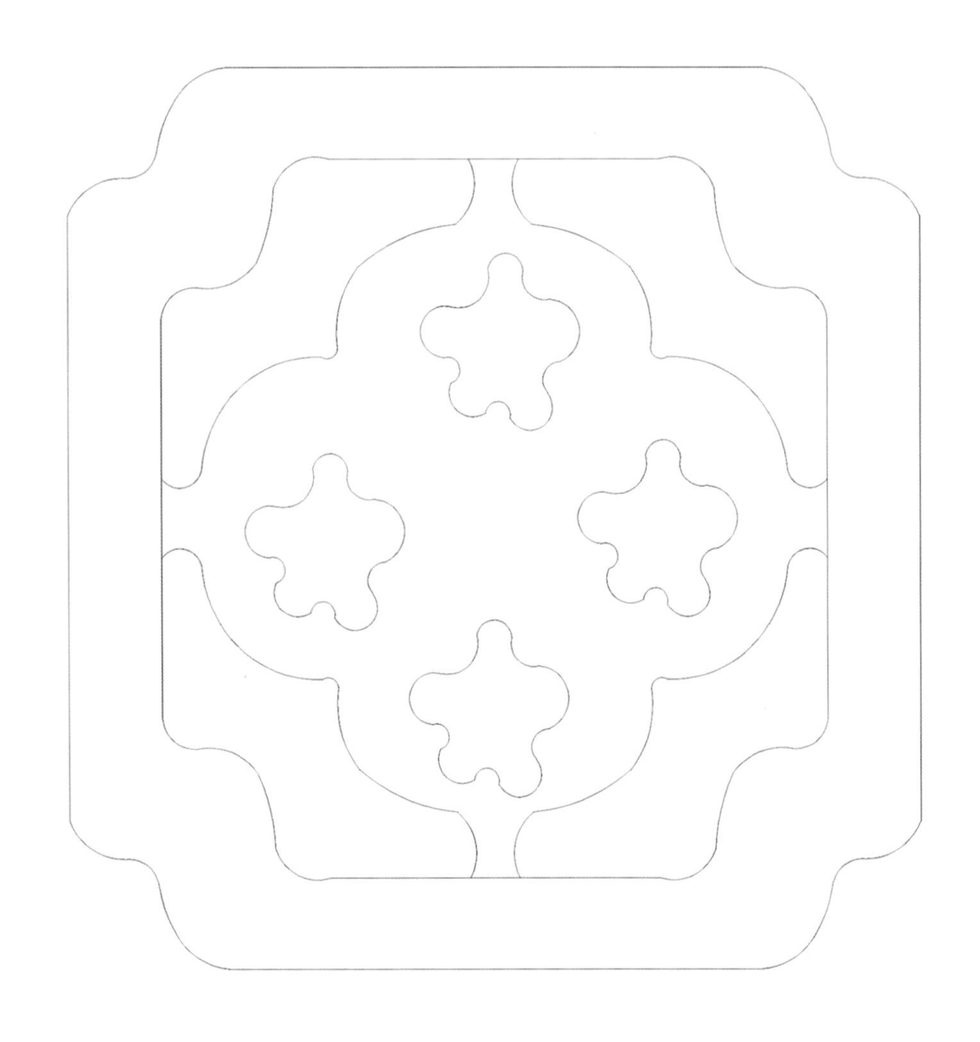

周渭祠窗花局部大样

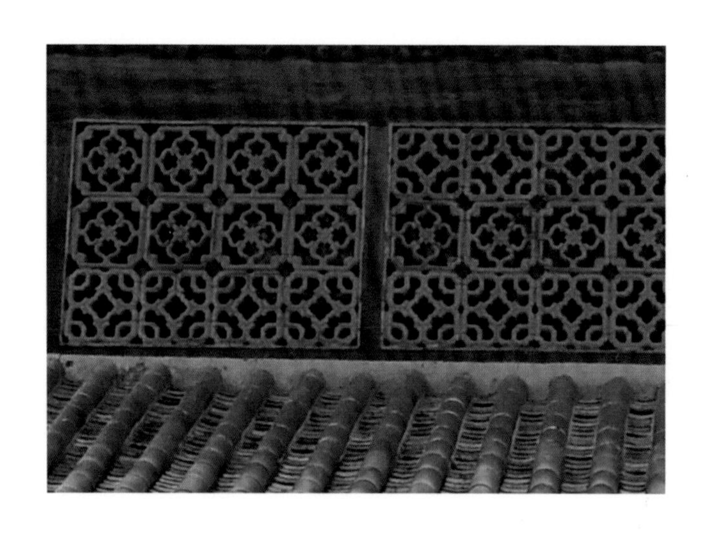

恭城周渭祠窗花饰样

东经 110°49′　北纬 24°50′
海拔 138米

恭城周渭祠窗花饰样	
大样图 现场图 地理坐标	
作 者	

恭城周渭祠柱头花饰

东经 110°49′　北纬 24°50′
海拔 140米

恭城周渭祠柱头花饰	
白描大样图　现场图　地理坐标	
作　者	童仕军

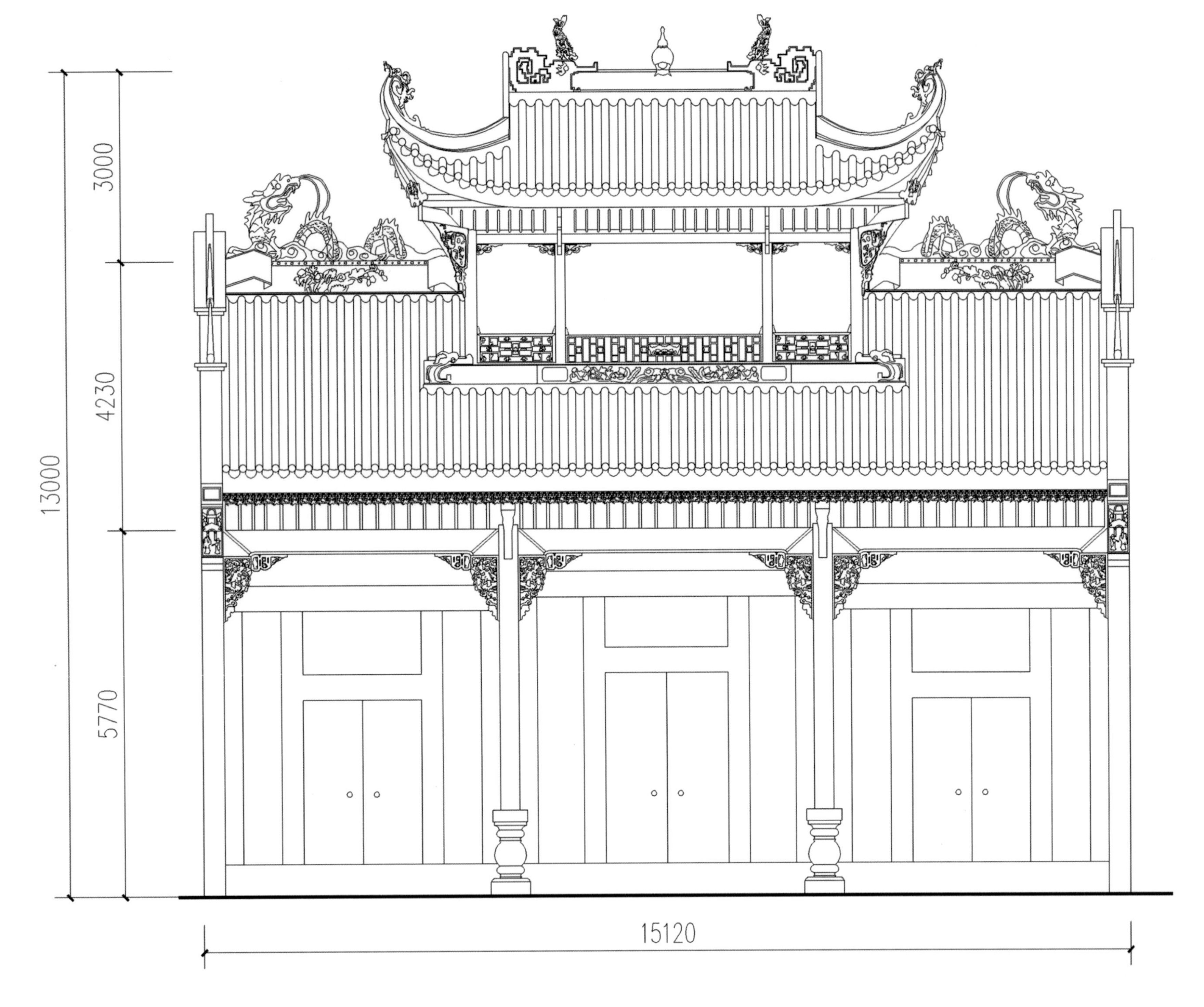

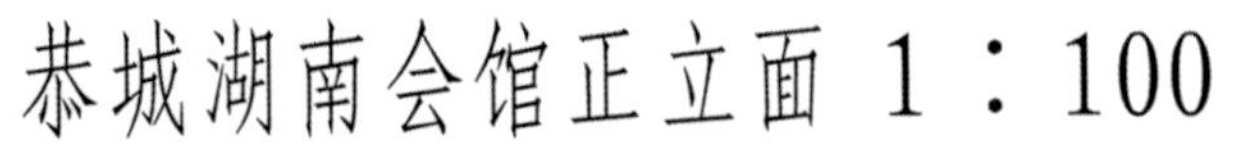
恭城湖南会馆正立面 1：100

恭城湖南会馆

东经 110°49′　北纬 24°50′
海拔 151米

建于清朝同治十一年（1872）。整个会馆布局严谨，红墙黄瓦，泛翠流金，飞檐挽天，蔚为壮观。大殿装修华丽，壁画花饰繁多，前后风檐镂雕细致，檐墙彩绘构画新颖。馆内有戏台矗立，呈凸字形，105平方米，青石垒砌台基，台底浅埋水缸36口，以增强音响效果。

恭城湖南会馆	
立面图 现场图 地理坐标	
作 者	

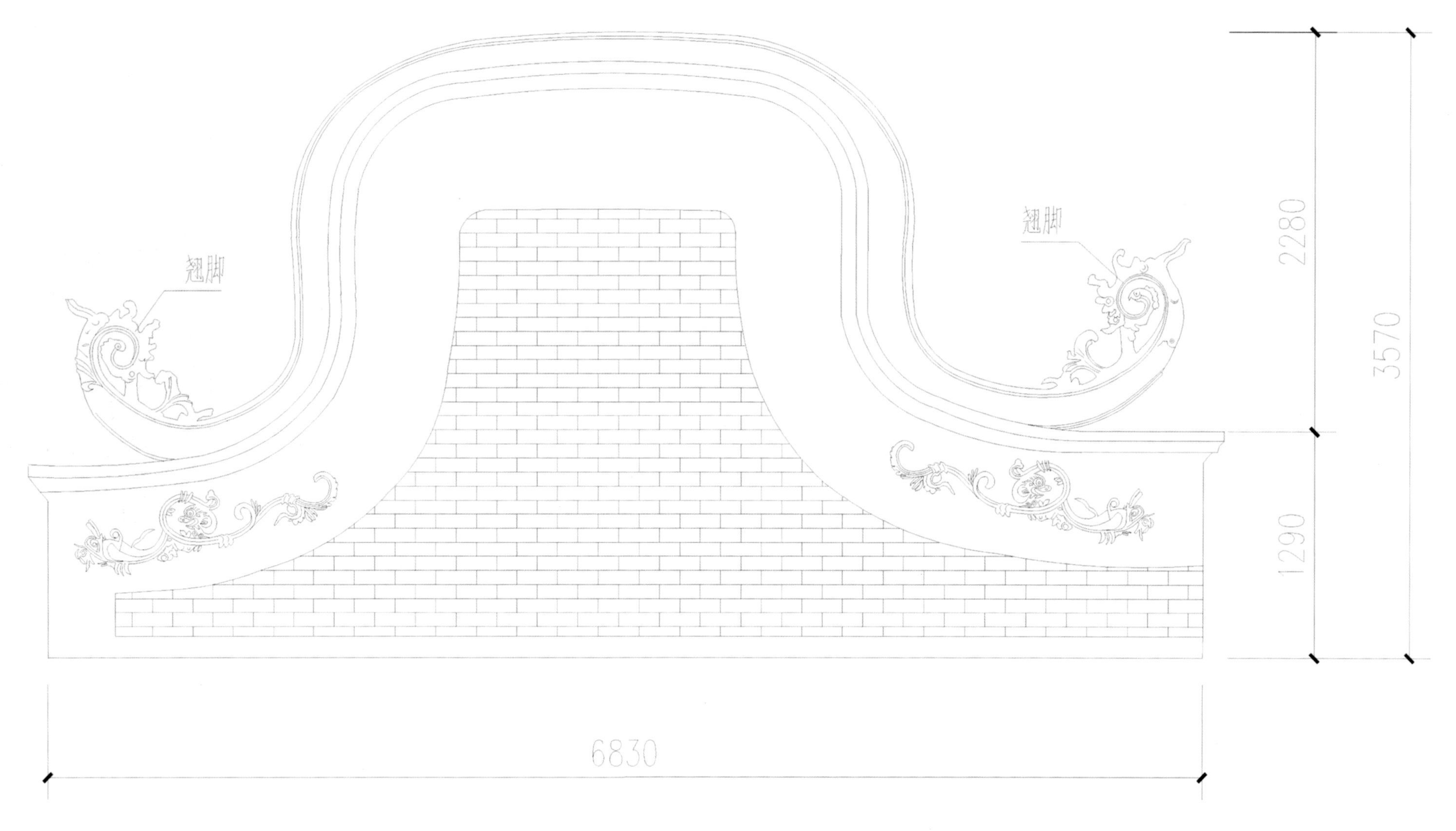

湖南会馆风火墙大样 1：100

恭城湖南会馆风火墙

东经 110°49′　北纬 24°50′
海拔 151米

恭城湖南会馆风火墙	
大样图 现场图 地理坐标	
作 者	

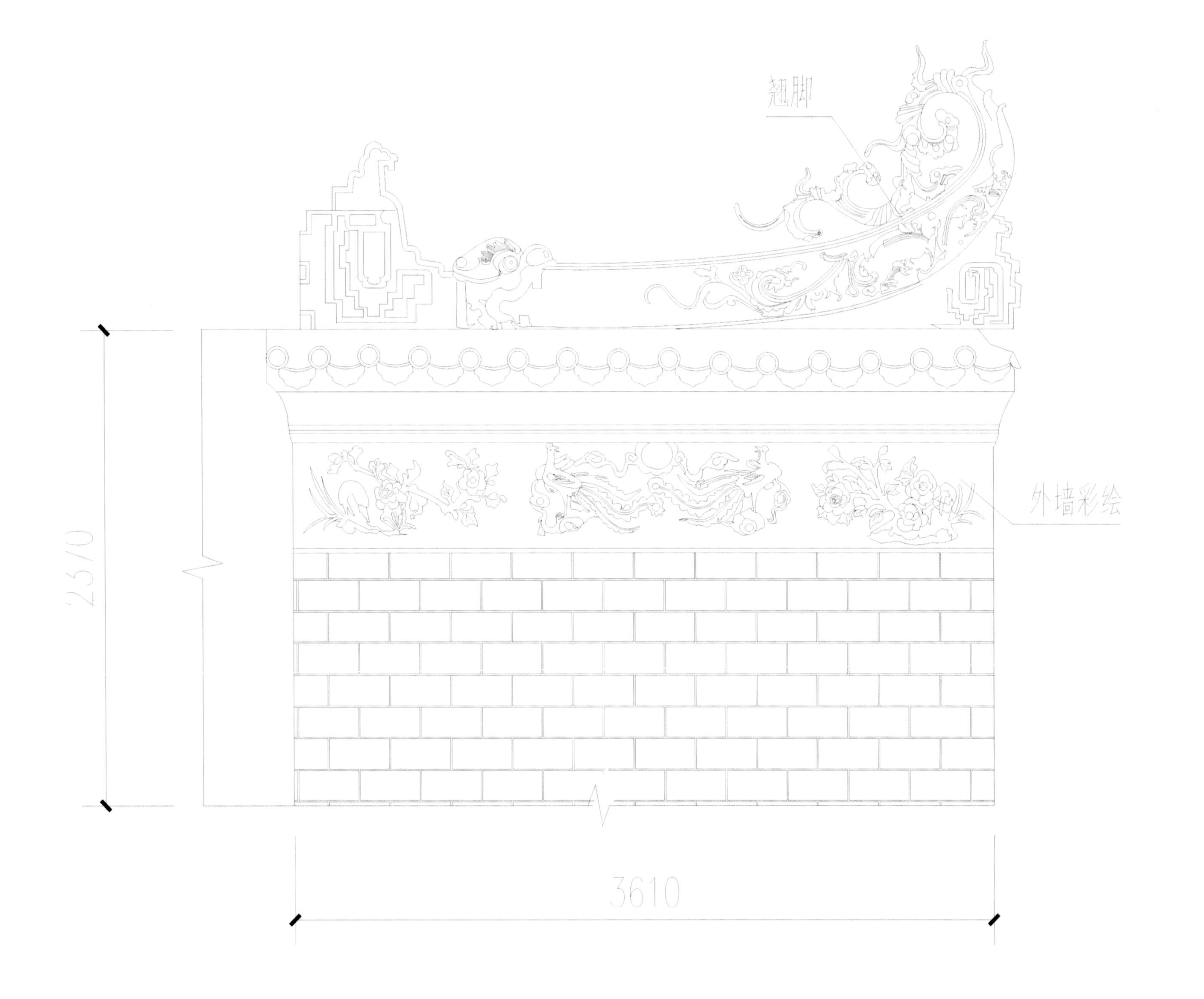

湖南会馆一层飞檐大样 1：100

恭城湖南会馆飞檐

东经 110°49′　北纬 24°50′
海拔 151米

恭城湖南会馆飞檐	
大样图 现场图 地理坐标	
作 者	

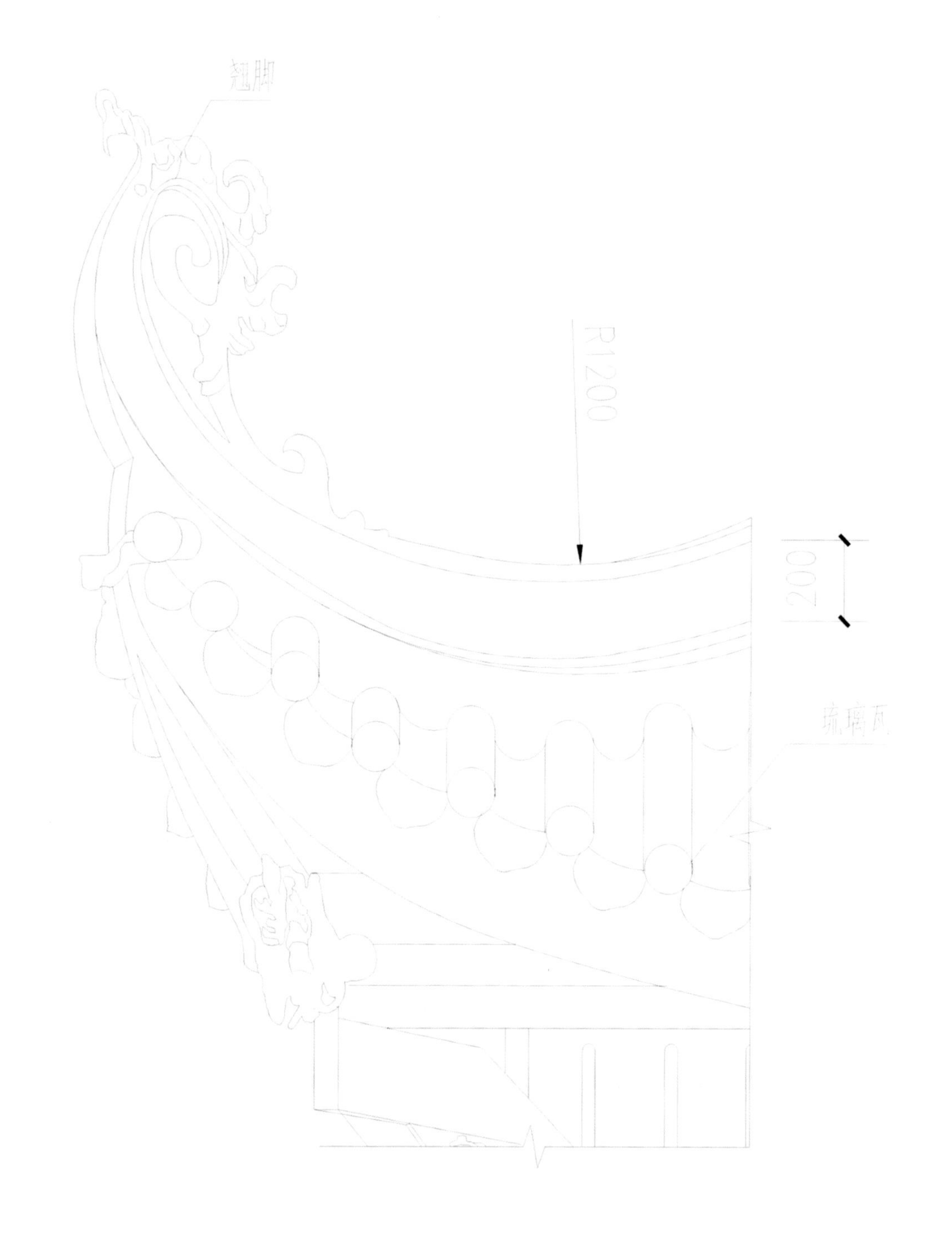

湖南会馆二层飞檐大样 1：100

恭城湖南会馆飞檐

东经 110°49′　北纬 24°50′
海拔 151米

恭城湖南会馆飞檐	
大样图 现场图 地理坐标	
作 者	

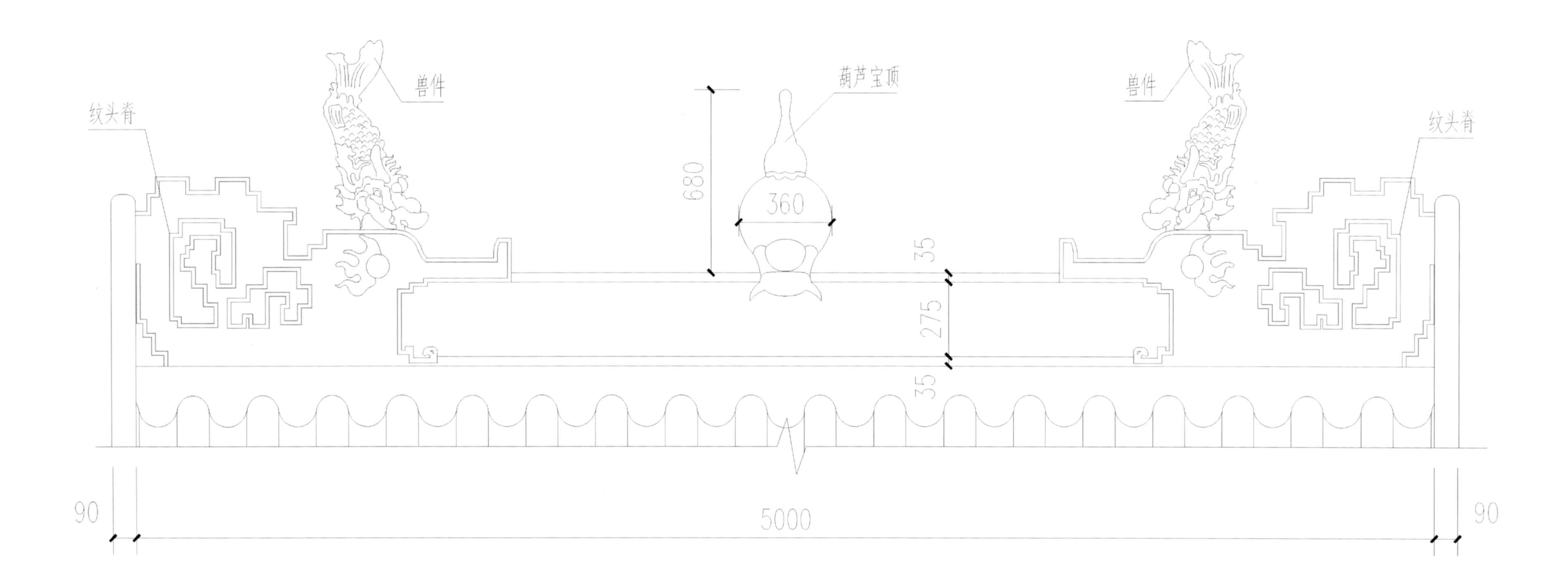

湖南会馆屋脊大样 1：100

恭城湖南会馆屋脊饰样

东经 110°49′ 北纬 24°50′
海拔 151米

恭城湖南会馆屋脊饰样	
大样图 现场图 地理坐标	
作 者	

湖南会馆屋脊局部大样

恭城湖南会馆屋脊饰样

东经 110°49′　北纬 24°50′
海拔 151米

恭城湖南会馆屋脊饰样	
大样图 现场图 地理坐标	
作 者	

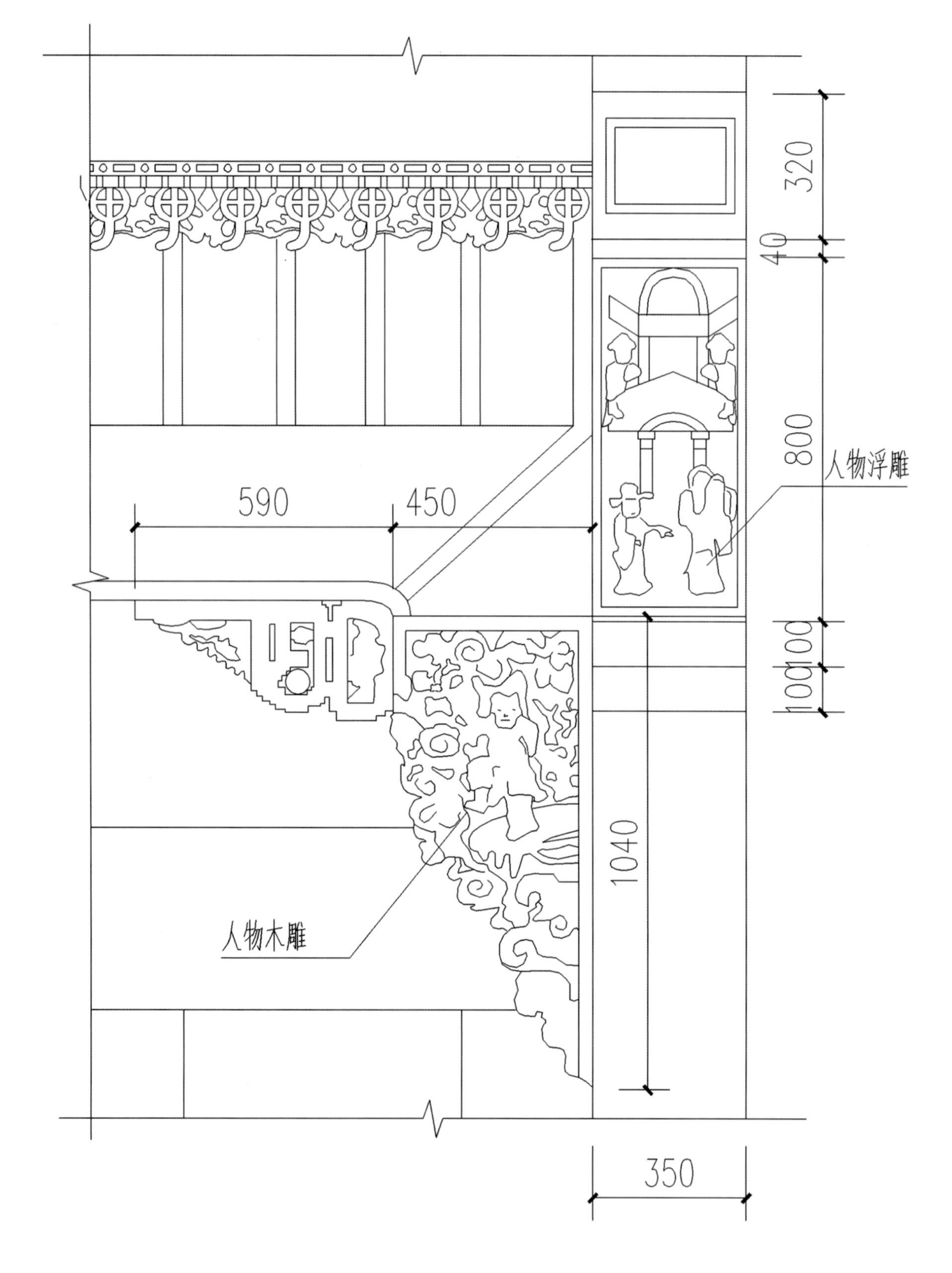

湖南会馆柱头大样

恭城湖南会馆柱头饰样

东经 110°49′ 北纬 24°50′
海拔 151米

恭城湖南会馆柱头饰样	
大样图 现场图 地理坐标	
作 者	

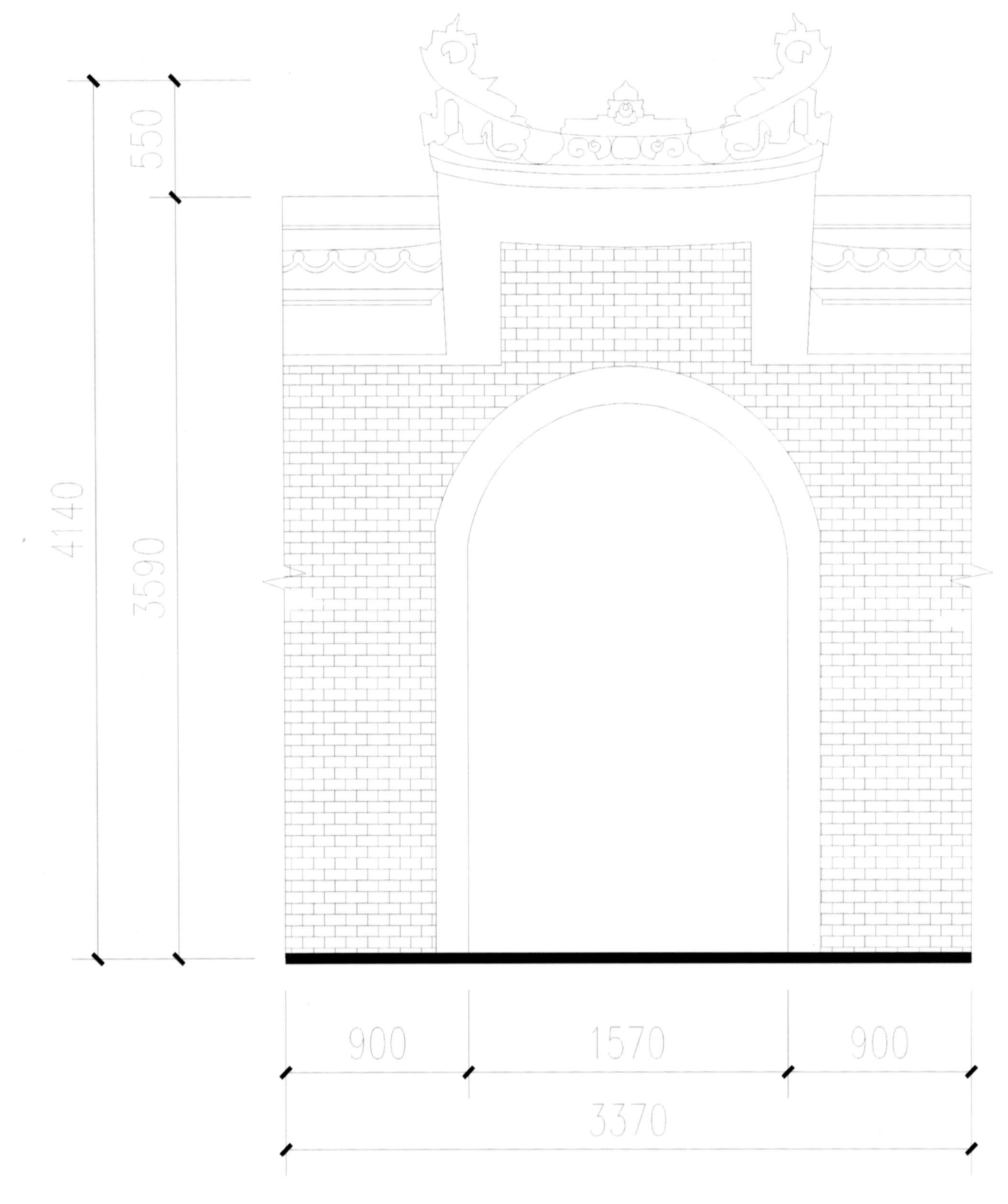

恭城乡游村门楼立面 1：100

恭城乡游村入口门楼

东经 110°12′　北纬 25°39′
海拔 211米

恭城乡游村入口门楼	
立面图 现场图 地理坐标	
作 者	

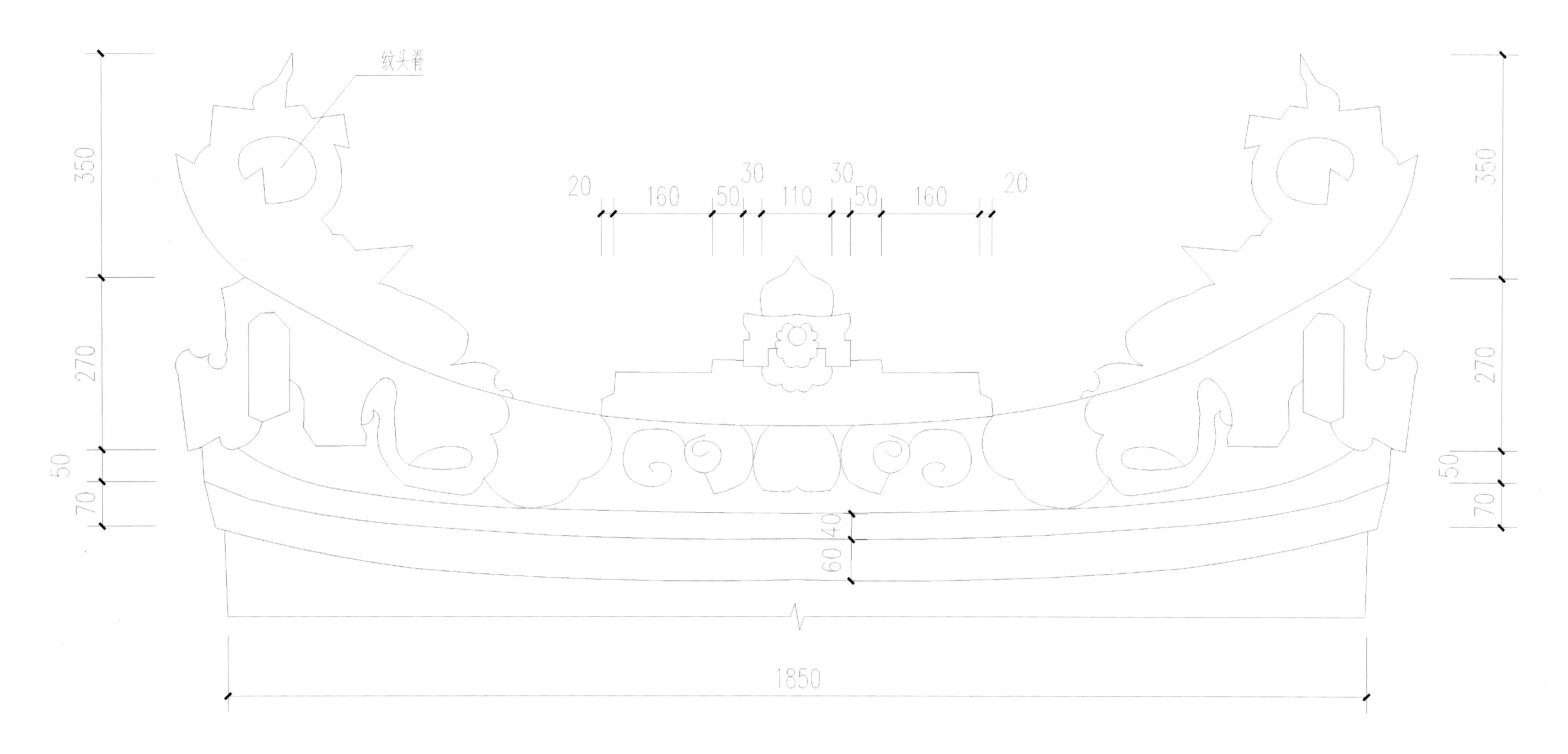

恭城豸游村门楼顶部大样 1：20

恭城豸游村入口门楼

东经 110°12′ 北纬 25°39′
海拔 211米

恭城豸游村入口门楼	
大样图 现场图 地理坐标	
作 者	

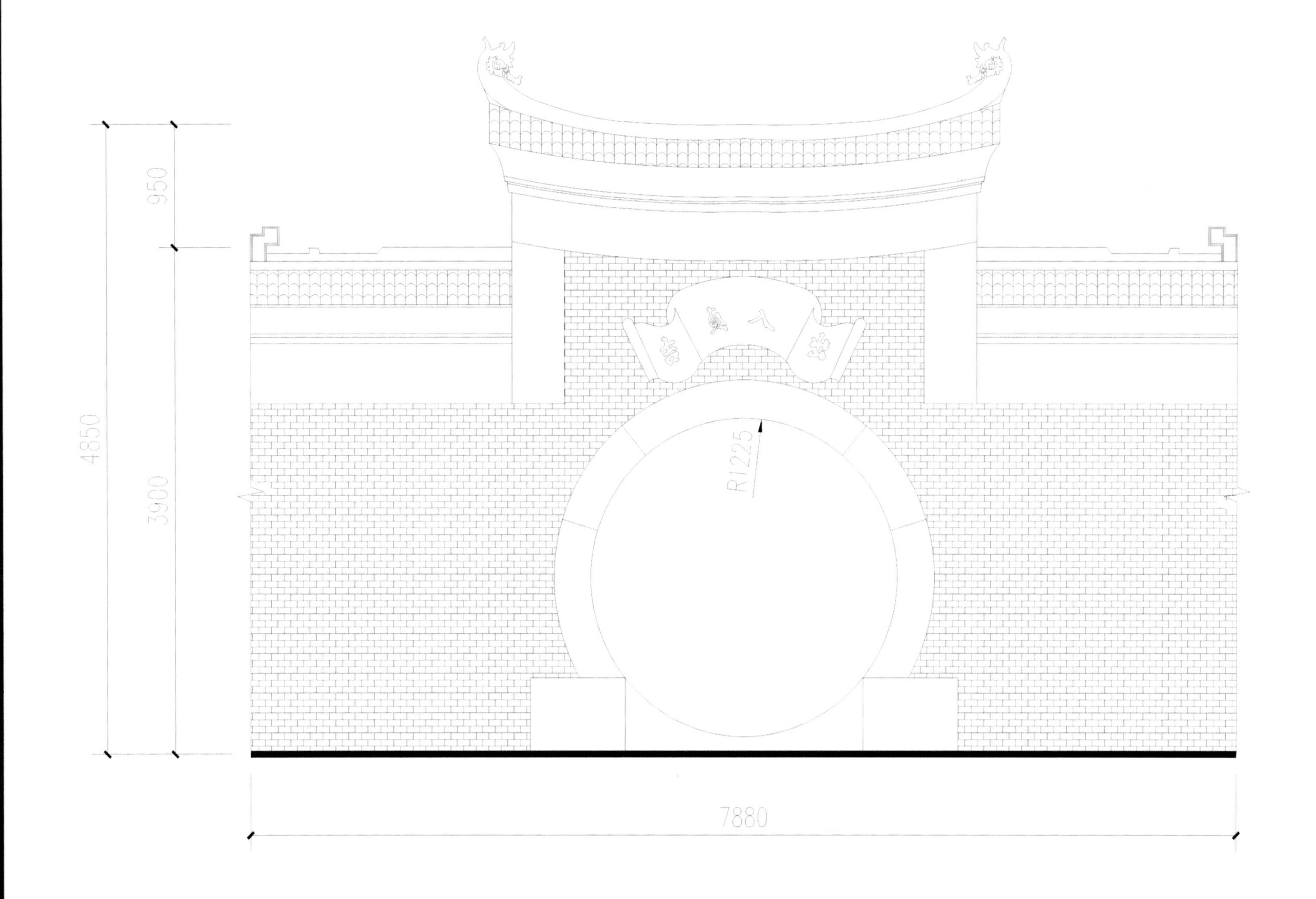

周氏宗祠入口立面 1：100

恭城豸游村周氏宗祠入口

东经 110°12′ 北纬 25°39′

海拔 211米

恭城豸游村周氏宗祠入口	
立面图 现场图 地理坐标	
作 者	

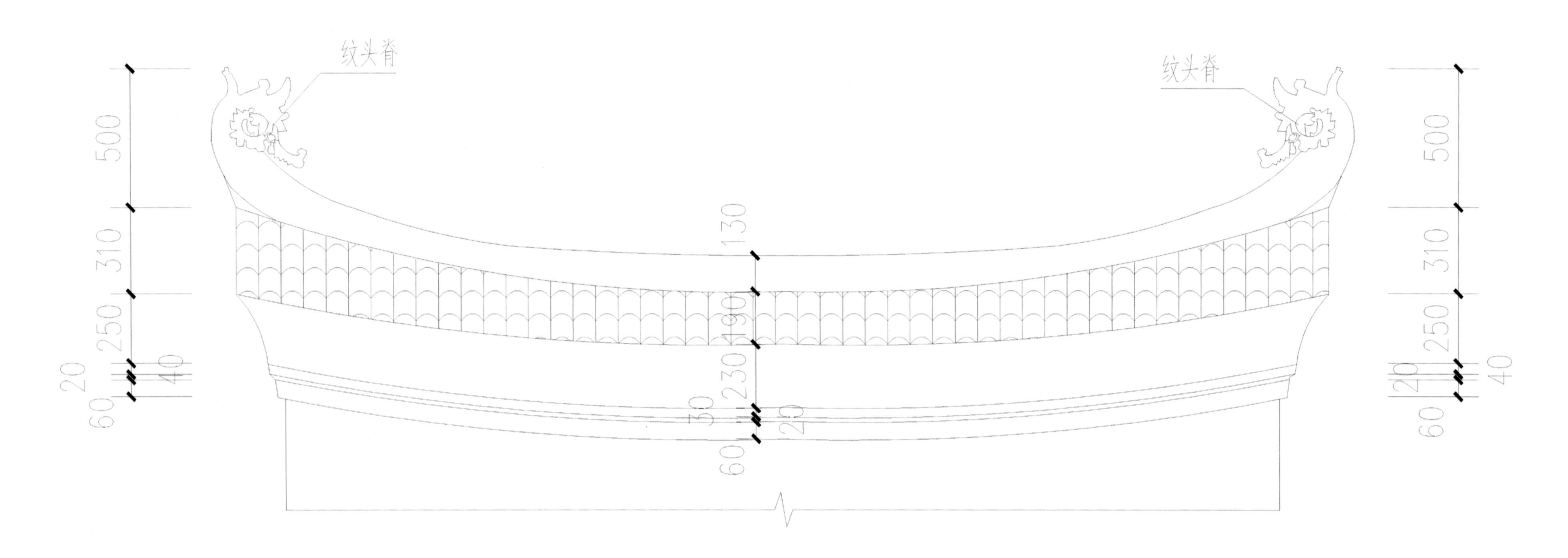

周氏宗祠入口顶部大样 1：100

恭城豸游村周氏宗祠入口

东经 110°12′　北纬 25°39′

海拔 211米

恭城豸游村周氏宗祠入口	
大样图 现场图 地理坐标	
作 者	

恭城豸游村周氏宗祠门梁花饰

东经 110°51′　北纬 25°01′
海拔 178米

恭城豸游村周氏宗祠门梁花饰	
手绘大样图 现场图 地理坐标	
作 者	童仕军

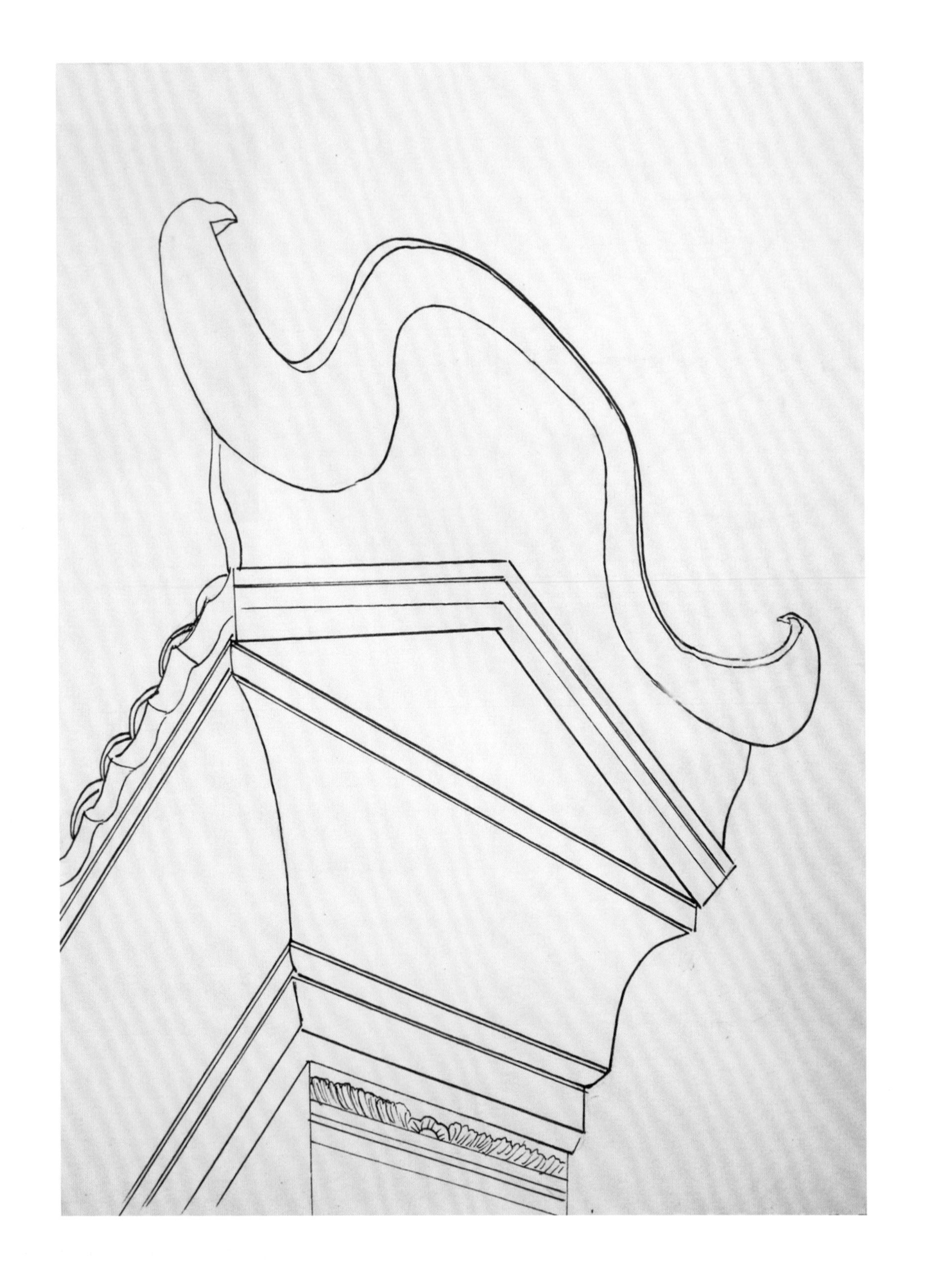

恭城豸游村古民居外墙柱头饰件

东经 110°51′　北纬 25°01′
海拔 177米

恭城豸游村古民居外墙柱头饰件	
手绘大样图 现场图 地理坐标	
作 者	童仕军

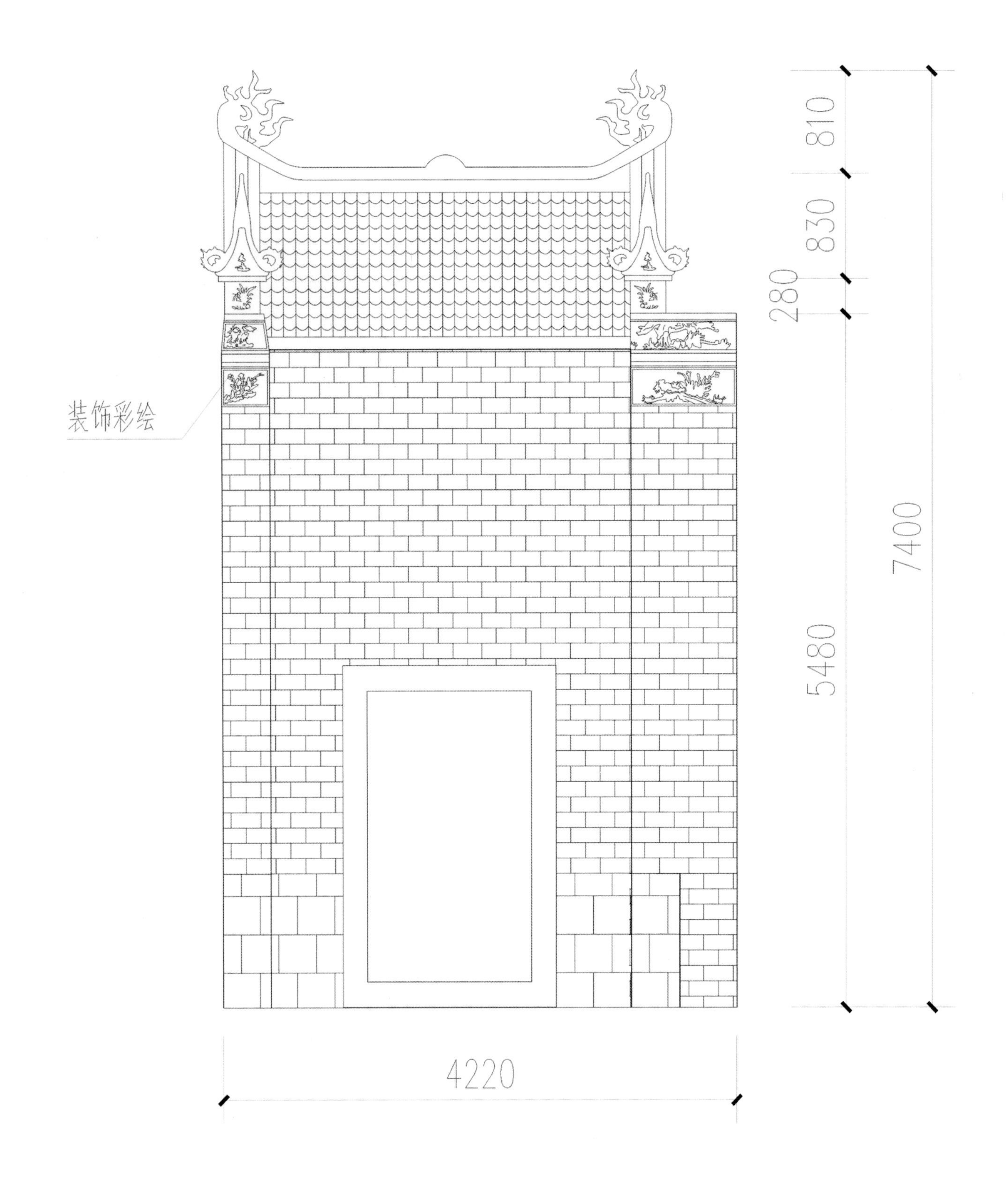

朗山古民居门楼正立面 1：100

恭城朗山古民居门楼

东经 110°53′　北纬 24°42′
海拔 195米

广西自治区级文物保护单位。位于桂林市恭城瑶族自治县莲花镇朗山村，建于清朝光绪八年(1882)，为广西区内现存的一处规模最大、建筑最精美、平面布局规划最科学的古建筑群。朗山瑶族古民居因背靠朗山而得名，朗山为喀斯特地貌，有茂盛原始森林，风光秀丽。

恭城朗山古民居门楼	
立面图 现场图 地理坐标	
作 者	

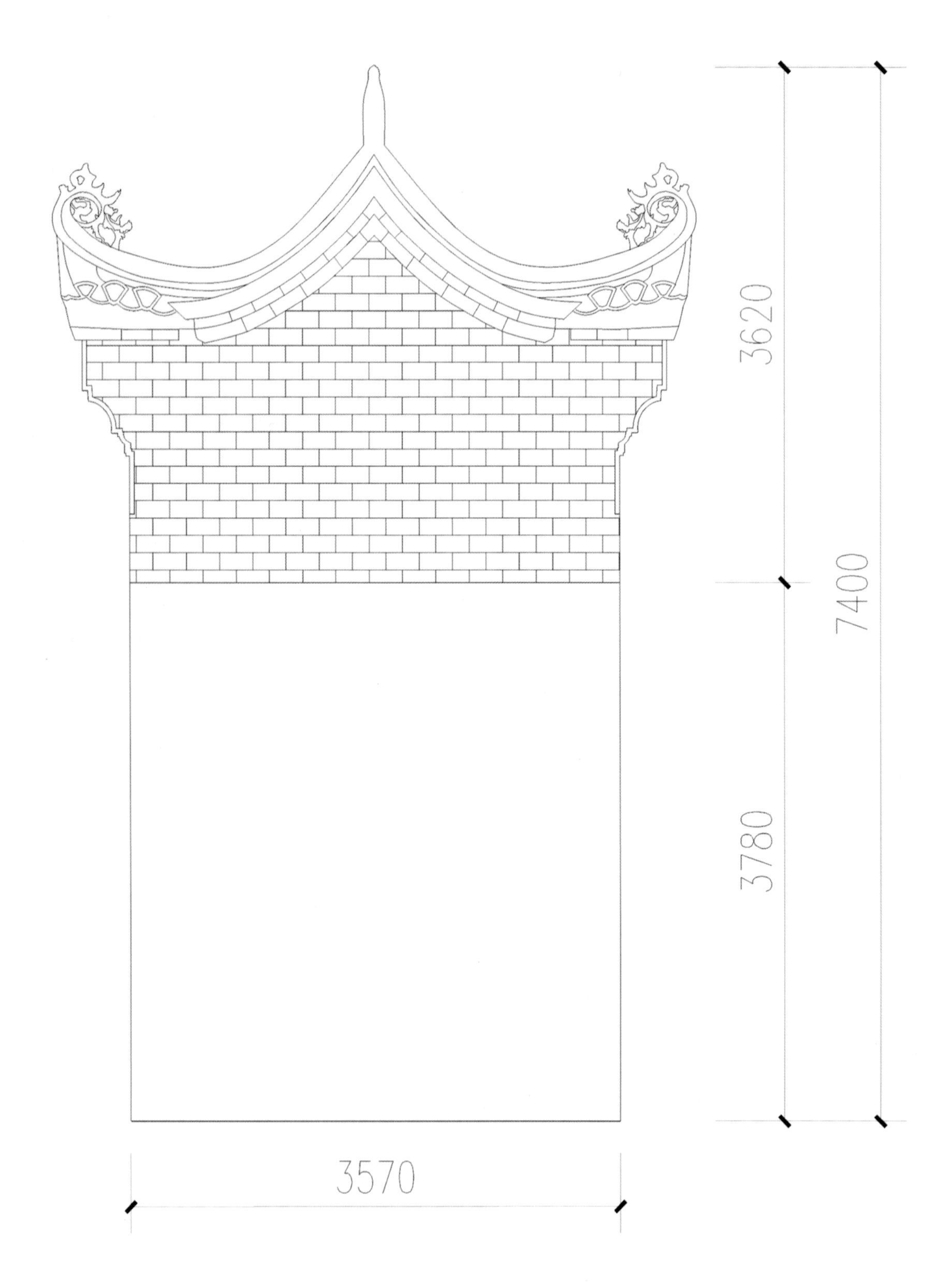

朗山古民居门楼侧立面 1：100

恭城朗山古民居门楼

东经 110°53′ 北纬 24°42′
海拔 195米

朗山古民居在村中自东向西依次排列，坐北朝南，形成了一个长约200米，进深100米的扇形古建筑群。各古民居占地360平方米，独门独院，清水砖墙，建筑工艺精湛，艺术构件花饰繁多。正中为大门，两侧为厢房，跑马楼，中留天井，六座房舍有院墙相隔，硬山风火山墙高低错落，但又有侧门和巷道连通成一体。

恭城朗山古民居门楼	
立面图 现场图 地理坐标	
作 者	

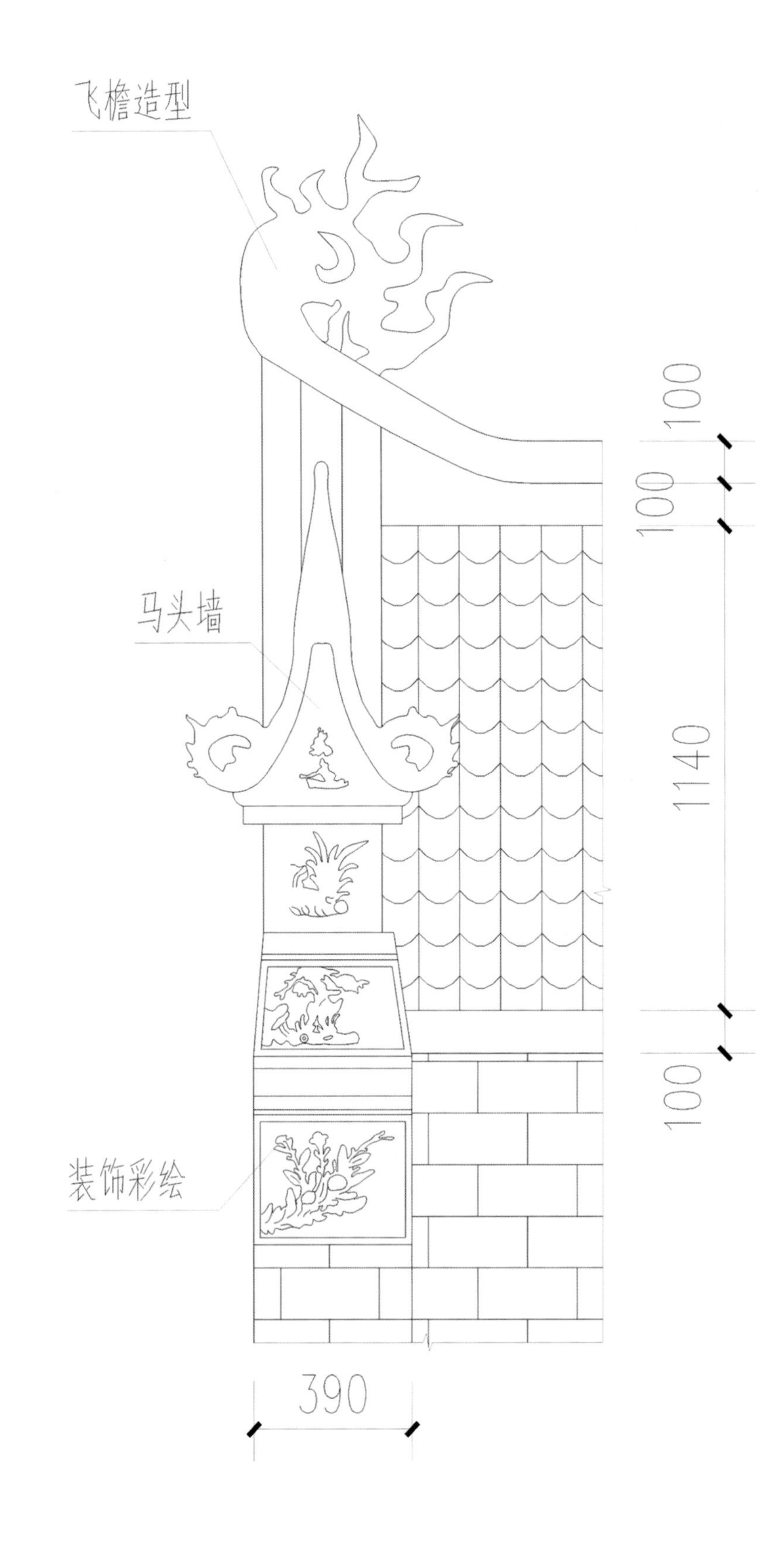

朗山古民居门楼马头墙左侧正面大样 1：100

恭城朗山古民居门楼

东经 110°53′　北纬 24°42′
海拔 195米

恭城朗山古民居门楼	
大样图 现场图 地理坐标	
作 者	

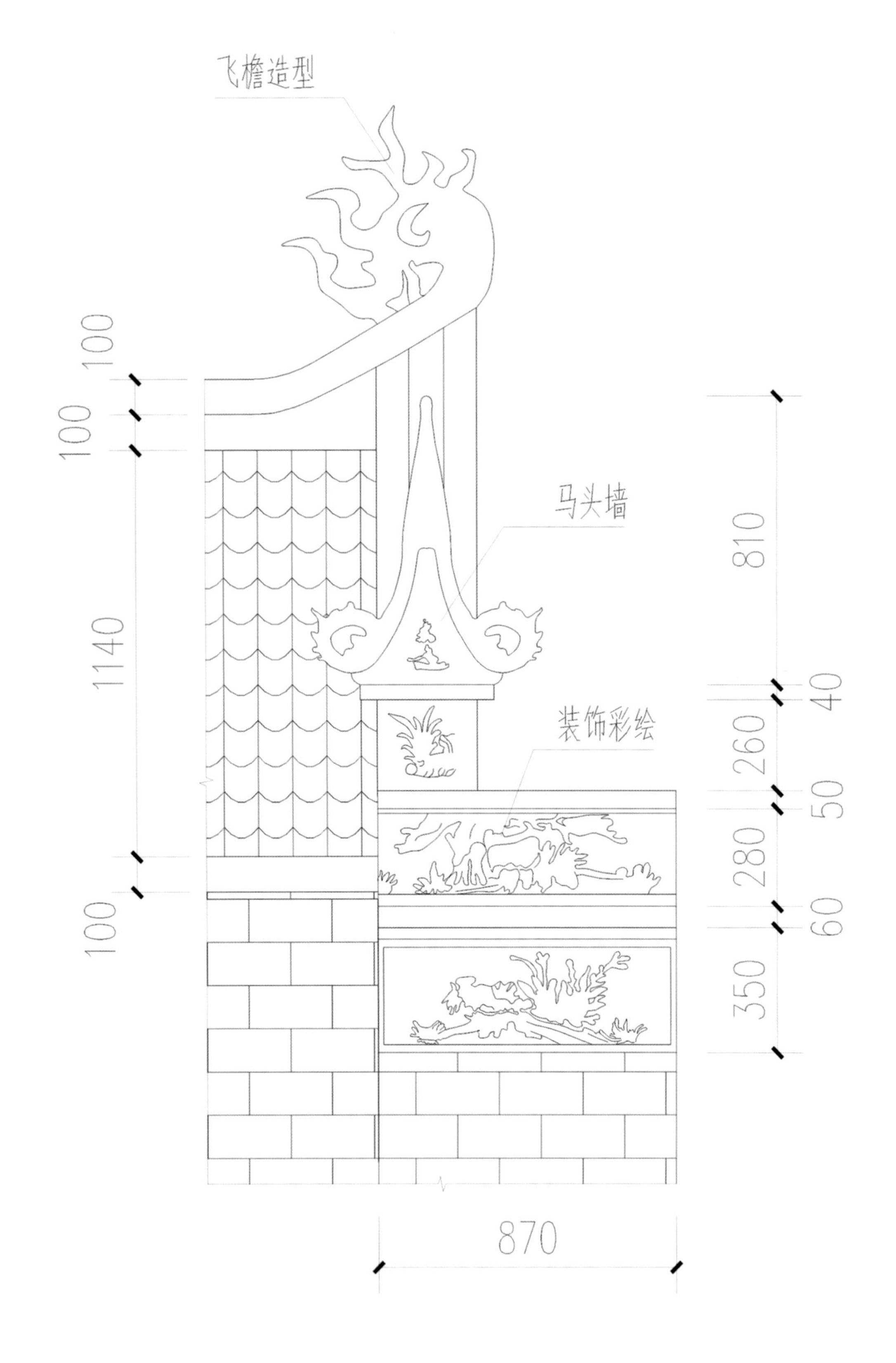

朗山古民居门楼马头墙左侧正面大样 1：100

恭城朗山古民居门楼

东经 110°53′ 北纬 24°42′

海拔 195米

恭城朗山古民居门楼	
大样图 现场图 地理坐标	
作 者	

朗山古民居门檐花饰大样 ① 1：100

恭城朗山古民居门檐花饰

东经 110°53′ 北纬 24°42′
海拔 195米

恭城朗山古民居门檐花饰	
白描大样图 现场图 地理坐标	
作 者	

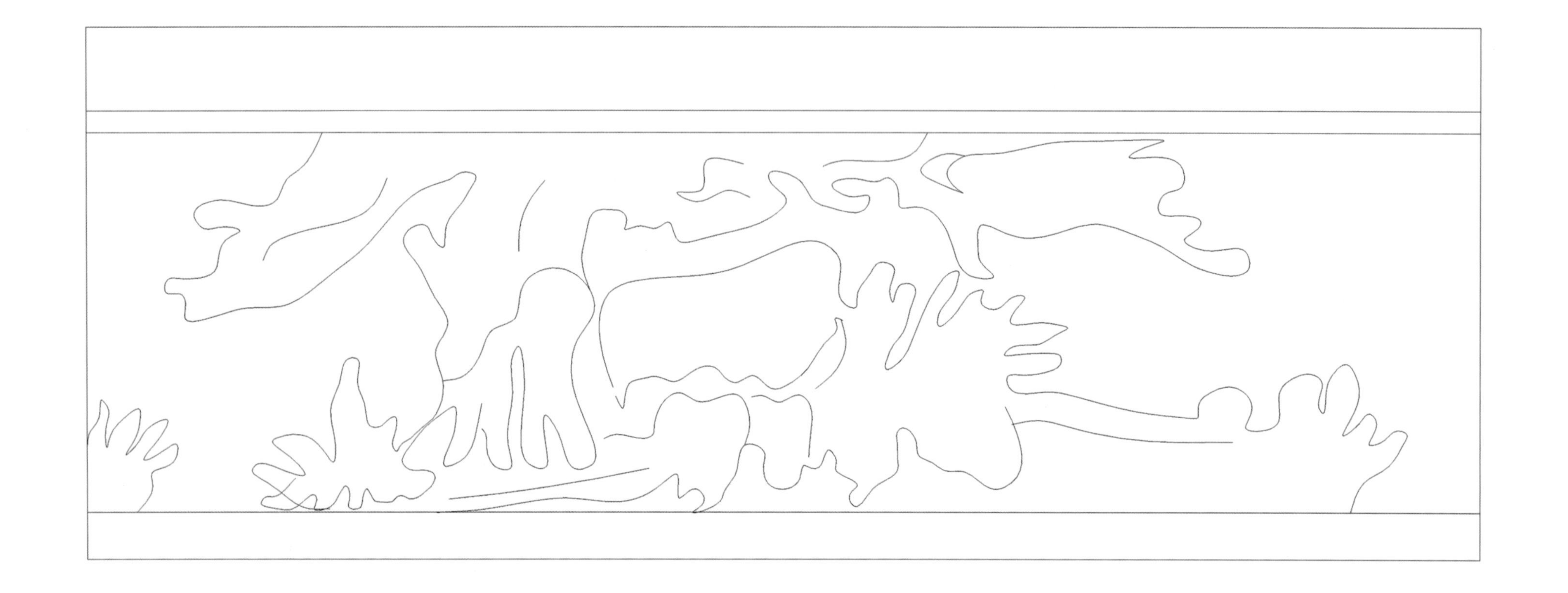

朗山古民居门檐花饰大样② 1：100

恭城朗山古民居门檐花饰

东经 110°53′ 北纬 24°42′
海拔 195米

恭城朗山古民居门檐花饰	
白描大样图 现场图 地理坐标	
作 者	

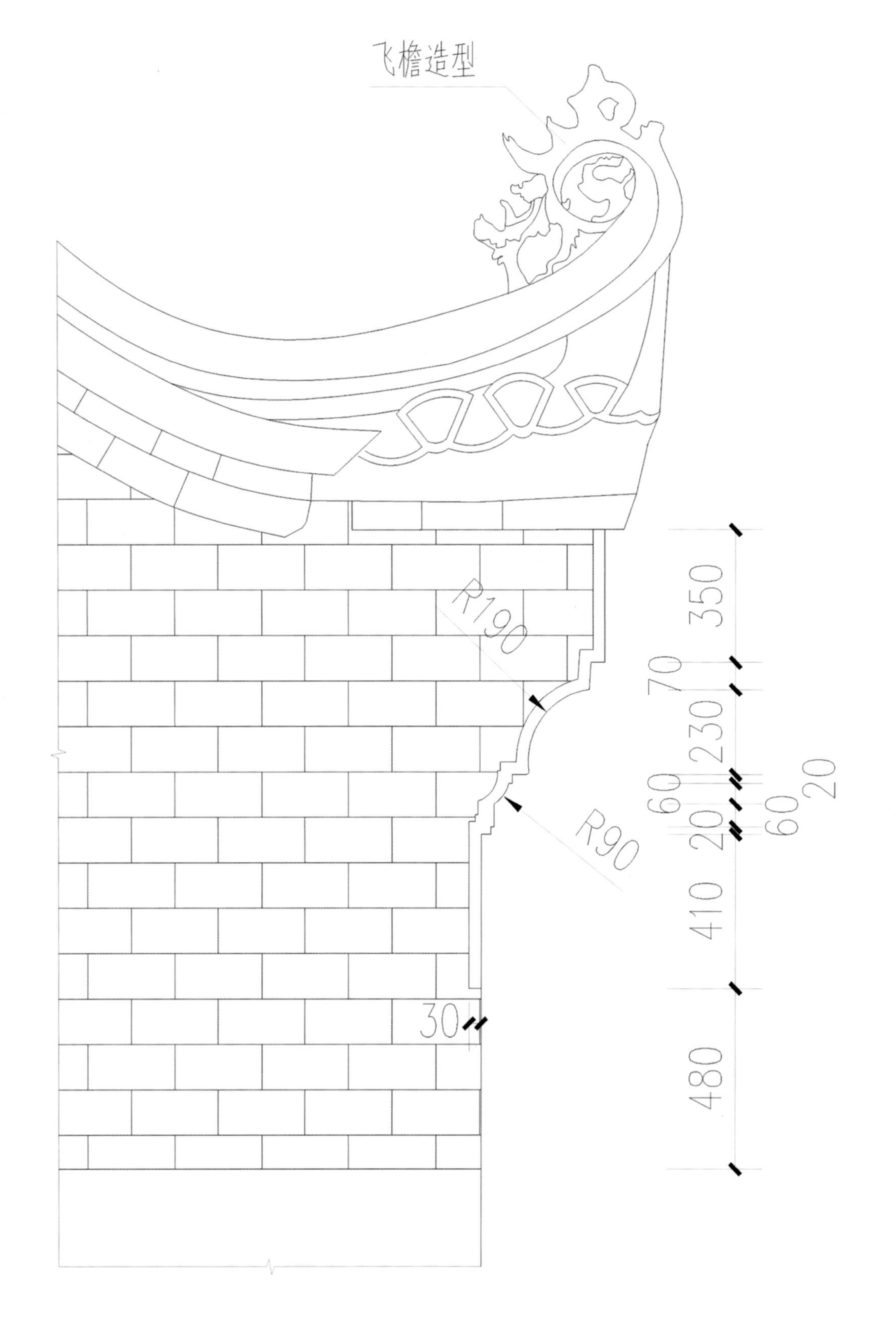

朗山古民居马头墙侧正面大样 1：100

恭城朗山古民居马头墙

东经 110°53′ 北纬 24°42′
海拔 195米

据恭城县志记载，朗山的古民居建筑在发生火灾时不会殃及邻里，遭盗匪行窃抢劫时又可联防御敌；另一个特点是文化氛围浓厚，窗楼格扇均有雕花，各屋有内涵丰富的彩绘壁画和诗词，各种书法独具风格。街中有炮楼、寨头、门楼，青一色的石板路，平整光滑，犹有古道风韵。

恭城朗山古民居马头墙	
大样图 现场图 地理坐标	
作 者	

恭城朗山古民居间墙花饰

东经 110°49′　北纬 24°50′
海拔 158米

恭城朗山古民居间墙花饰	
大样图 现场图 地理坐标	
作 者	童仕军

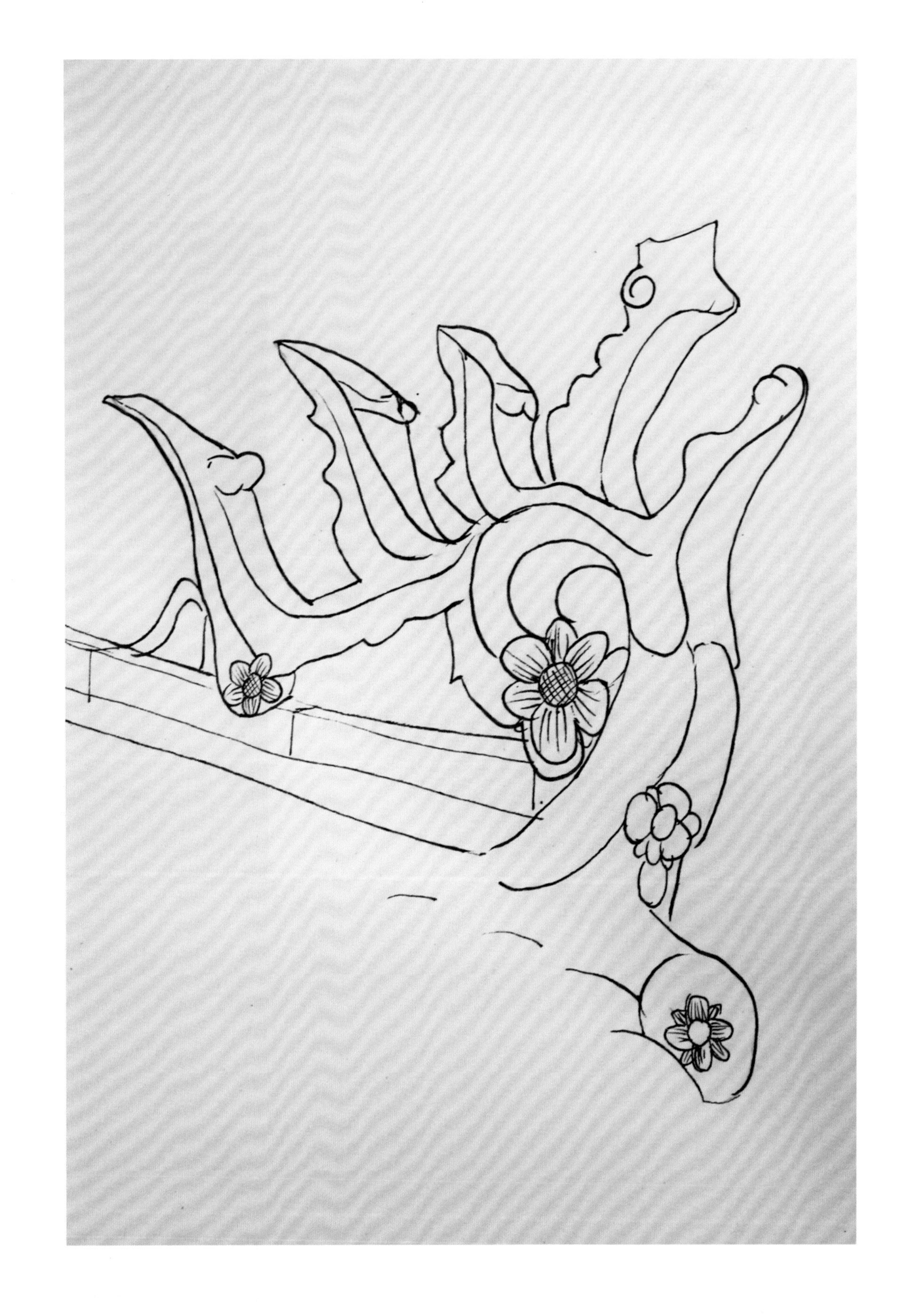

恭城朗山古民居飞檐

东经 110°53′　北纬 24°42′
海拔 195米

恭城朗山古民居飞檐	
手绘大样图 现场图 地理坐标	
作 者	童仕军

恭城朗山古民居屋檐饰件

东经 110°53′ 北纬 24°42′

海拔 195米

恭城朗山古民居屋檐饰件	
白描大样图 现场图 地理坐标	
作 者	童仕军

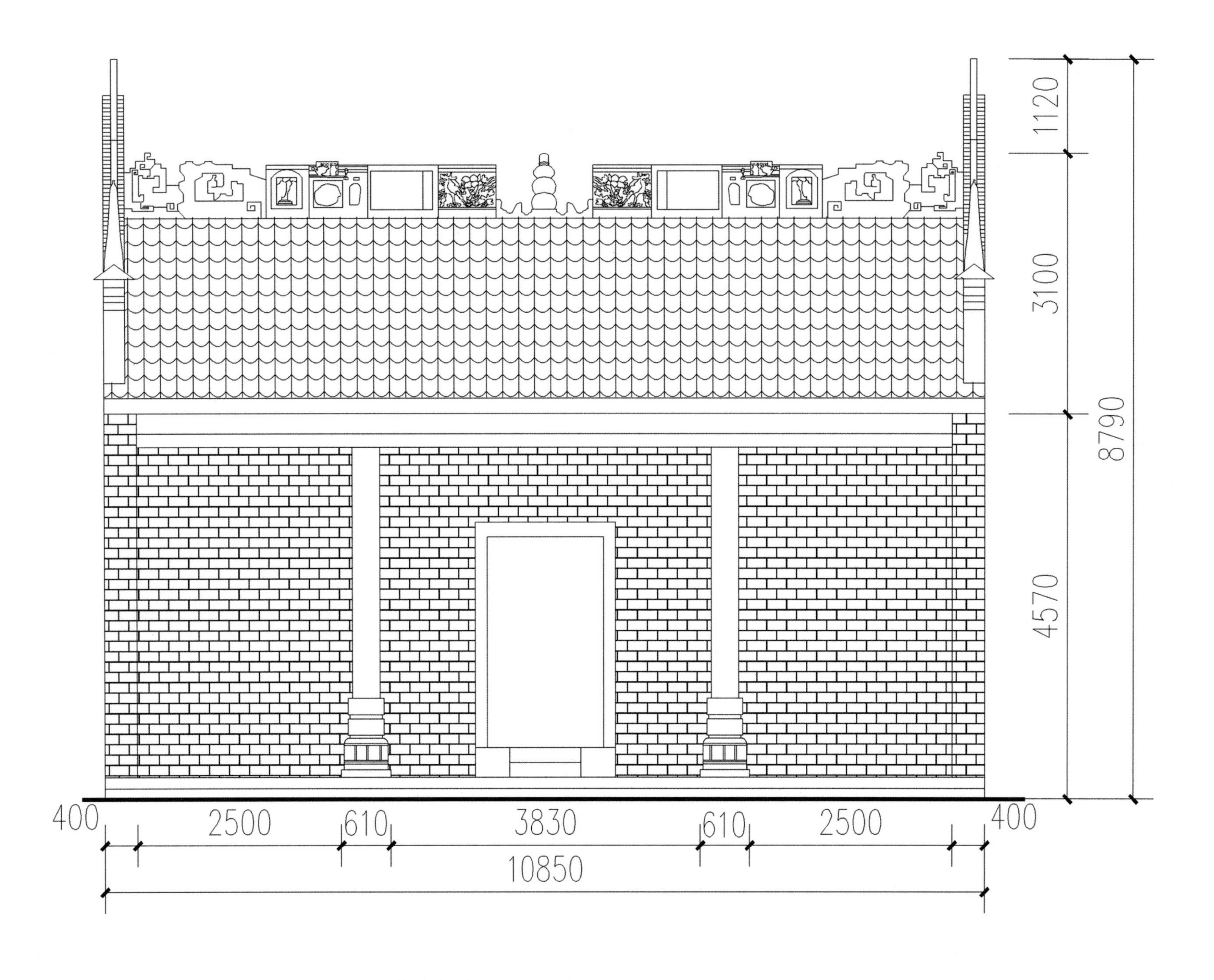

黄姚古镇宝珠观正立面 1：100

黄姚古镇宝珠观

东经 111°11′ 北纬 24°14′
海拔 183米

始建于明嘉靖三年（1524），清乾隆、道光、光绪年间多次重修。是道、佛合二为一的寺观。每年农历三月初三为该寺观庙会。

1944年日军入侵广西，中共广西工委迁到黄姚，设在宝珠观内。1986年广西壮族自治区人民政府把其定为广西省工委旧址，1994年列为省级文物保护单位。

黄姚古镇宝珠观	
立面图 现场图 地理坐标	
作 者	

黄姚古镇古戏台饰件大样

黄姚古镇古戏台屋脊饰件

东经 111°11′　北纬 24°14′
海拔 183米

黄姚古镇古戏台屋脊饰件	
大样图 现场图 地理坐标	
作 者	

古戏台屋脊花饰大样

黄姚古镇古戏台屋脊花饰

东经 111°11′　北纬 24°14′
海拔 183米

黄姚古镇古戏台屋脊花饰	
白描大样图 现场图 地理坐标	
作 者	

古戏台屋脊花饰大样

黄姚古镇古戏台屋脊花饰

东经 111°11′　北纬 24°14′
海拔 183米

黄姚古镇古戏台屋脊花饰	
白描大样图 现场图 地理坐标	
作 者	

古戏台屋檐花饰大样

黄姚古镇古戏台屋檐花饰

东经 111°11′　北纬 24°14′

海拔 183米

黄姚古镇古戏台屋檐花饰	
白描大样图 现场图 地理坐标	
作 者	

黄姚古镇吴氏宗祠柱头花饰

东经 111°11′　北纬 24°14′

海拔 178米

黄姚古镇吴氏宗祠柱头花饰	
手绘大样图 现场图 地理坐标	
作 者	童仕军

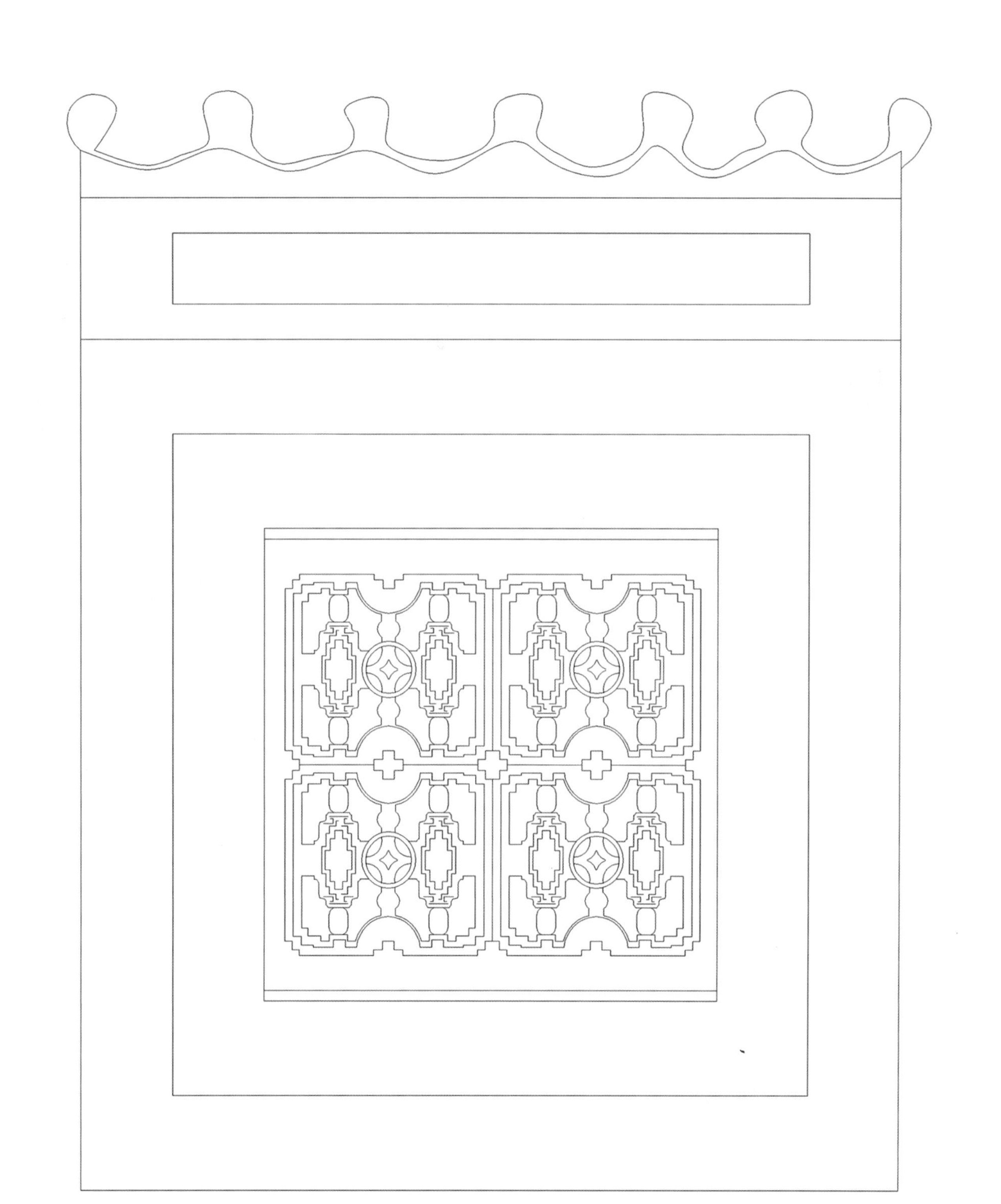

黄姚古镇民居窗花饰件

东经 111°11′　北纬 24°14′
海拔 178米

黄姚古镇民居窗花饰件	
大样图 现场图 地理坐标	
作 者	

黄姚古镇民居窗花饰件

东经 111°11′　北纬 24°14′
海拔 178米

黄姚古镇民居窗花饰件	
大样图 现场图 地理坐标	
作 者	

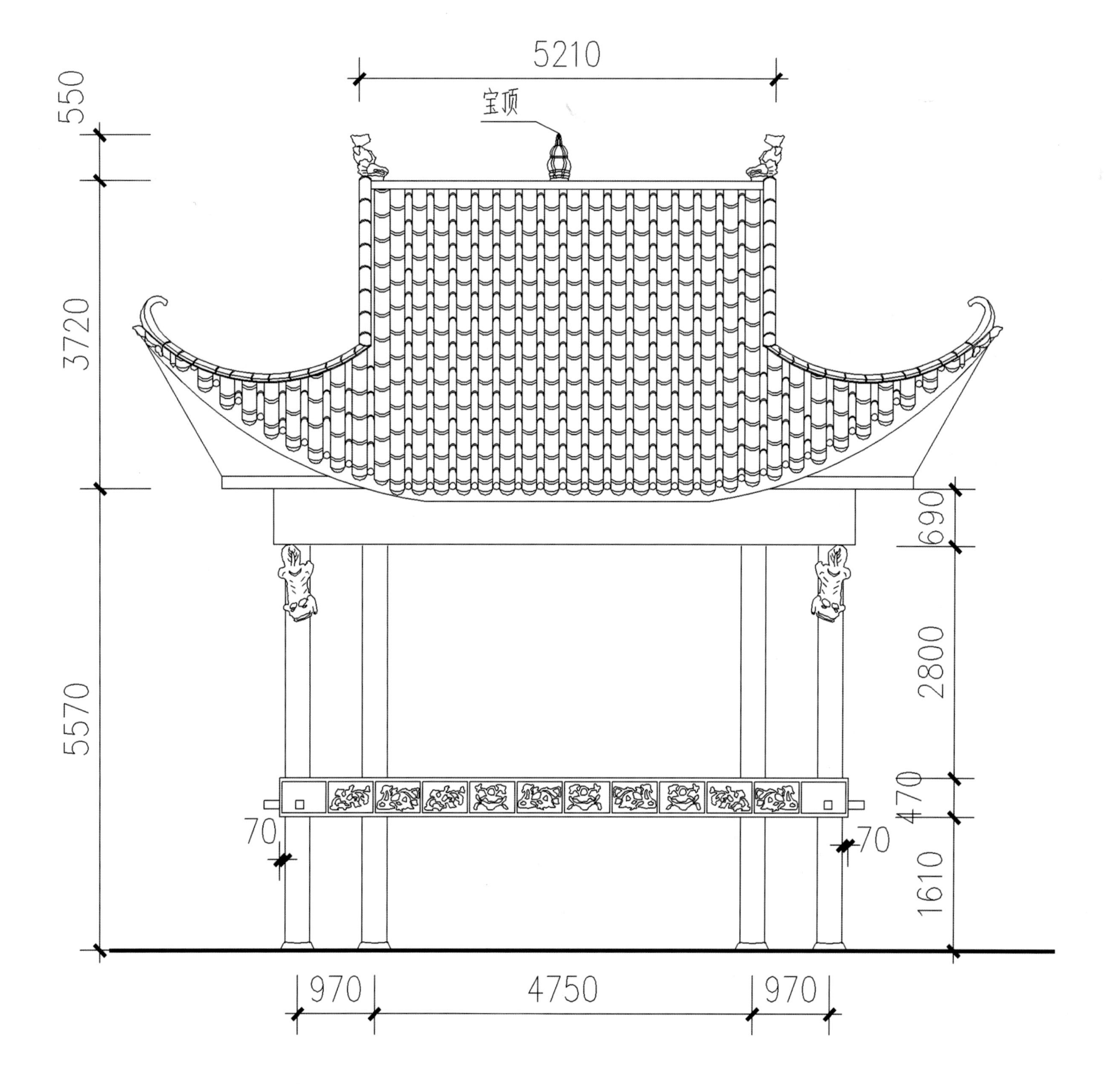

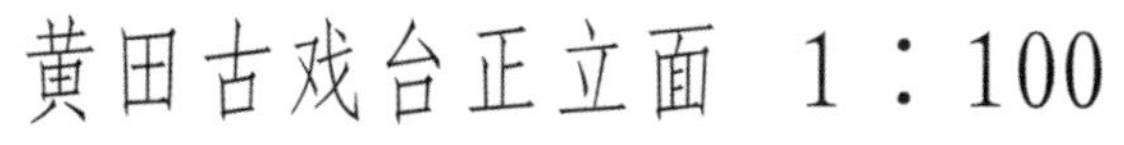

贺州黄田村古戏台

东经 111°32′ 北纬 24°26′
海拔 133米

整个戏台建于明清时期，为木质结构，是县级文物保护单位，曾被列入《中国戏曲志·广西卷》。

贺州黄田村古戏台	
立面图 现场图 地理坐标	
作 者	

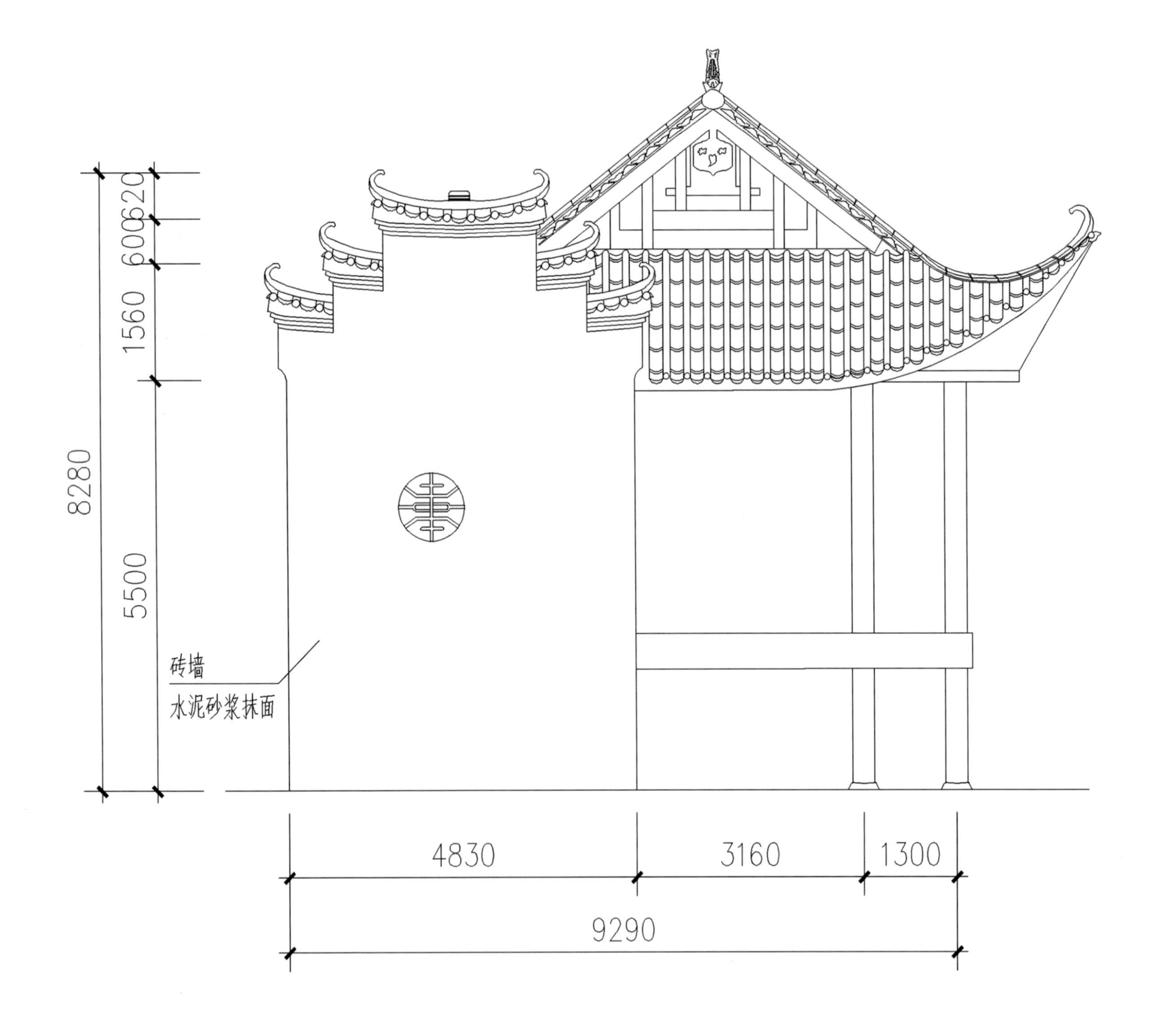

黄田古戏台侧立面 1：100

贺州黄田村古戏台

东经 111°32′ 北纬 24°26′
海拔 133米

建于清咸丰十一年（1861），民国六年（1917）和1992年分别重修，依然保持着传统的风格，平面呈凸字形杆栏式斗拱结构，飞檐翘角，蔚为壮观，具有重要的历史和文化价值。

贺州黄田村古戏台	
立面图 现场图 地理坐标	
作 者	

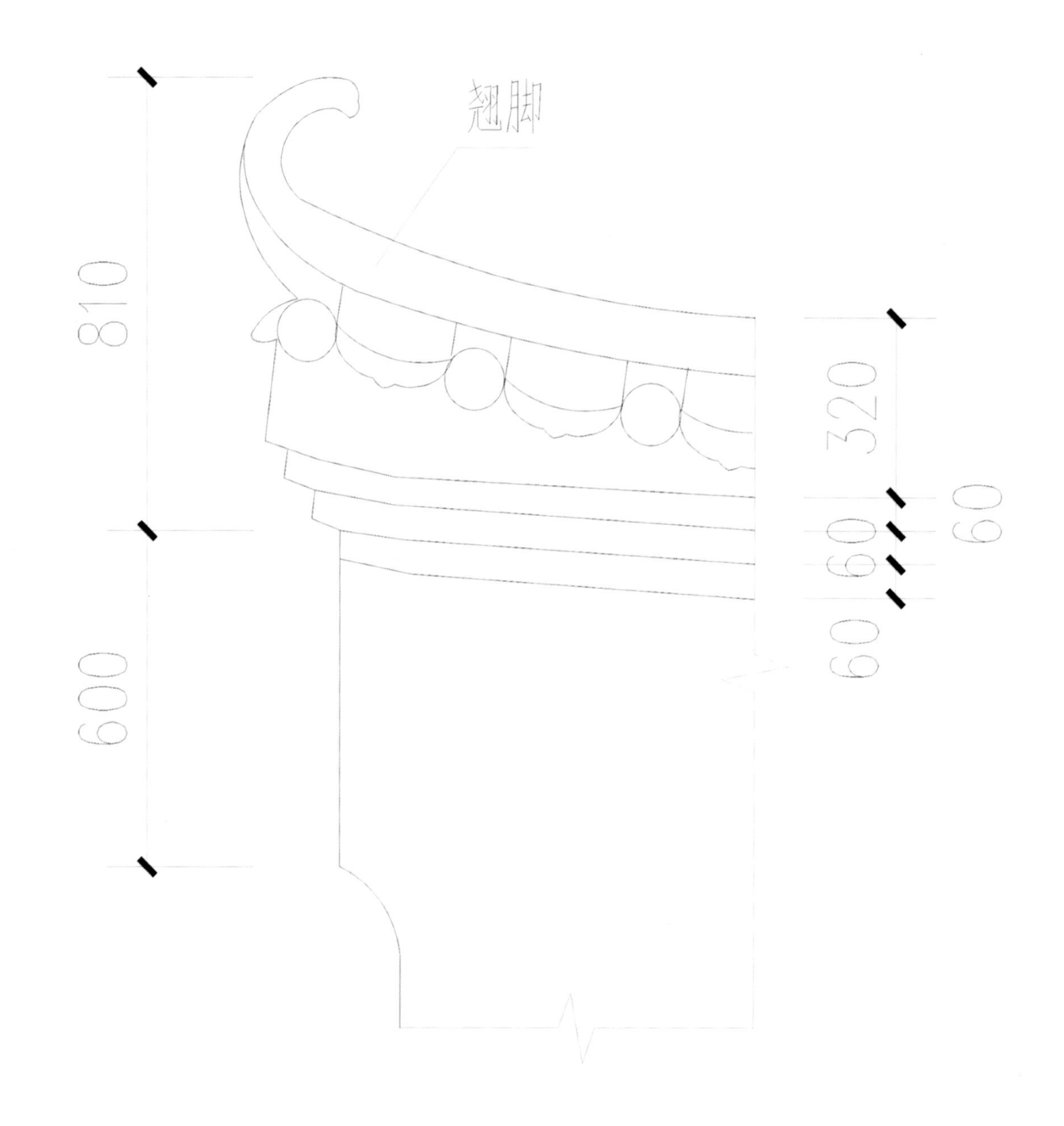

黄田古戏台翘脚大样 1：50

贺州黄田村古戏台翘脚

东经 111°32′　北纬 24°26′
海拔 133米

贺州黄田村古戏台翘脚	
大样图 现场图 地理坐标	
作 者	

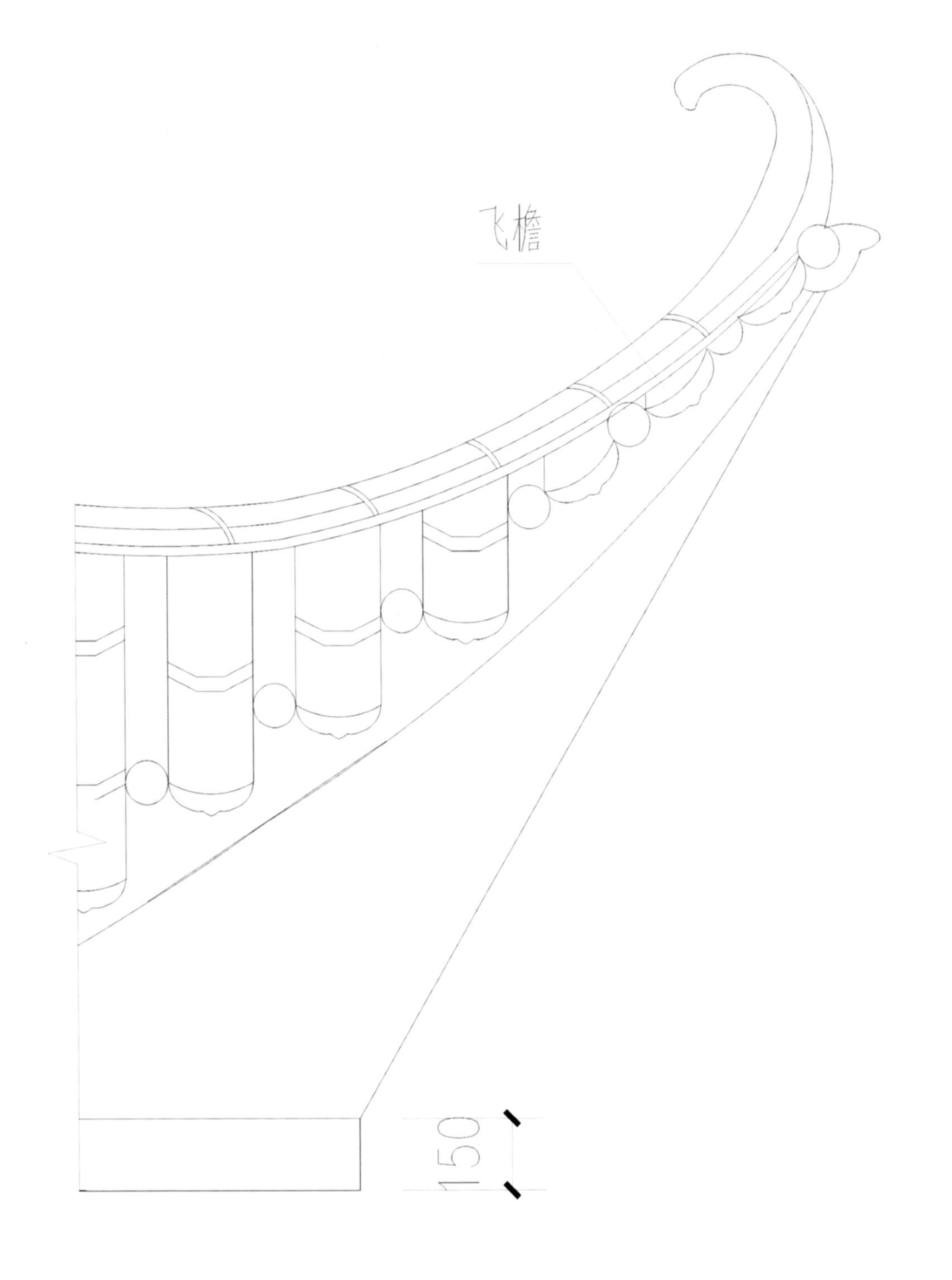

黄田古戏台檐口翘脚大样 1：50

贺州黄田村古戏台檐口翘脚

东经 111°32′　北纬 24°26′
海拔 133米

贺州黄田村古戏台檐口翘脚	
大样图 现场图 地理坐标	
作 者	

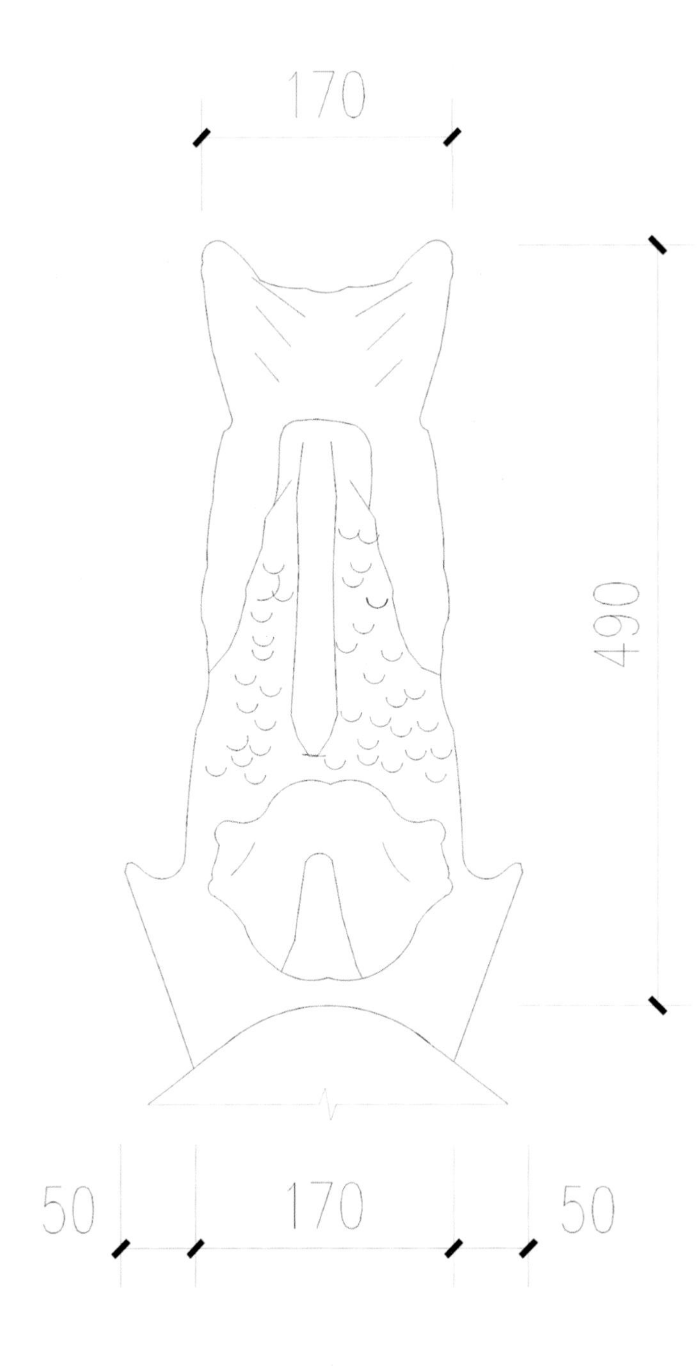

黄田古戏台屋脊兽件背立面大样 1：20

贺州黄田村古戏台屋脊兽件

东经 111°32′　北纬 24°26′
海拔 133米

贺州黄田村古戏台屋脊兽件	
大样图 现场图 地理坐标	
作 者	

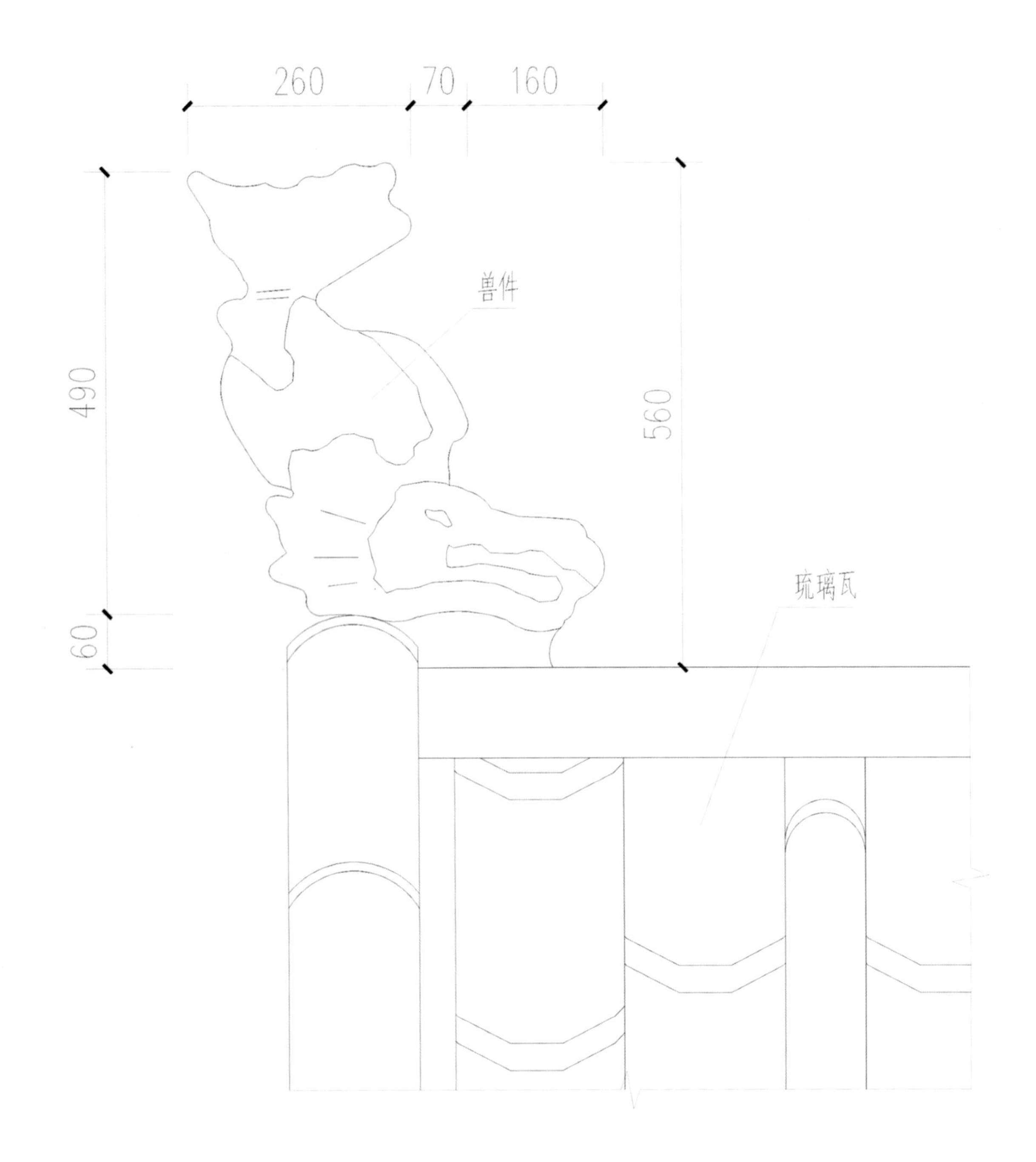

黄田古戏台屋脊饰件大样 1：20

贺州黄田村古戏台屋脊饰件

东经 111°32′ 北纬 24°26′

海拔 133米

贺州黄田村古戏台屋脊饰件	
大样图 现场图 地理坐标	
作 者	

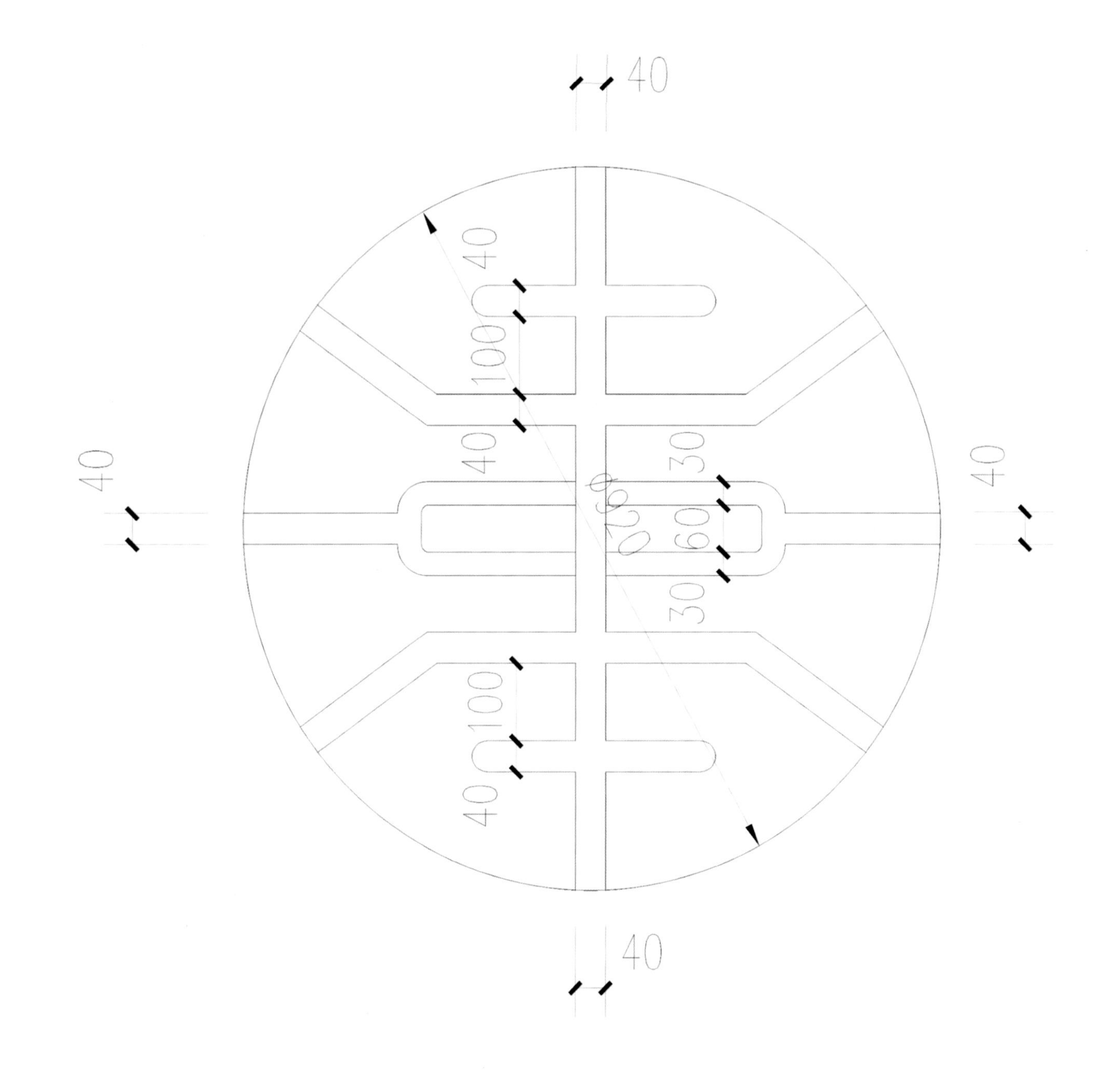

黄田古戏台窗花大样 1：20

贺州黄田村古戏台窗花

东经 111°32′　北纬 24°26′
海拔 133米

贺州黄田村古戏台窗花	
大样图 现场图 地理坐标	
作 者	

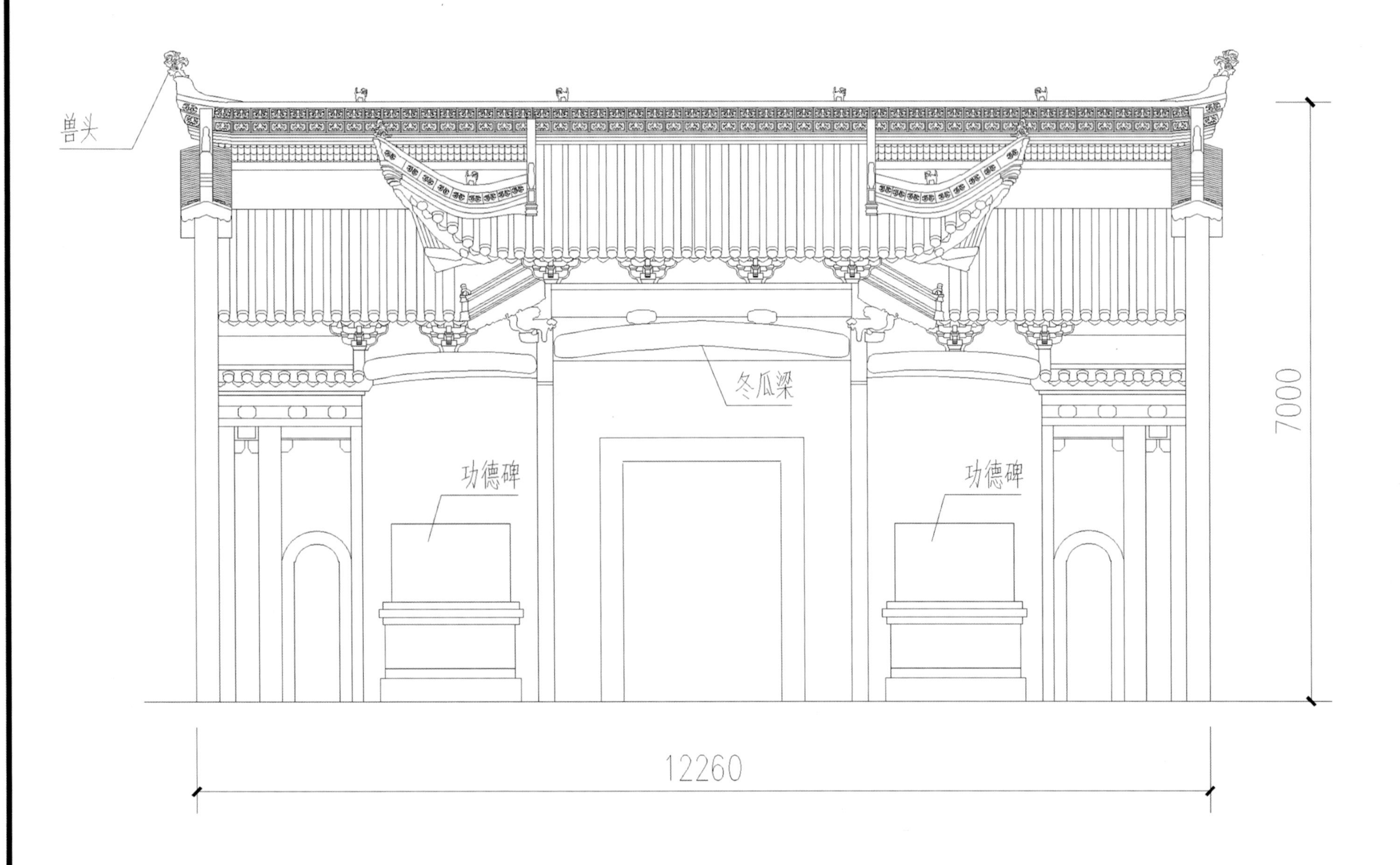

瀛洲大坑村胡氏宗祠正立面 1：100

瀛洲大坑村胡氏宗祠

东经 118°34′　北纬 30°03′
海拔 202米

龙川胡氏宗祠坐落在皖南绩溪县瀛洲乡大坑口村东，原悬挂在宗祠正厅上首的匾额书有“宗祠”两个大字，上款为（明）“嘉靖丁未年（1547）”，下款是“光泽王书”。光泽王乃嘉靖帝之叔父，可见该祠距今已有400多年。此后，宗祠进行过几次修缮，其中较大的一次修缮是清光绪二十四年（1898），因此，主体结构、内部装修仍保持了明代的艺术风格。

瀛洲大坑村胡氏宗祠	
立面图 现场图 地理坐标	
作 者	

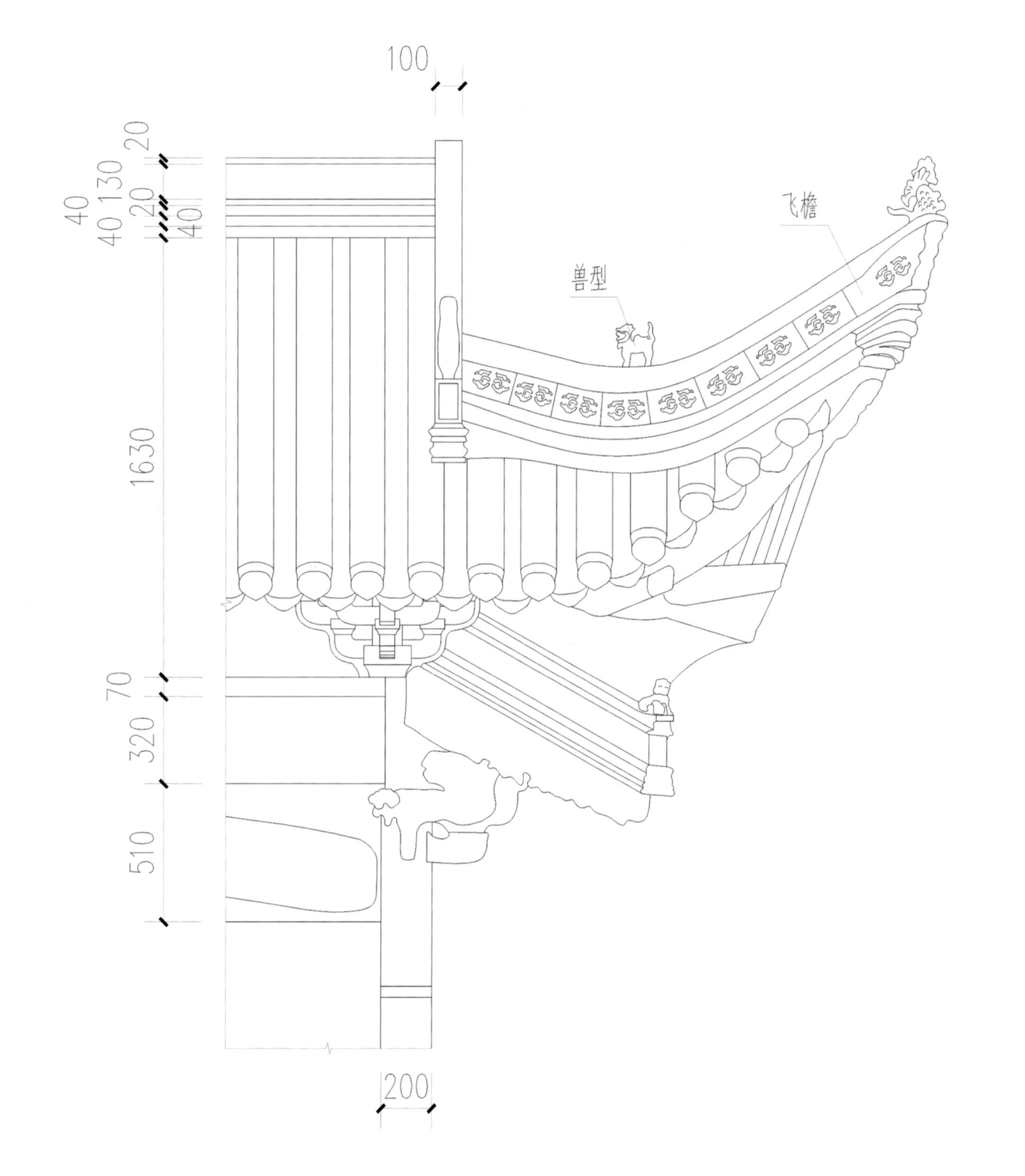

大坑村胡氏宗祠飞檐大样 1：100

瀛洲大坑村胡氏宗祠飞檐

东经 118°34′ 北纬 30°03′
海拔 202米

瀛洲大坑村胡氏宗祠飞檐	
大样图 现场图 地理坐标	
作 者	

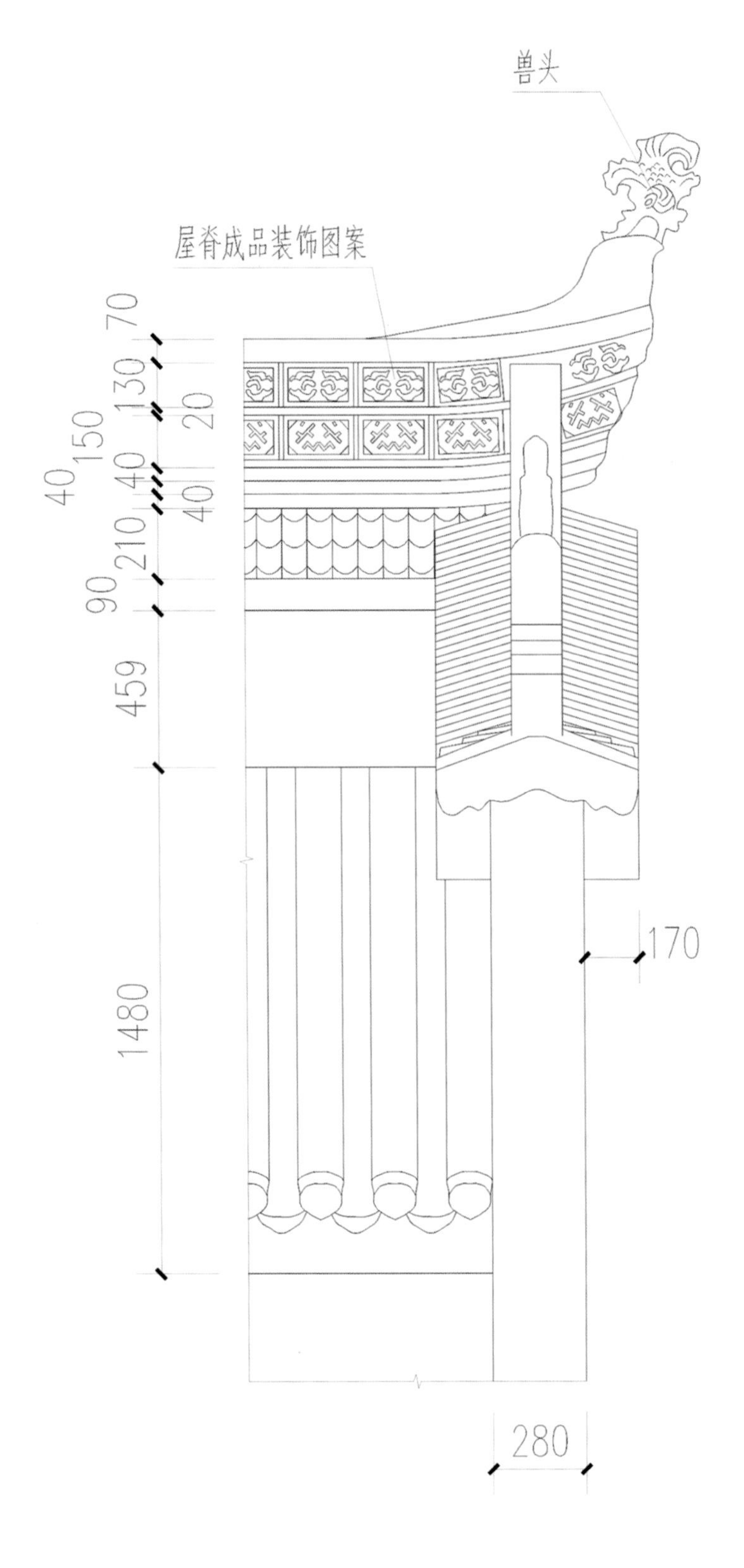

大坑村胡氏宗祠屋檐大样 1：100

瀛洲大坑村胡氏宗祠屋檐

东经 118°34′ 北纬 30°03′
海拔 202米

瀛洲大坑村胡氏宗祠屋檐	
大样图 现场图 地理坐标	
作 者	

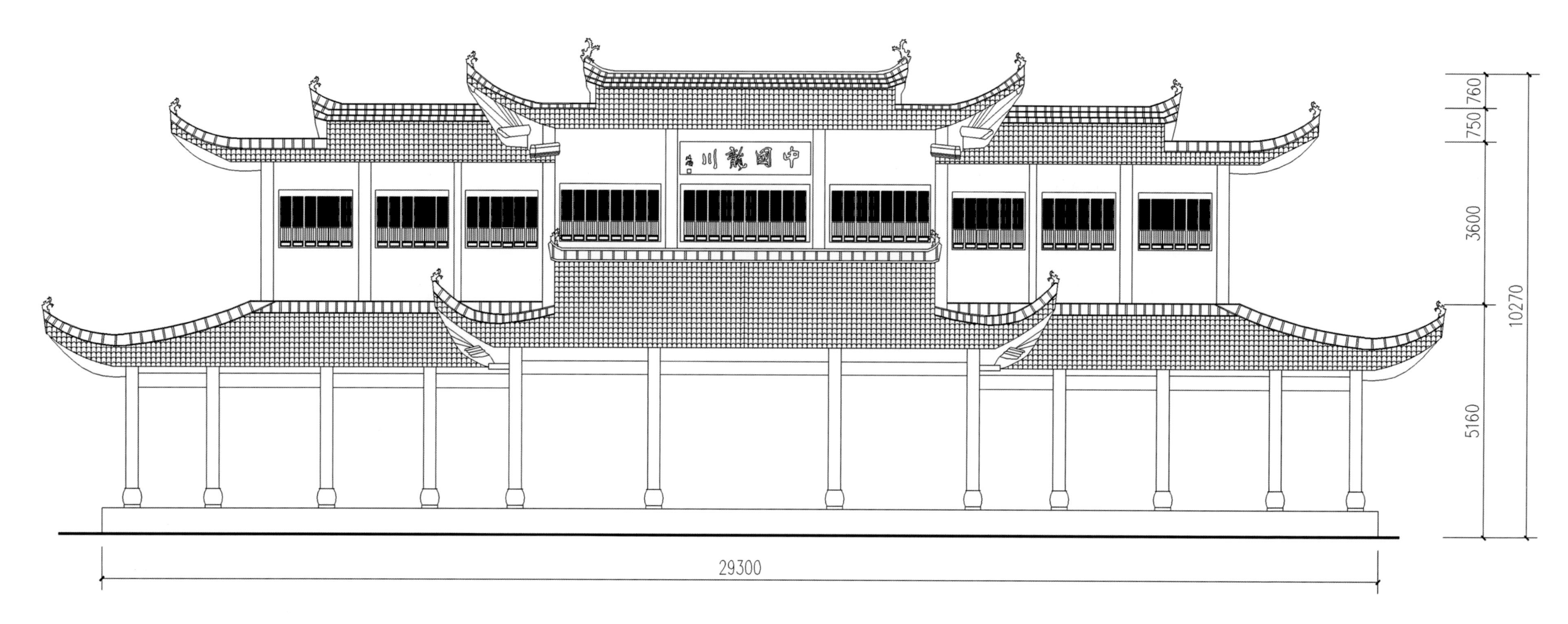

龙川村胡氏宗祠接待中心正立面 1：100

绩溪瀛洲龙川村胡氏宗祠接待中心

东经 118°34′　北纬 30°03′

海拔 202米

胡氏宗祠被称为“江南第一祠”，那重檐歇山式的高大门楼，标志着名门望族的显赫。绩溪曾有大小340 余座祠堂，胡氏宗祠是规模最大、保存最完好的一座。它始建于宋代，明嘉靖年间兵部尚书胡宗宪进行了扩建，清光绪年间又作了大修。祠堂宏伟庄严，从建筑物总体构成到细部雕饰，处处体现着封建伦理和法度。绩溪龙川接待中心大楼，是进入龙川村旅游的主要出入口。大楼的徽式建筑风格与周围环境显得颇为协调。

绩溪瀛洲龙川村胡氏宗祠接待中心	
立面图 现场图 地理坐标	
作 者	

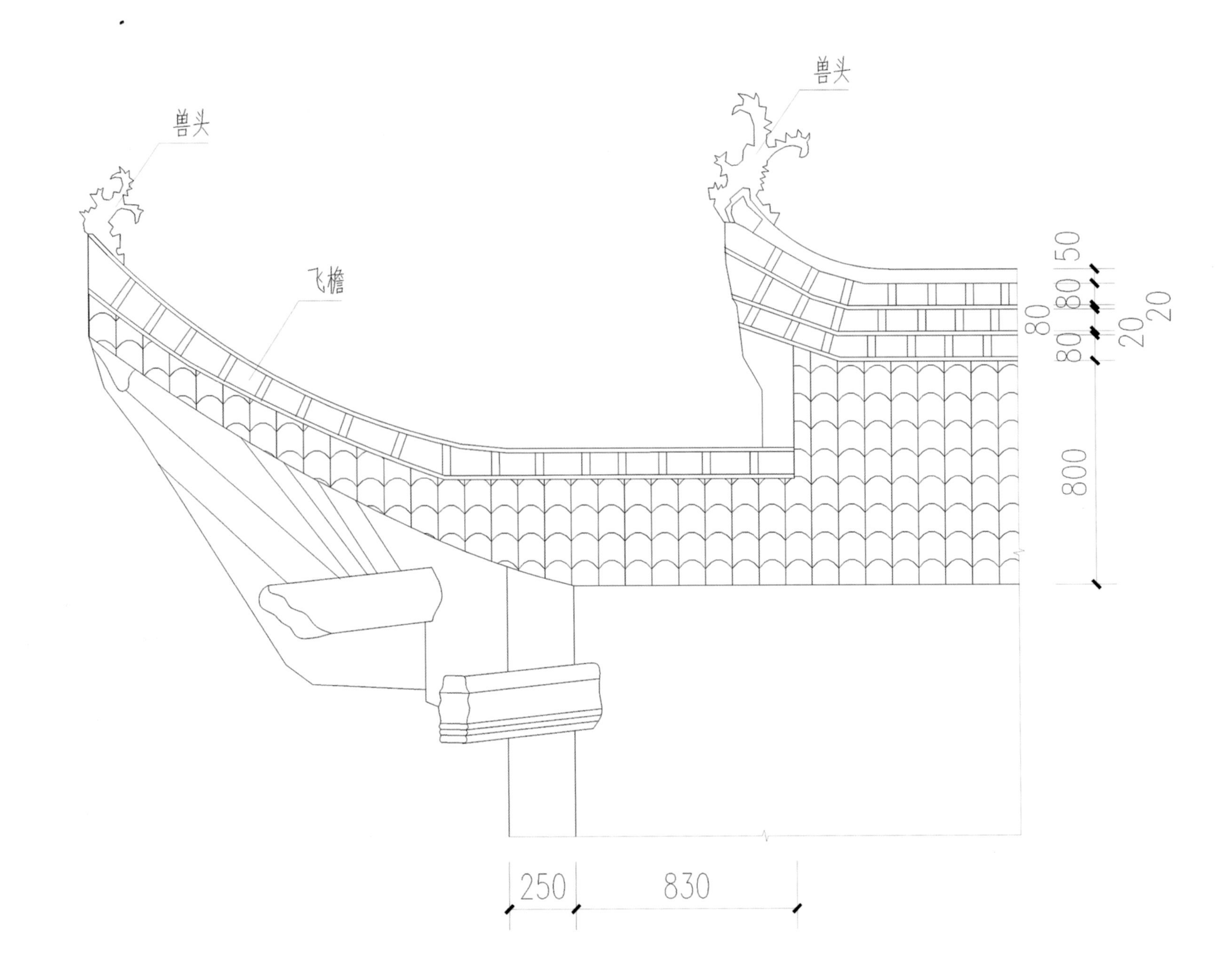

龙川村胡氏宗祠接待中心飞檐大样 1：100

绩溪瀛洲龙川村胡氏宗祠接待中心

东经 118°34′　北纬 30°03′

海拔 202米

绩溪瀛洲龙川村胡氏宗祠接待中心	
大样图 现场图 地理坐标	
作 者	

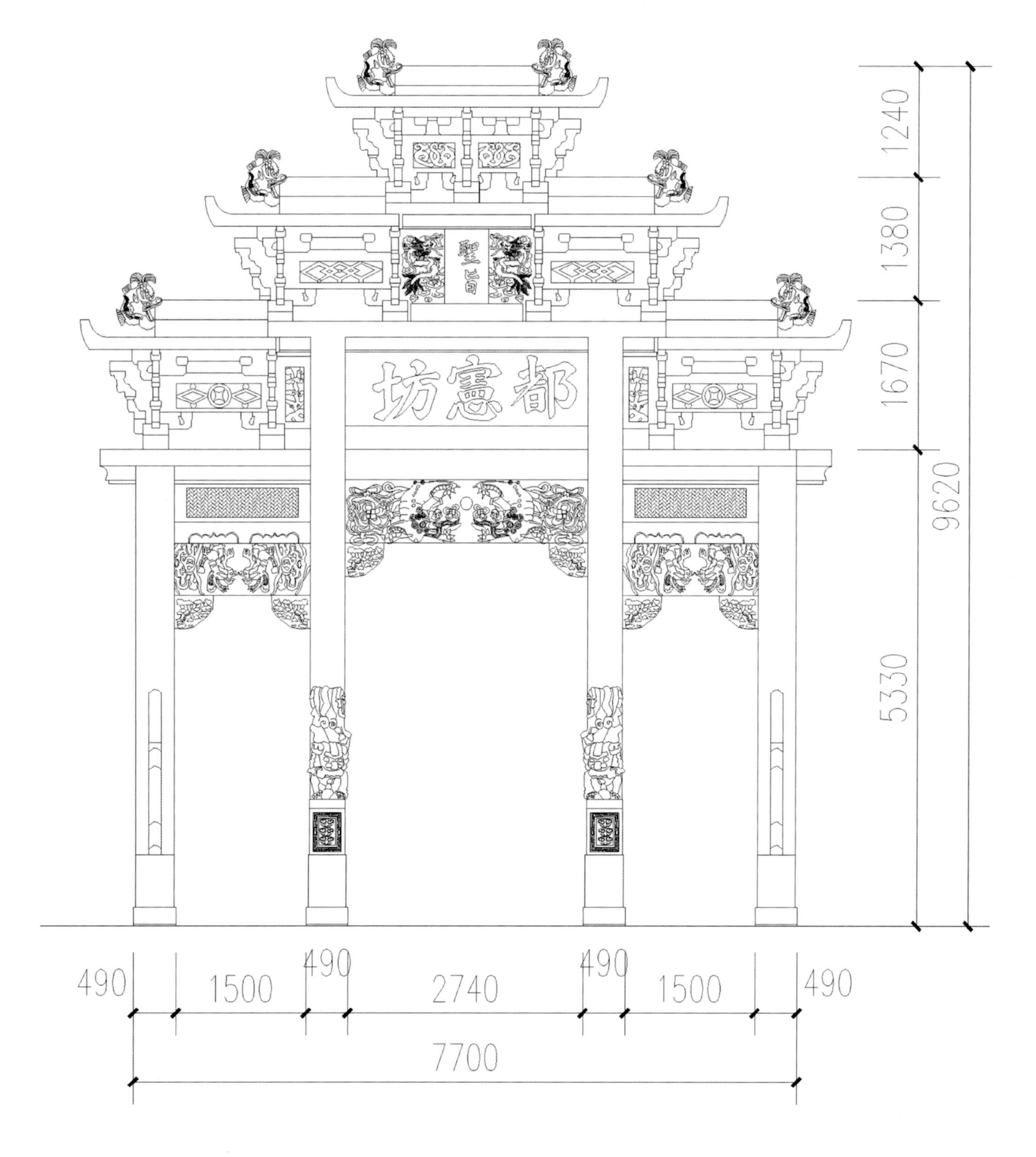

龙川村都宪坊正立面 1：100

绩溪瀛洲龙川村都宪坊

东经 118°34′ 北纬 30°04′

海拔 188米

这座牌坊是为副都御使胡宗明而立。都宪坊最上方是“圣旨”二字，在牌坊等级中属于第三等。为抗风雨保存永久，多采用一固二透的防范措施，用抱石鼓或石狮夹持柱子。这里石柱两侧使用的是倒爬狮，这两头狮子前爪朝下，公狮子脚踏彩球，寓意为国泰民安，母狮爪下有只小狮子，寓意为千秋万代。既精致又增加了牌坊的稳定性，使柱子更稳固。梁坊两头用雀替来增加抗压强度，这是“固”。牌坊上部装饰多采用透雕方式，通透泄风，减轻负荷。这些精美的雕刻，使合理结构和美观造型协调统一，这是“透”。

绩溪瀛洲龙川村都宪坊	
立面图 现场图 地理坐标	
作 者	

龙川村都宪坊顶部饰件大样

绩溪瀛洲龙川村都宪坊顶部饰件

东经 118°34′　北纬 30°04′
海拔 188米

从建筑和文化角度来说，明、清两代都有明显差别。牌坊清朝比较多，而牌楼明朝较多。从建筑角度来说：牌坊是没有楼顶的直柱冲天式，而牌楼是有楼顶四柱三门五楼抬梁式建筑；从文化内涵上说：明代一般是功名牌坊和科举牌坊较多，清代是贞节牌坊较多。立贞节牌坊必须是30岁以前丧夫守寡，50岁以后去世才有资格。

绩溪瀛洲龙川村都宪坊顶部饰件	
大样图 现场图 地理坐标	
作 者	

龙川村都宪坊顶部兽件大样

绩溪瀛洲龙川村都宪坊顶部兽件

东经 118°34′　北纬 30°04′

海拔 188米

绩溪瀛洲龙川村都宪坊顶部兽件	
大样图 现场图 地理坐标	
作 者	

绩溪瀛洲龙川村都宪坊饰件

东经 118°34′ 北纬 30°04′
海拔 188米

龙川村都宪坊花牙子

绩溪瀛洲龙川村都宪坊饰件	
大样图 现场图 地理坐标	
作 者	

龙川村都宪坊石狮大样

绩溪瀛洲龙川村都宪坊石狮

东经 118°34′　北纬 30°04′
海拔 188米

绩溪瀛洲龙川村都宪坊石狮	
大样图 现场图 地理坐标	
作 者	

龙川村都宪坊饰件大样①

绩溪瀛洲龙川村都宪坊饰件

东经 118°34′　北纬 30°04′
海拔 188米

绩溪瀛洲龙川村都宪坊饰件	
大样图 现场图 地理坐标	
作 者	

绩溪瀛洲龙川村都宪坊饰件

东经 118°34′ 北纬 30°04′
海拔 188米

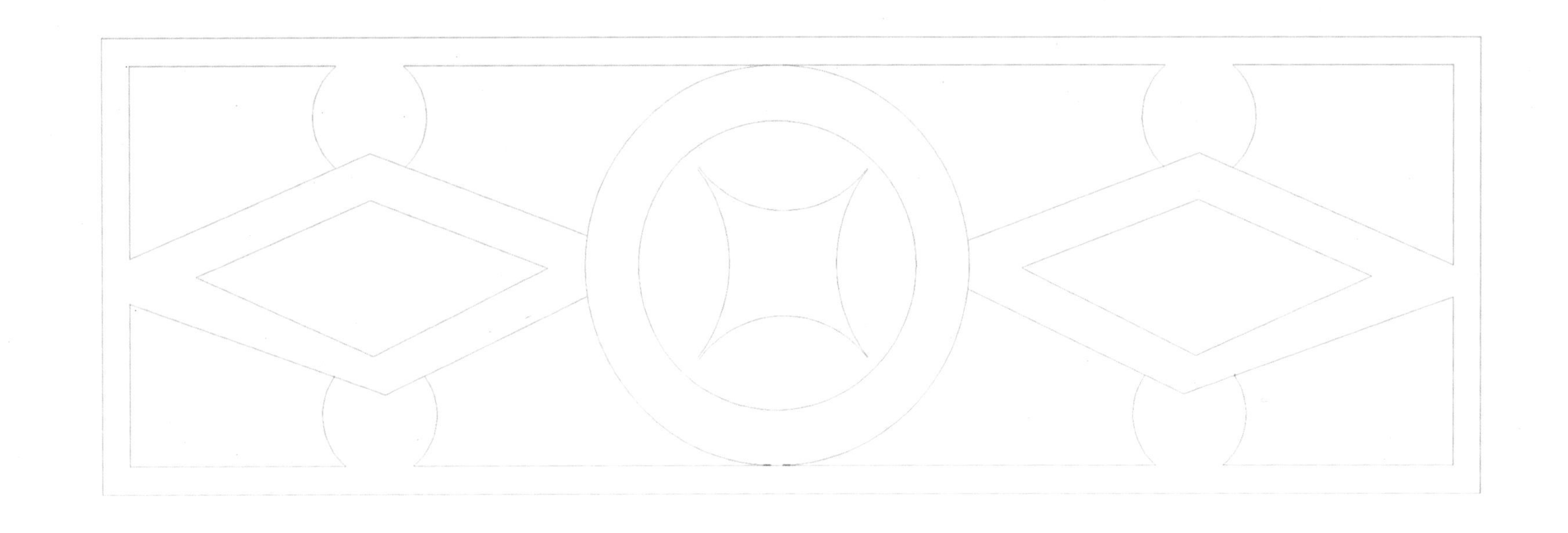

龙川村都宪坊饰件大样②

绩溪瀛洲龙川村都宪坊饰件	
大样图 现场图 地理坐标	
作 者	

龙川村都宪坊饰件大样③

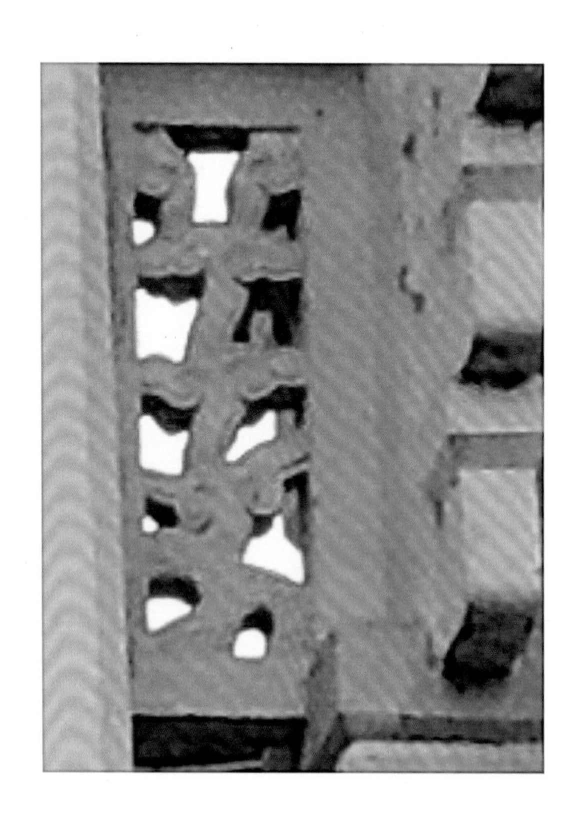

绩溪瀛洲龙川村都宪坊饰件

东经 118°34′　北纬 30°04′
海拔 188米

绩溪瀛洲龙川村都宪坊饰件	
大样图 现场图 地理坐标	
作 者	

龙川村都宪坊龙纹花饰 ①

绩溪瀛洲龙川村都宪坊花饰

东经 118°34′　北纬 30°04′
海拔 188米

绩溪瀛洲龙川村都宪坊花饰	
白描大样图 现场图 地理坐标	
作 者	

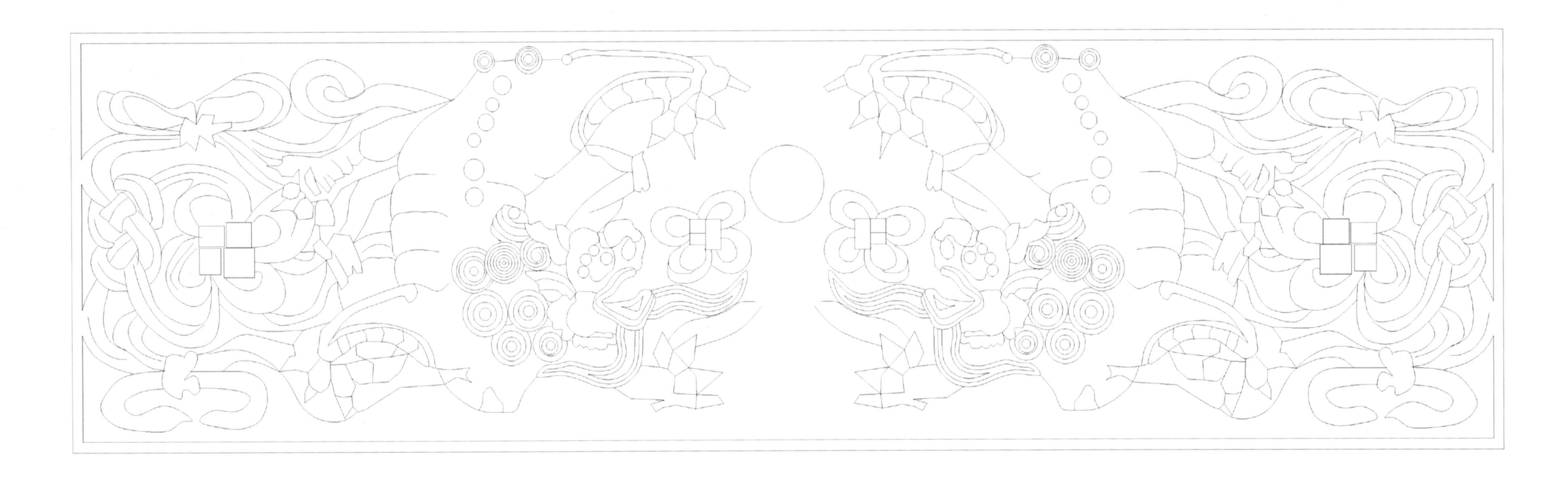

龙川村都宪坊龙纹花饰 ②

绩溪瀛洲龙川村都宪坊花饰

东经 118°34′　北纬 30°04′
海拔 188米

绩溪瀛洲龙川村都宪坊花饰	
白描大样图 现场图 地理坐标	
作 者	

龙川村都宪坊龙纹花饰 ③

绩溪瀛洲龙川村都宪坊花饰

东经 118°34′　北纬 30°04′
海拔 188米

绩溪瀛洲龙川村都宪坊花饰	
白描大样图 现场图 地理坐标	
作 者	

龙川村都宪坊石狮底座花饰

绩溪瀛洲龙川村都宪坊花饰

东经 118°34′　北纬 30°04′
海拔 188米

绩溪瀛洲龙川村都宪坊花饰	
白描大样图 现场图 地理坐标	
作 者	

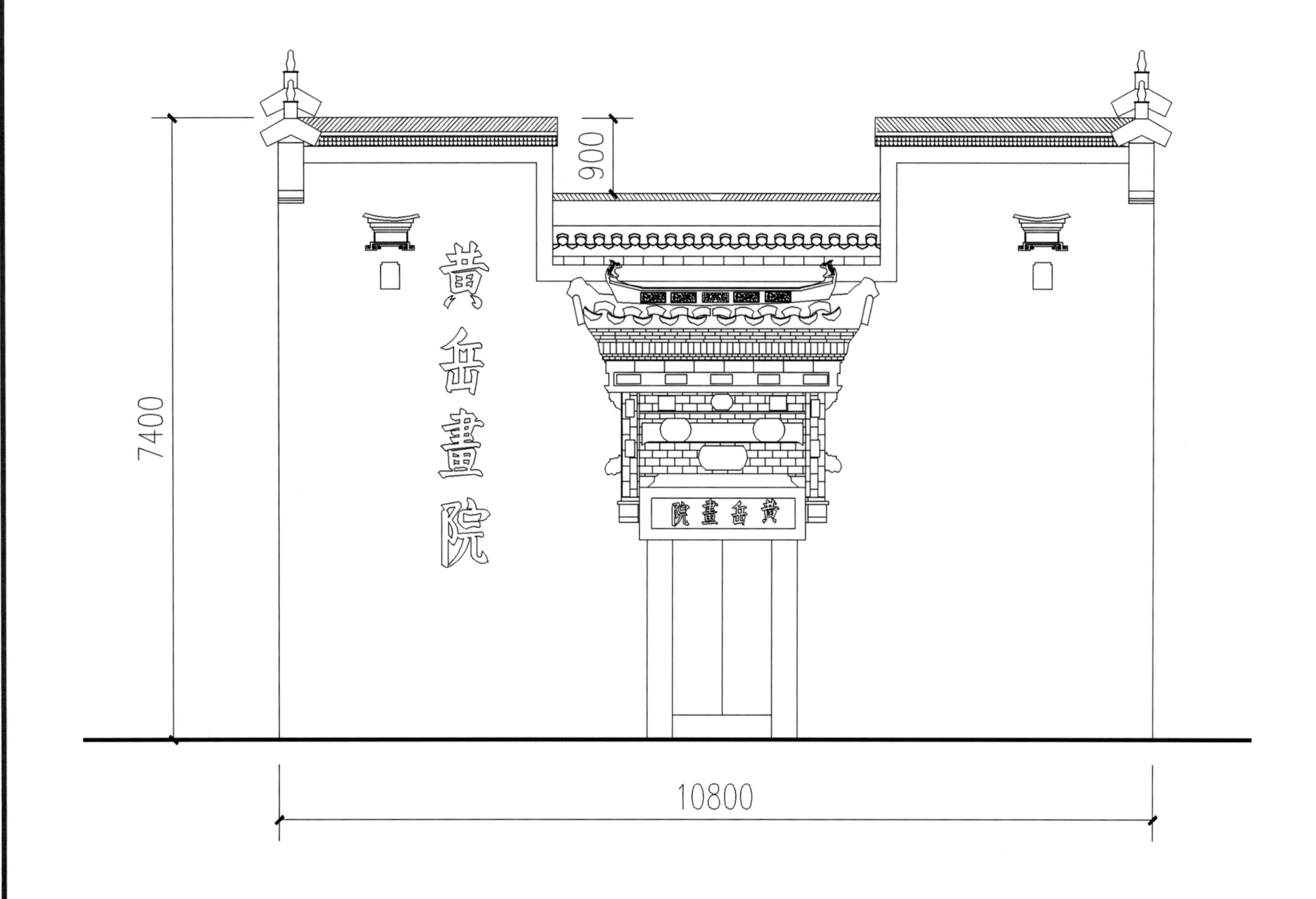

宏村黄岳画院正立面 1：100

黟县宏村黄岳画院

东经 117°58′　北纬 29°59′
海拔 162米

黄岳画院坐落在世界文化遗产地黟县宏村，距黟县7公里，是一个以300年古民居为载体的画院。主展厅为古徽州四水归一的天井式厅堂， 纯朴大方，古韵幽幽，原木雕刻的花窗、梁柱与传统的书画相得益彰，充分展示出了中国传统书画的博大精深。

黟县宏村黄岳画院	
立面图 现场图 地理坐标	
作 者	

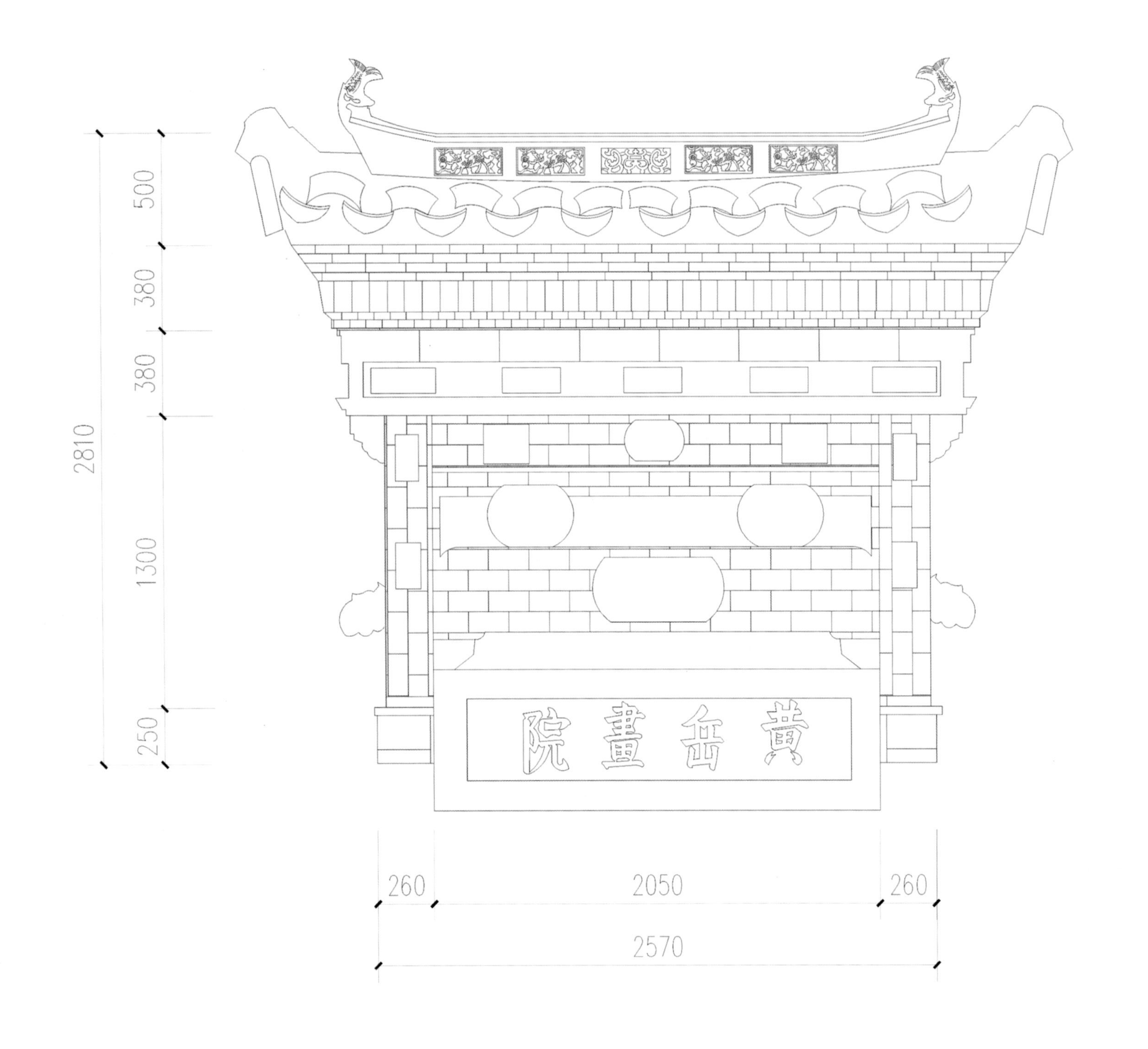

宏村黄岳画院门头大样 1：100

黟县宏村黄岳画院

东经 117°58′　北纬 29°59′
海拔 162米

黟县宏村黄岳画院	
大样图 现场图 地理坐标	
作 者	

黟县宏村黄岳画院门头花饰

东经 117°58′　北纬 29°59′
海拔 162米

宏村黄岳画院门头花饰大样

黟县宏村黄岳画院门头花饰	
白描大样图 现场图 地理坐标	
作 者	

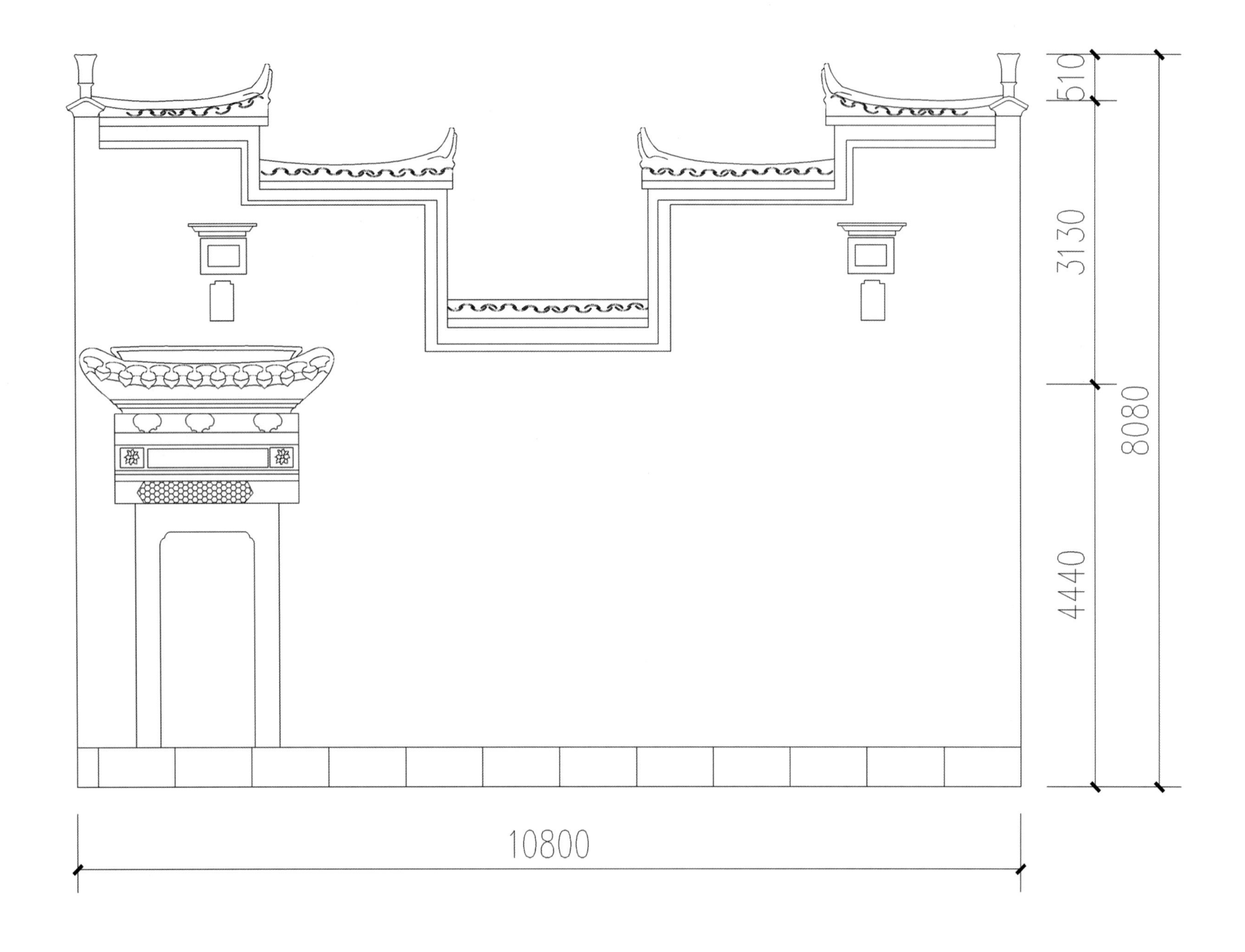

沱川理坑村民居正立面 1：100

婺源沱川理坑村民居

东经 117°49′　北纬 29°31′
海拔 265米

理坑村面积为9.5公顷。现有民居134幢，以住宅为主体的古建筑至今还保留有130幢，其中明代24幢，清代106幢。此外，全村现存14—19世纪的祠堂3幢、石（拱、廊、板）桥9座。这些古建筑粉墙黛瓦、飞檐戗角、“三雕”工艺精湛，布局科学、合理，冬暖夏凉。

婺源沱川理坑村民居	
立面图 现场图 地理坐标	
作 者	

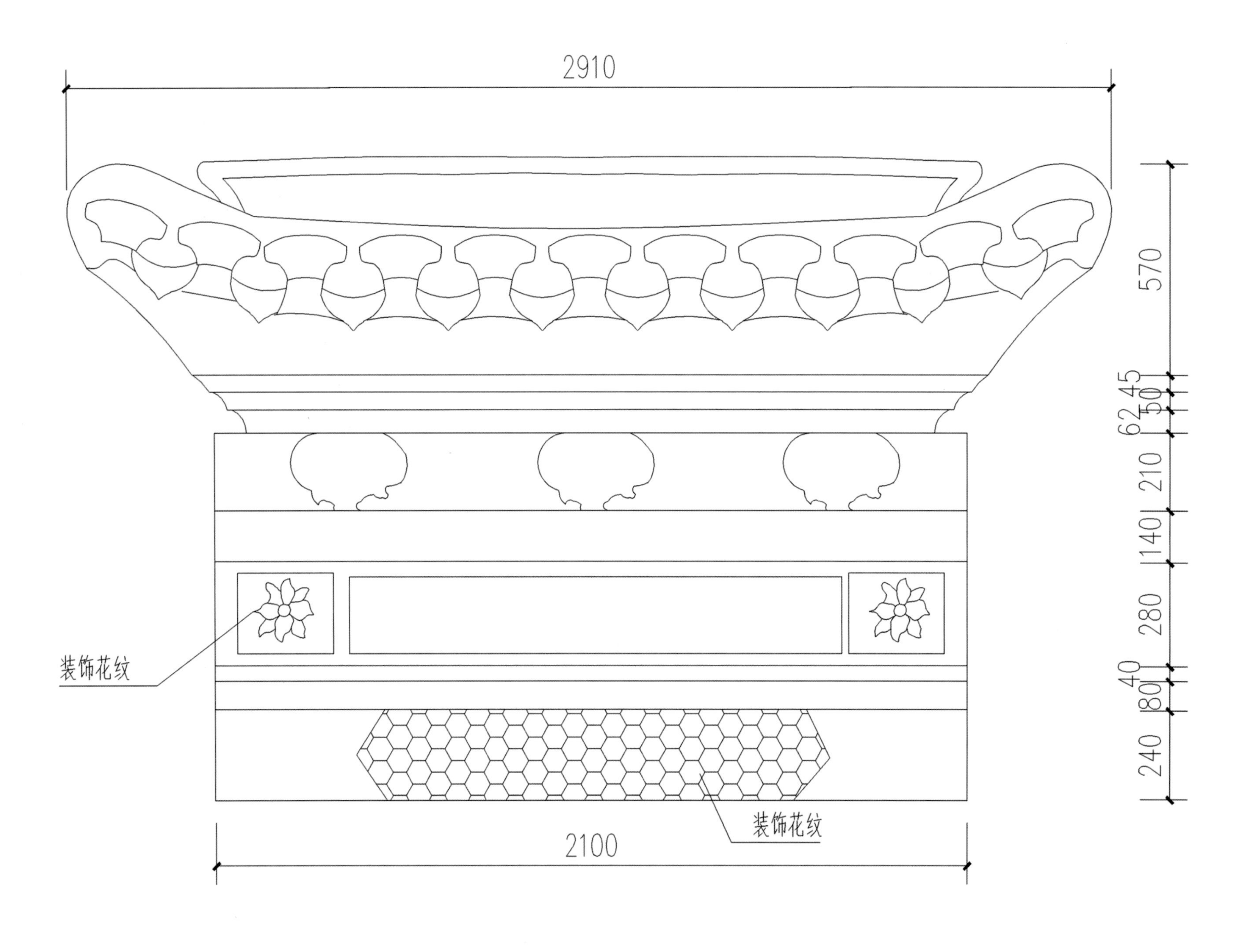

沱川理坑村民居门头饰件大样 1：100

婺源沱川理坑村民居门头

东经 117°49′　北纬 29°31′
海拔 265米

婺源沱川理坑村民居门头	
大样图 现场图 地理坐标	
作 者	

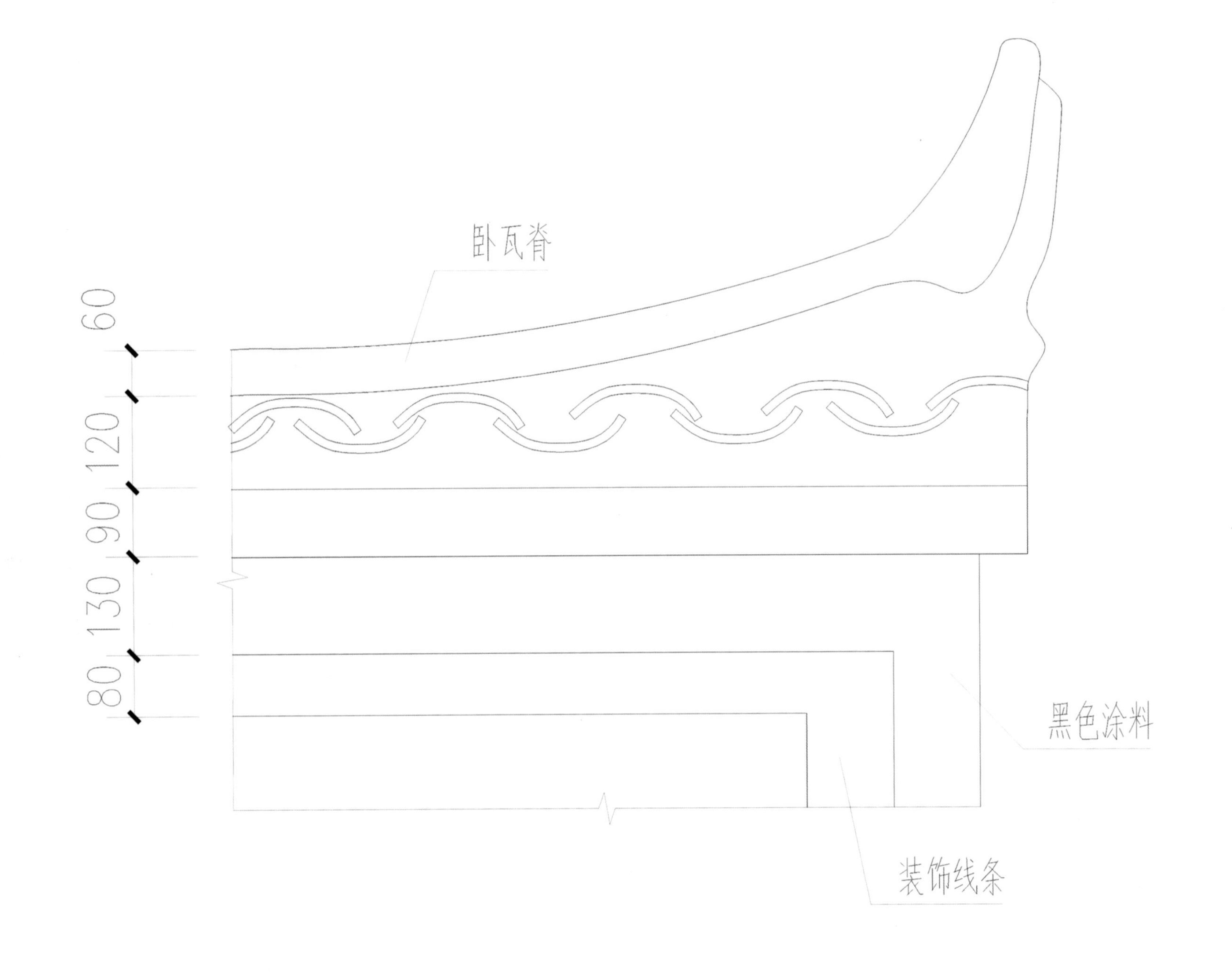

沱川理坑村民居门头翘脚大样 1：100

婺源沱川理坑村民居翘脚

东经 117°49′ 北纬 29°31′
海拔 265米

婺源沱川理坑村民居翘脚	
大样图 现场图 地理坐标	
作 者	

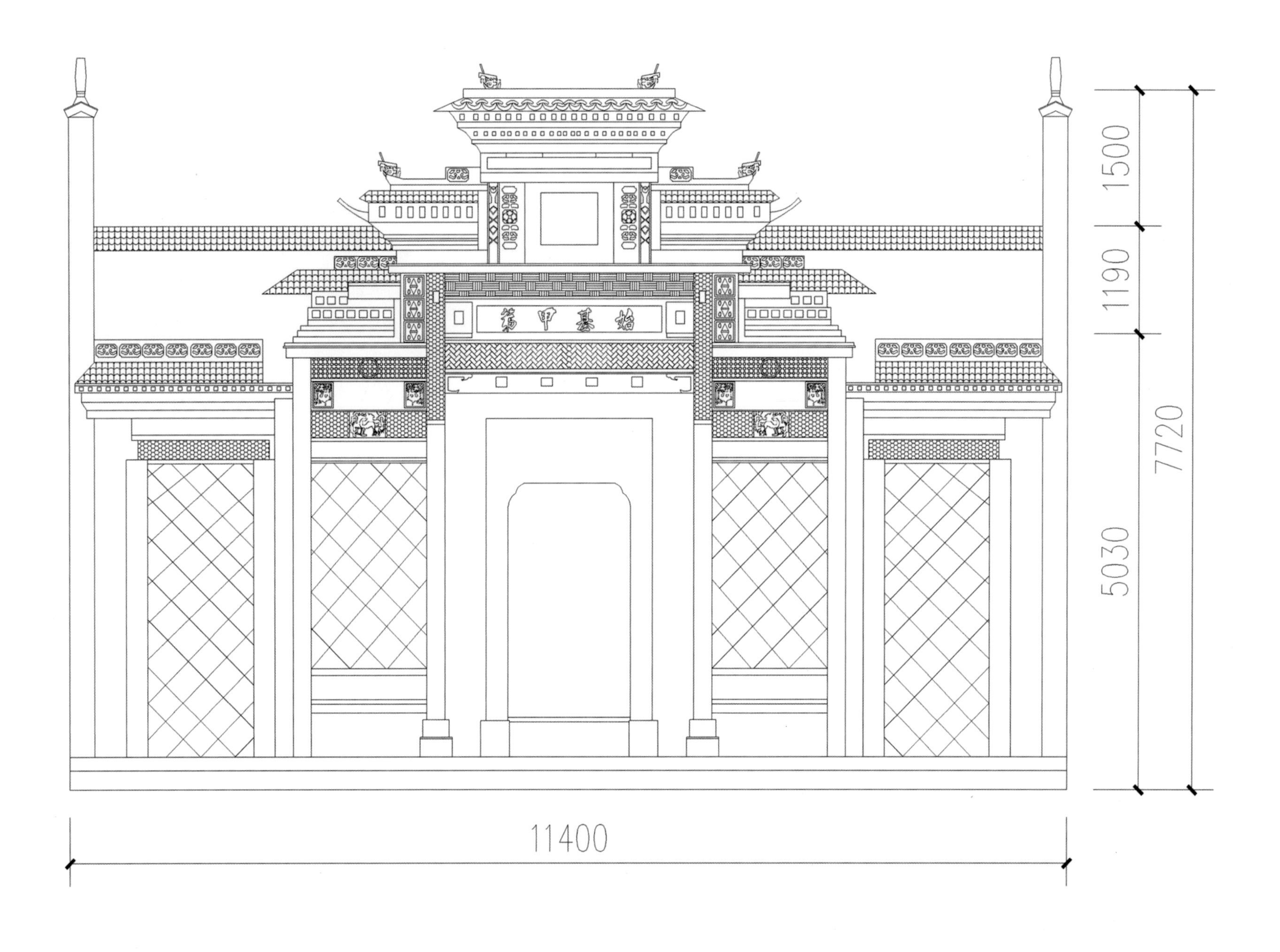

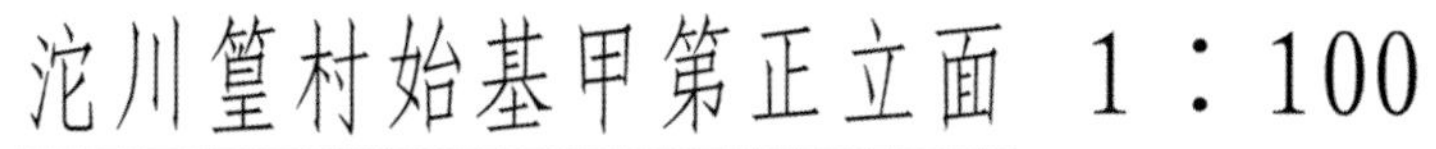

婺源沱川篁村始基甲第

东经 117°48′　北纬 29°30′

海拔 256米

始基甲第建于明代永乐年间，又名余庆堂，是沱川篁村余氏宗祠。建筑物坐北朝南，南北长33.6米，东西宽13米，东西各有两个门口，可五门出入。大门门楼恢弘典雅，俗称“五凤楼”，体现了明代徽派建筑特色。从上而下的层层飞檐，呈八字形展开。

婺源沱川篁村始基甲第	
立面图 现场图 地理坐标	
作 者	

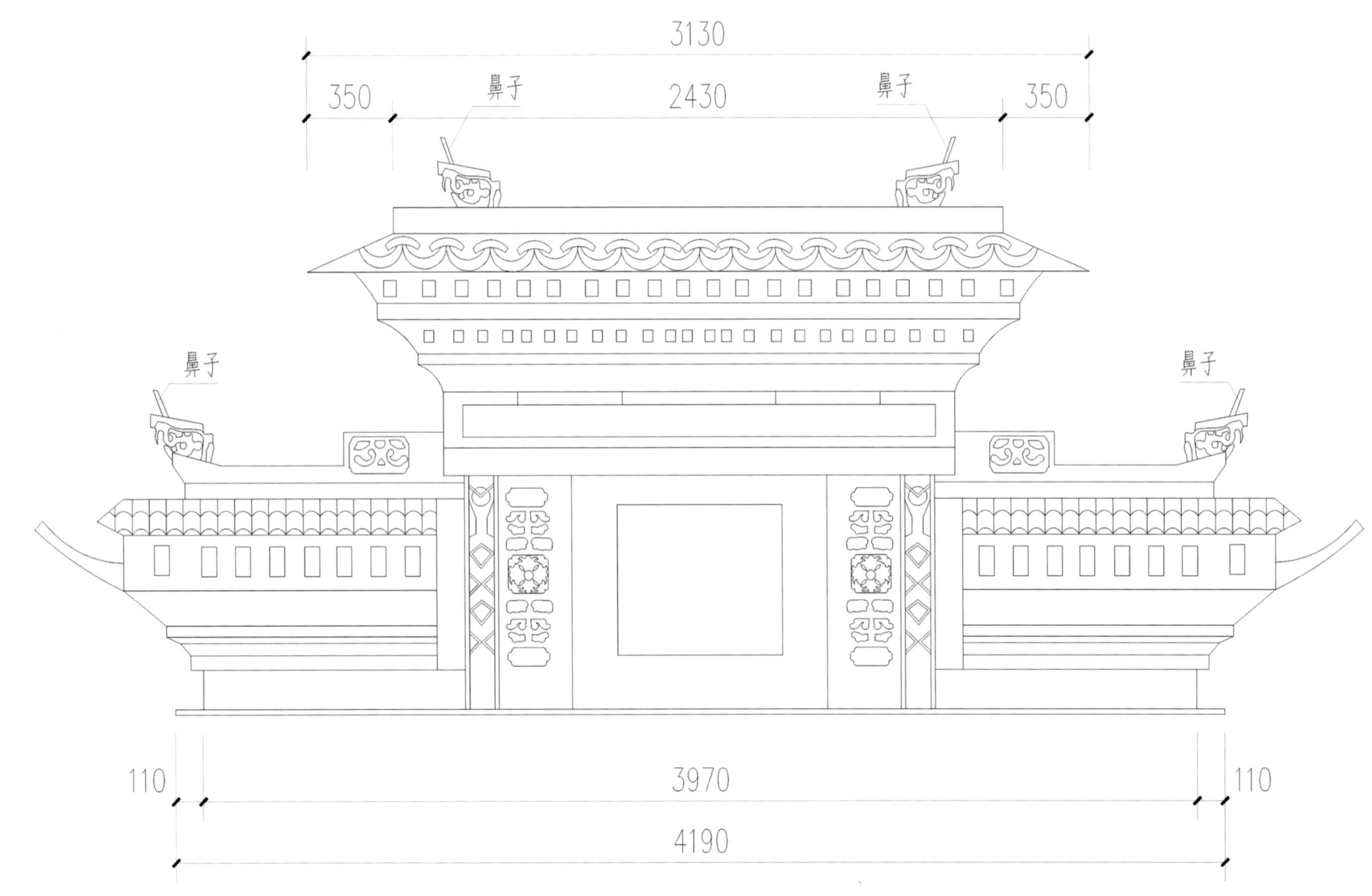

沱川篁村始基甲第顶部大样 1：100

婺源沱川篁村始基甲第饰样

东经 117°48′ 北纬 29°30′

海拔 256米

婺源沱川篁村始基甲第饰样	
大样图 现场图 地理坐标	
作 者	

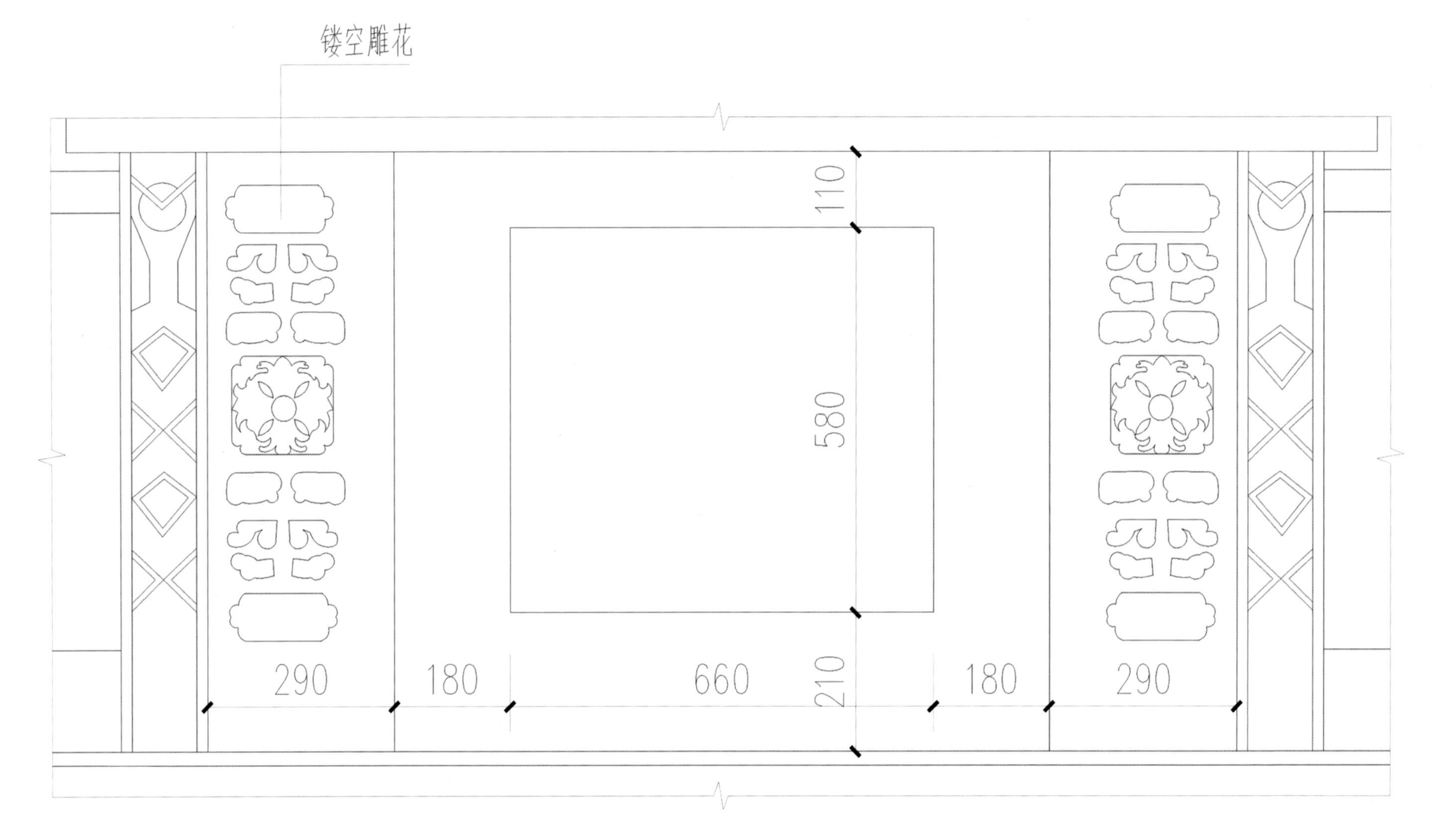

沱川篁村始基甲第顶部饰件大样 1：100

婺源沱川篁村始基甲第饰样

东经 117°48′　北纬 29°30′
海拔 256米

门楼正中横书“始基甲第”四个浮雕大字，上下左右均是砖雕，有凤、鹤、麒麟等图案，内分前、后堂，前低后高，分三级提升。前后堂有天井各一个，木结构有梁托、斗拱、蜂窝拱等构件。几十根粗大的梁柱虽不工于雕梁画栋，却不失古朴大方。

婺源沱川篁村始基甲第饰样	
大样图 现场图 地理坐标	
作 者	

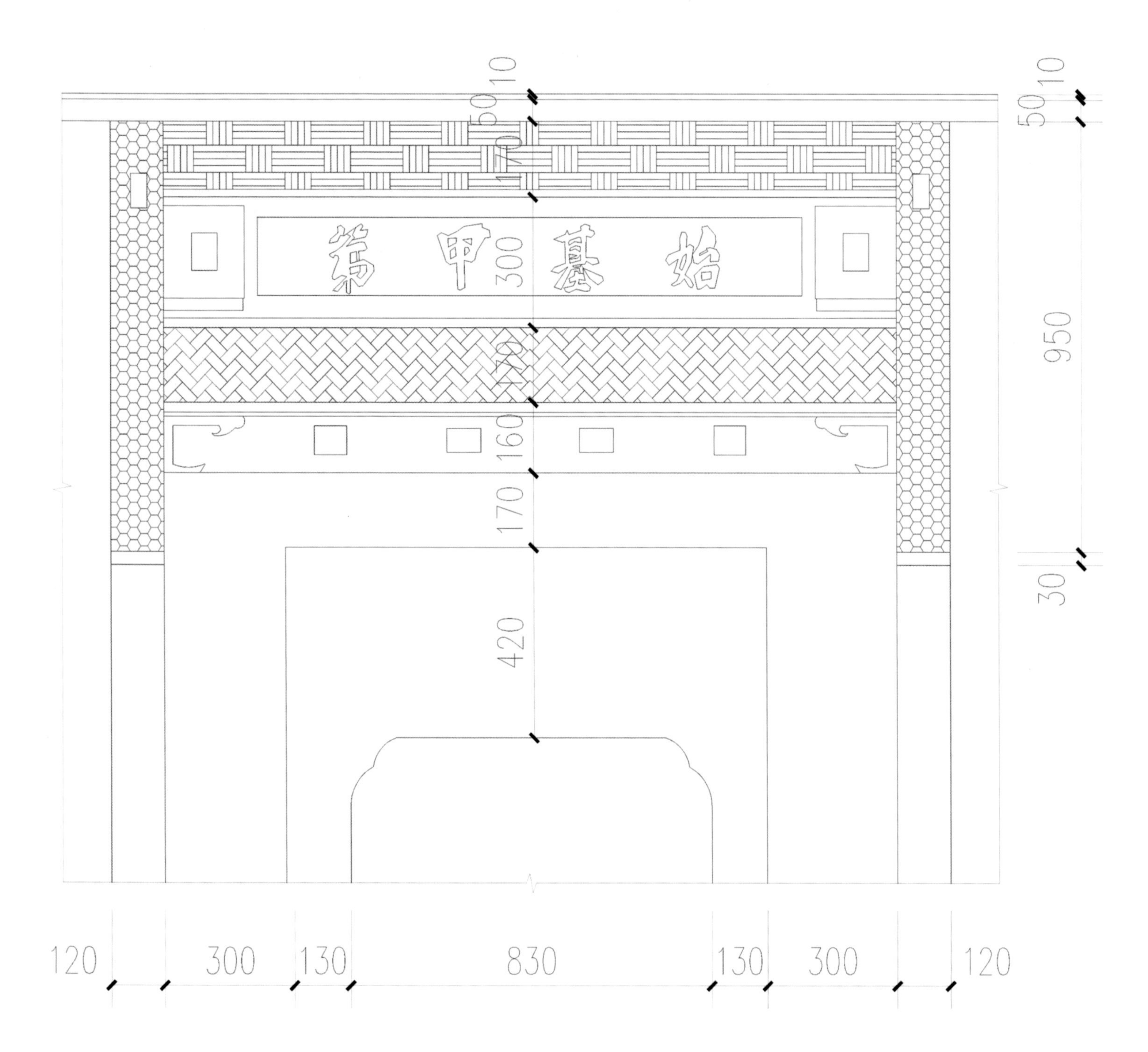

泥川篁村始基甲第门头大样

婺源沱川篁村始基甲第门头饰样

东经 117°48′ 北纬 29°30′

海拔 256米

婺源沱川篁村始基甲第门头饰样	
大样图 现场图 地理坐标	
作 者	

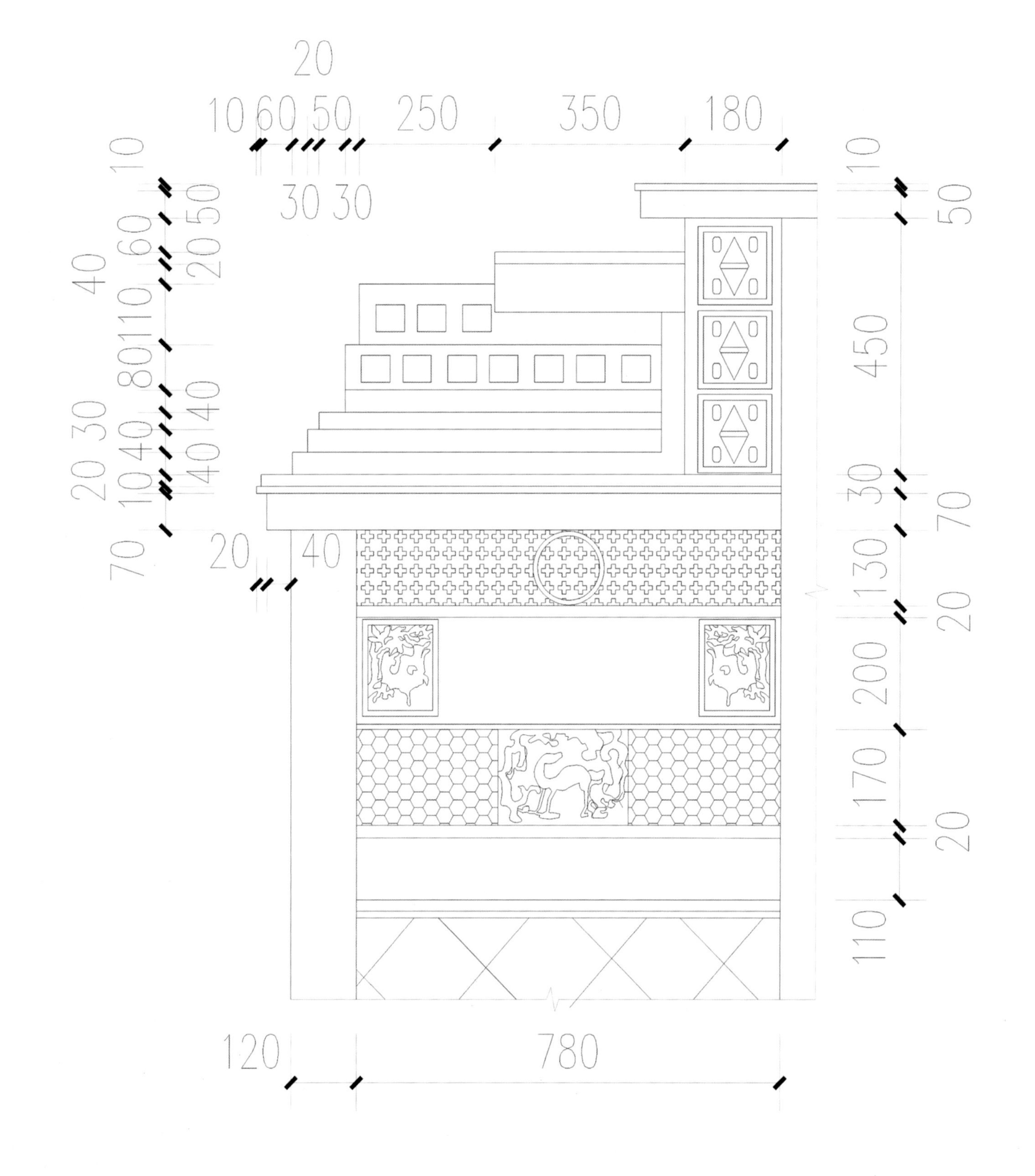

沱川篁村始基甲第门头局部大样 ① 1：100

婺源沱川篁村始基甲第门头饰样

东经 117°48′ 北纬 29°30′
海拔 256米

婺源沱川篁村始基甲第门头饰样	
大样图 现场图 地理坐标	
作 者	

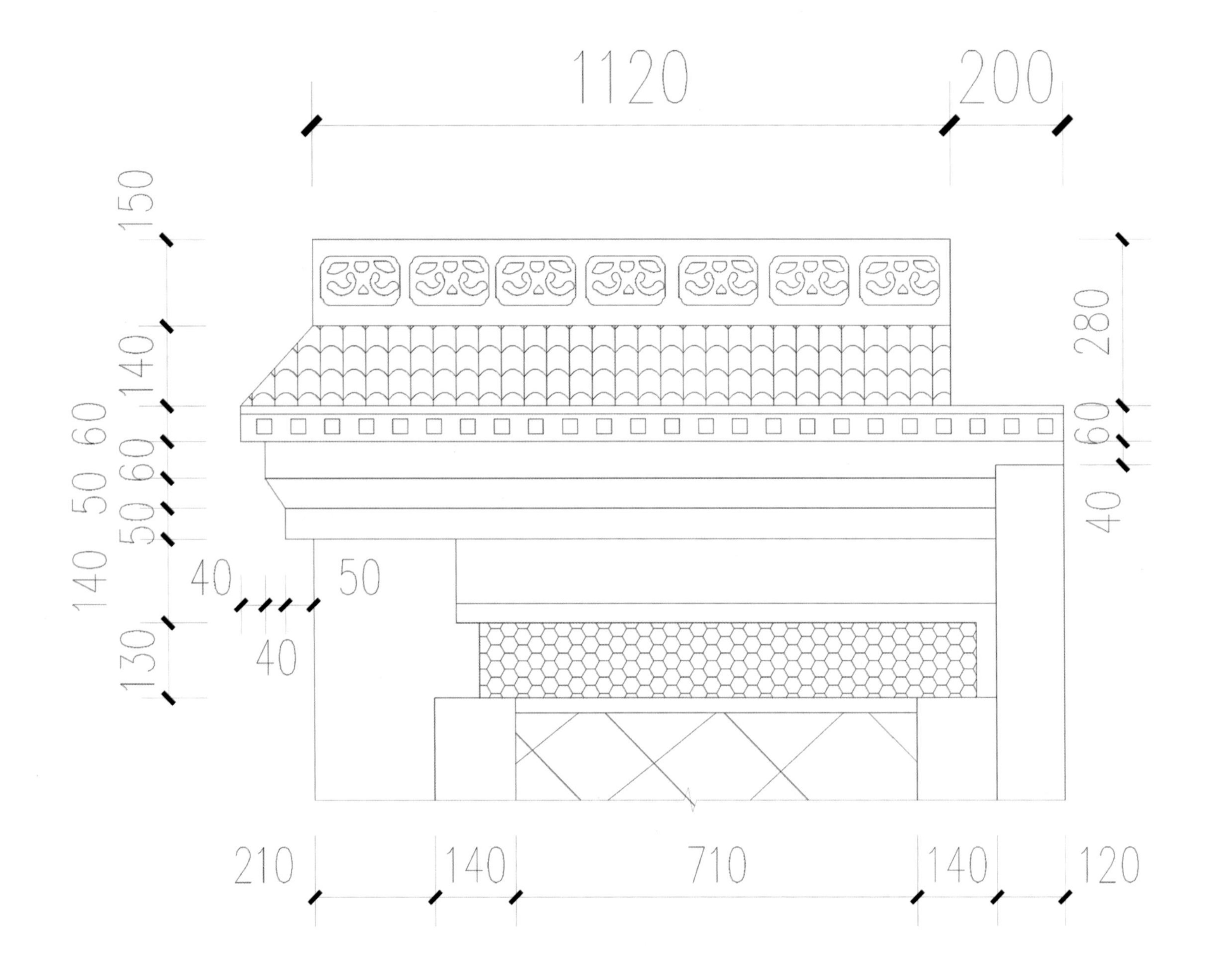

沱川篁村始基甲第门头局部大样 ② 1：100

婺源沱川篁村始基甲第门头饰样

东经 117°48′　北纬 29°30′

海拔 256米

婺源沱川篁村始基甲第门头饰样	
大样图 现场图 地理坐标	
作 者	

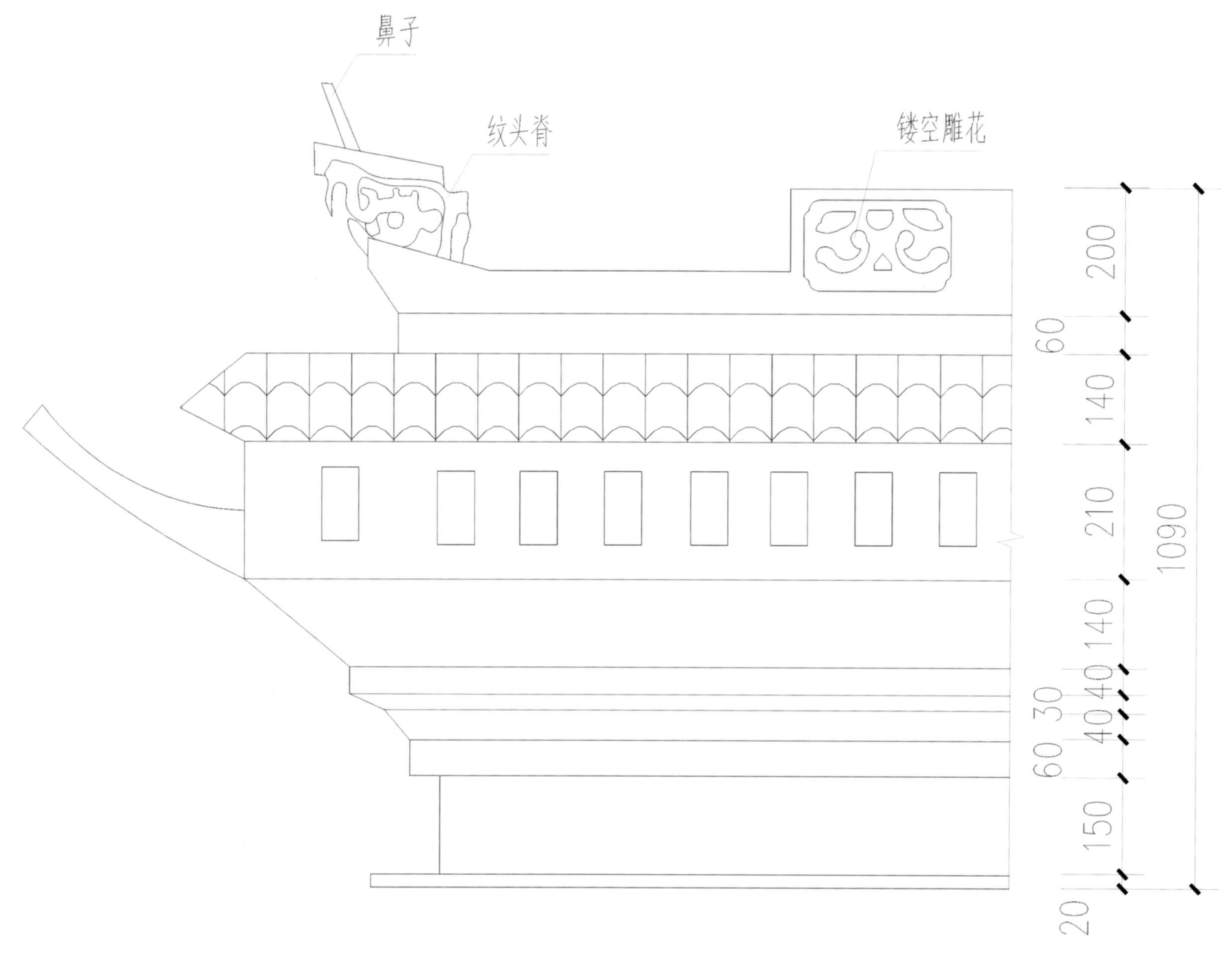

沱川篁村始基甲第飞檐大样 1：100

婺源沱川篁村始基甲第飞檐

东经 117°48′　北纬 29°30′
海拔 256米

婺源沱川篁村始基甲第飞檐	
大样图 现场图 地理坐标	
作 者	

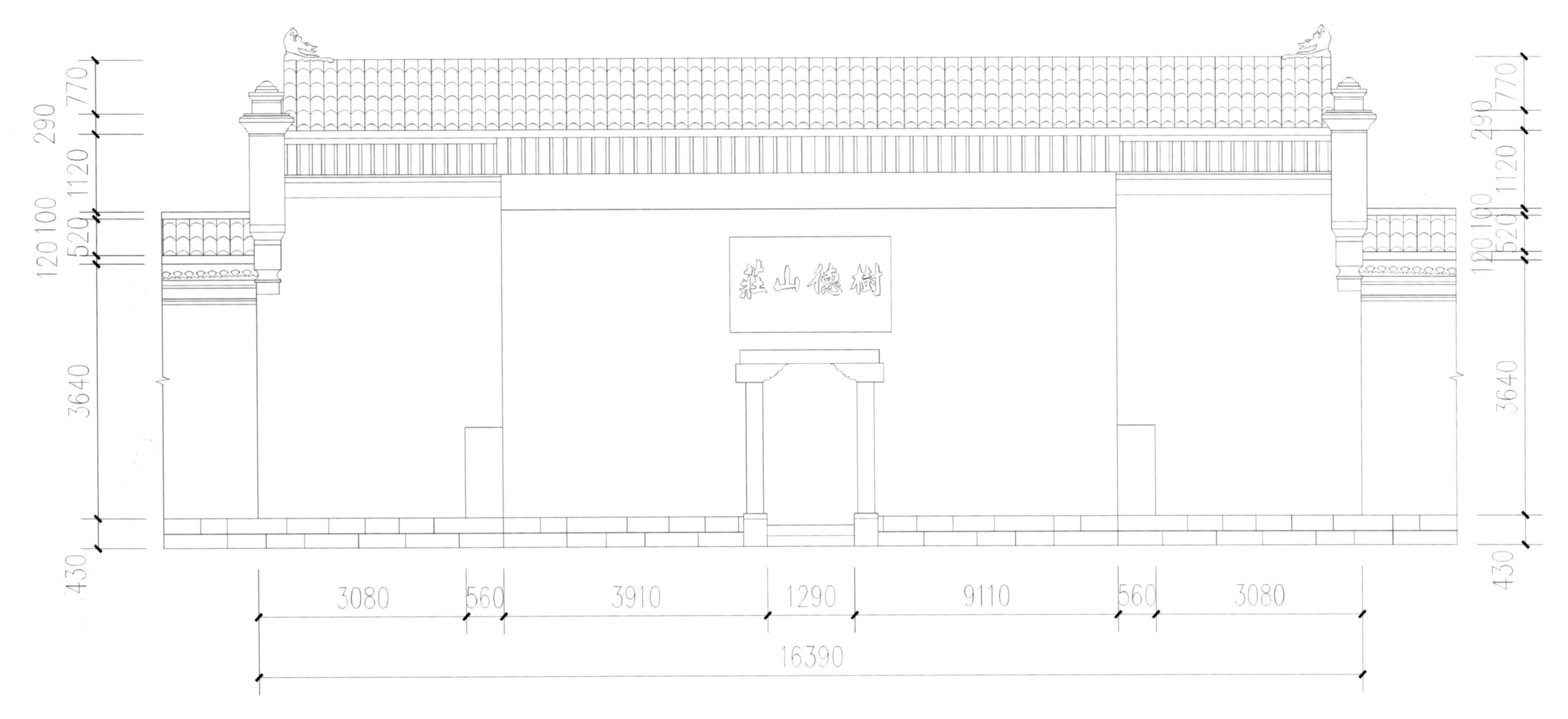

树德山庄正立面 1：100

东安树德山庄（唐生智故居）

东经 111°30′　北纬 26°34′

海拔 133米

该建筑宏伟壮观，中西结构，风格独特。整个门庭按“四进三井”设计建造，取《老子》中“道生一，一生二，二生三，三生万物”之意，寄望子子孙孙繁衍不息，永世荣昌。最为奇特而又令人费解的要数大门的设计了：大门一边凹进，一边凸出，唤作阴阳门，从建房起，一直没固定过，一年四季，要改动四次，直至现在的大门据说是唐生智先生最后一次离家改的。

东安树德山庄（唐生智故居）	
立面图 现场图 地理坐标	
作 者	

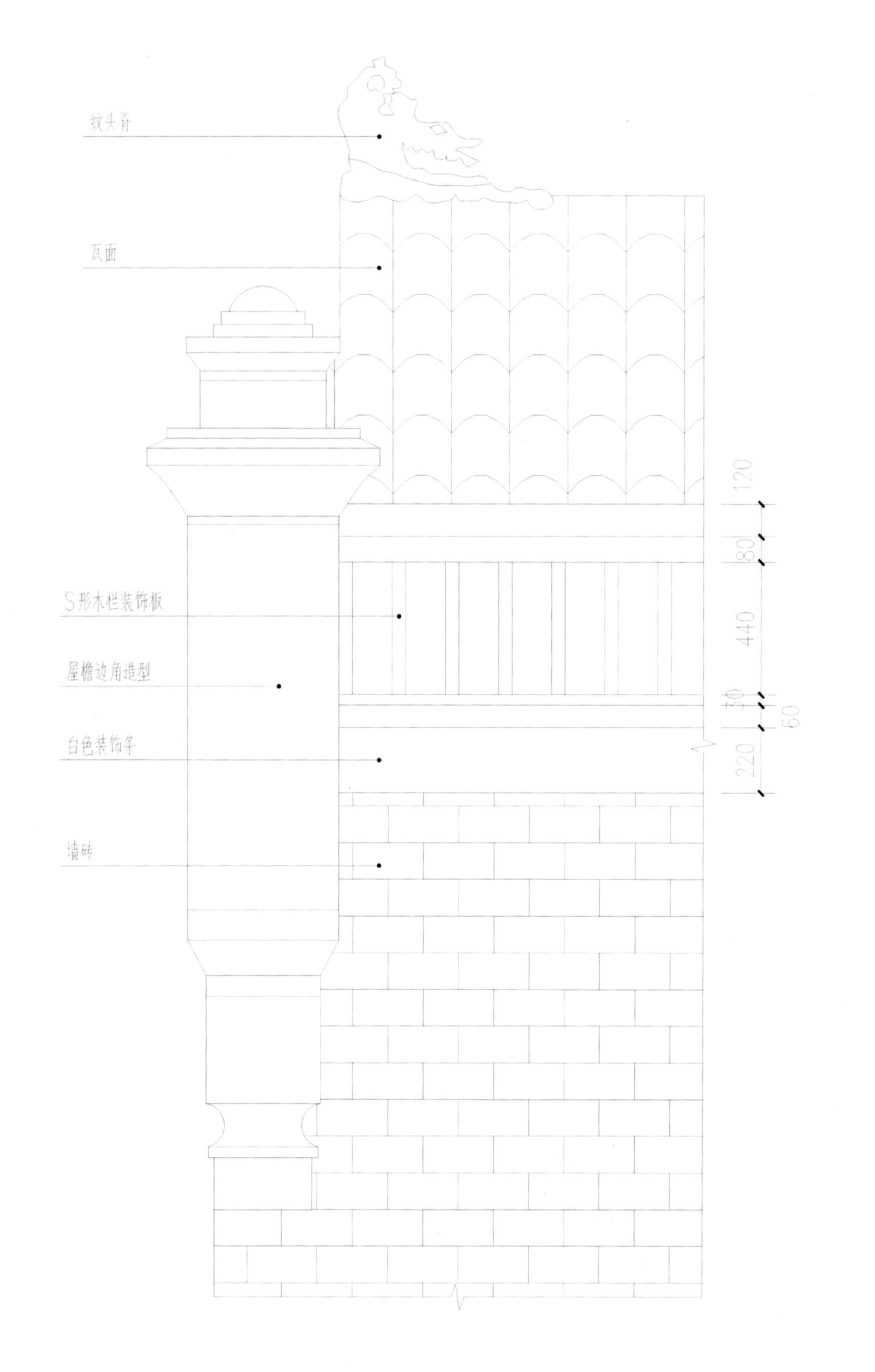

东安树德山庄屋顶局部大样

东安树德山庄（唐生智故居）

东经 111°30′　北纬 26°34′
海拔 133米

东安树德山庄（唐生智故居）	
大样图 现场图 地理坐标	
作 者	

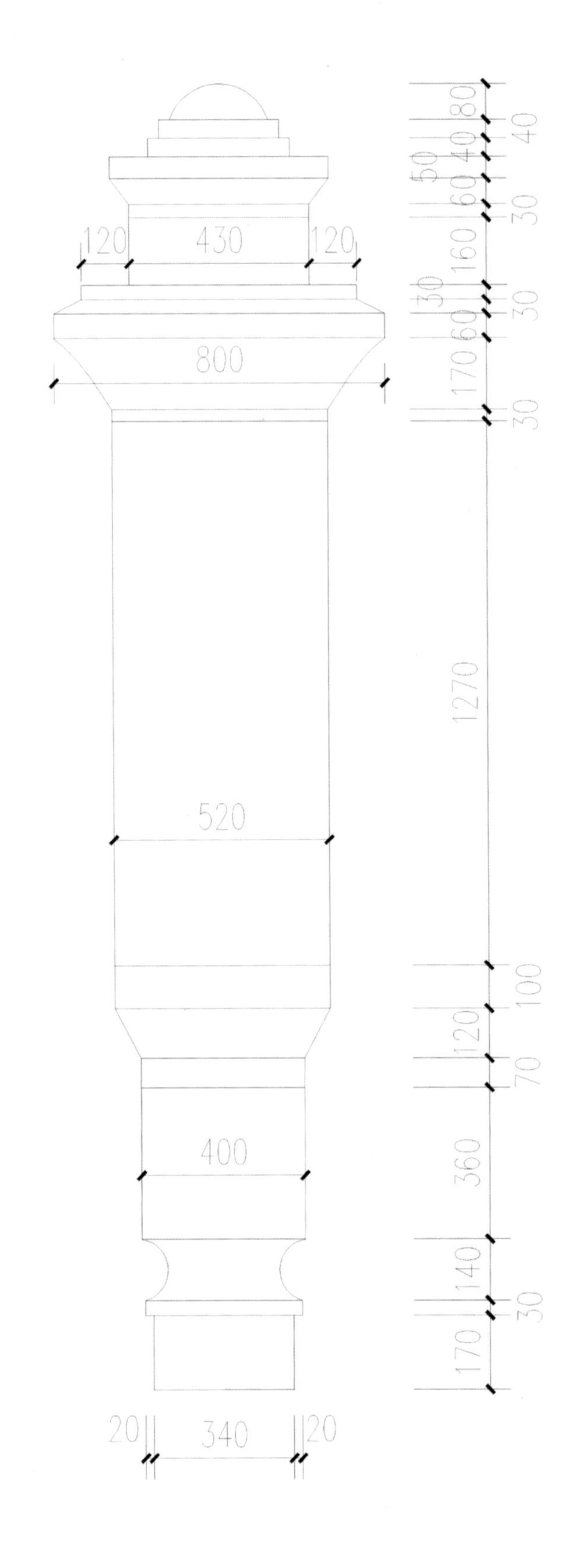

东安树德山庄屋檐局部大样

东安树德山庄（唐生智故居）

东经 111°30′ 北纬 26°34′
海拔 133米

东安树德山庄（唐生智故居）	
大样图 现场图 地理坐标	
作 者	

后　记

经过课题组全体成员的共同努力，《桂北与徽派建筑配件图集》已完成编纂，将付梓出版。

2012年3月开始，广西特色建筑中墙体和配件的开发与应用课题组全体成员，在项目总负责人桂林电子科技大学黄家城副校长、桂林市墙体改革办公室唐文彬主任的带领下，分别编制完成了项目纲领性文件《项目统筹策划书》和《项目工作计划》。随后，课题组历时8个月，按照桂北建筑和徽派建筑不同区域，行程近万公里，深入村寨，在夏日烈阳和冬季寒风中采集原始数据，利用激光和先进的三维图像采集及测量设备，多角度对有代表性的传统特色建筑配件进行全面精确测量和数据采集，采集高清数字图像和绘制测量图件共计3000多份，充分保留了传统特色建筑配件的原貌。

2013年3月，课题组利用先进的三维数字逆向技术和超级计算机设备，经过大量的三维建模和数字计算，对各种配件进行尺寸和细部还原，采用CAD绘图描绘了配件的细部，保证了图集中配件构造的真实性和尺寸的准确性。本图集采用实物照片和加工图纸同张表示方式，直观易用。

图集的编纂，得到了桂林电子科技大学造型艺术研究所和书法艺术研究所有关专家教授的大力支持。特别是广西书法协会副主席、桂林书法协会主席黄家城教授，题写本图集书名，并审稿、定稿，彰显了一位老艺术家严谨细致的治学精神。

本图集三维数字逆向工作由桂林新元文化信息咨询有限公司完成；本图集CAD绘图工作由北京蓝图工程设计有限公司上海分公司完成。

本图集的编纂完成，得益于黄家城副校长的高度重视和正确指导；得益于桂林电子科技大学及桂林市墙体材料改革办公室唐文彬主任及同仁的大力支持；得益于出版社领导和编辑辛勤细致的校队付出；得益于课题组成员不畏艰辛、夜以继日的工作态度。在此，我们向一切为本图集编纂、出版提供支持帮助的单位和个人表示衷心的谢意。

本图集可作为大学土木工程、建筑学、规划设计专业教材；亦可作为政府规划设计施工行政主管部门、工作机构的业务工具书。

对我们来说，编纂本图集是一项全新的事业。由于经验不足，水平受限，再加上时间紧迫，工作量大，图集中不足之处在所难免。诚请各位同仁、专家和读者指正。

《桂北与徽派建筑配件图集》课题组

2012年12月